自愿协议式环境管理

张明顺　张铁寒　冯利利　童晶晶　著

中国环境出版社·北京

图书在版编目（CIP）数据

自愿协议式环境管理 / 张明顺，张铁寒，冯利利，童晶晶著. —北京：中国环境出版社，2013.5
ISBN 978-7-5111-1408-2

Ⅰ. ①自… Ⅱ. ①张…②张…③冯…④童…
Ⅲ. ①环境管理—研究 Ⅳ. ①X32

中国版本图书馆 CIP 数据核字（2013）第 063596 号

出 版 人 王新程
责任编辑 付江平
责任校对 唐丽虹
封面设计 宋　瑞

出版发行 中国环境出版社
（100062 北京市东城区广渠门内大街 16 号）
网　　址：http://www.cesp.com.cn
电子邮箱：bjgl@cesp.com.cn
联系电话：010-67112765（编辑管理部）
发行热线：010-67125803，010-67113405（传真）
印　　刷 北京中科印刷有限公司
经　　销 各地新华书店
版　　次 2013 年 5 月第 1 版
印　　次 2013 年 5 月第 1 次印刷
开　　本 787×960 1/16
印　　张 16.5
字　　数 280 千字
定　　价 65.00 元

前 言

作为世界上经济发展最快的国家，我国正面临既要不断发展经济、不断提高人民生活水平，又要承担减少消耗、节能减排的双重压力。如何在尽快实现我国经济发展的同时，实现资源能源消耗不增反降、环境质量不断改善，是关系到我国可持续发展的重要议题，也是目前我国社会关注度最高的议题。

实现经济社会发展与资源能源消耗的负增长，仅仅采取传统指令式管理方法是不够的。国内外，尤其是欧洲的经验表明，多种政策与传统指令式管理方法的组合应用，是破解可持续发展难题的有效途径。可持续发展不可能单独通过一种常规的管理办法来实现，这已经成为广泛的共识。面对可持续发展带来的巨大挑战，自愿协议式环境管理方法应运而生。自愿协议式环境管理方法在欧盟的迅速发展，在一定程度上打破了欧盟传统的强制性手段所存在的缺陷，再加上政府新的管理模式，及采用灵活性更强的框架性协议等都为规避传统指令式管理方法所存在的不足提供了很好的解决办法。

欧盟缔结了大量的自愿式协议，并通过这些协议的实施积累了近 40 年有关自愿协议式环境管理方法的实践经验。自愿协议式环境管理方法已经成为欧洲环境政策的一个重要组成部分。在 20 世纪 90 年代，自愿协议式环境管理方法是欧洲发展最快（在数量和范围方面）的环境措施。为了尽量规避在应用“强制措施”和市场制约等管理措施中所出现的问题，工业企业（行业）和政府决策层共同创建了自愿协议式环境管理方法。因此，自愿协议式环境管理方法既不是政府干预的结果也不是政治家的理论。解决复杂的可持续发展问题需要更灵活的方法，而自愿协议式环境管理方法正是满足这一需求的必然产物。

为了很好地总结自愿协议式环境管理方法在欧洲实践的过程、取得的成效、积累的经验和得到的教训，自2004年以来本书作者一直深切关注自愿协议式环境管理方法在欧洲的实施进程，研究了与欧盟自愿协议式环境管理方法有关的大量文件、政策和案例，并走访了欧盟自愿协议式环境管理方法的主要利益攸关方，如政府部门、企业、担任协议第三方的技术支持和协议实施评估机构。本书是作者近10年来研究欧盟自愿协议式环境管理方法的总结。

在本书的写作过程中，得到了众多中欧专家和学者的支持和帮助。作者要特别感谢荷兰经济事务部荷兰局的Erik ter Avest 先生，他是前后三期由欧盟资助的中欧自愿协议式环境管理项目的负责人。他与作者的密切合作，有力地推动了自愿协议式环境管理方法在中国的可行性研究、示范和推广应用。作者在荷兰工作期间指导的研究生以及在目前工作的北京建筑大学指导的研究生参与了本书的资料整理和写作过程，尤其是荷兰瓦赫宁根大学的研究生张铁寒，在荷兰开展了大量的走访和问卷调查工作，为本书作出了重要贡献。北京建筑大学的研究生童晶晶不仅参加了编写、资料翻译等工作，还负责统稿工作。北京建筑大学的冯利利老师，直接参与了本书的写作。在此，作者对给予本书支持和帮助的所有中欧友人表示衷心的感谢。

本书是在北京建筑大学环境与能源工程学院北京应对气候变化研究与人才培养基地完成的，该基地为本书的协作提供了大量的支持，包括资金支持。

作　者

北京应对气候变化研究与人才培养基地

北京建筑大学环境与能源工程学院

2013年5月

目 录

插表目录

插图目录

专题目录

第一篇

自愿协议式管理方法简介

自愿协议式管理方法是既能实现长远环境目标又可以解决复杂环境问题的一种灵活的政策手段。自愿协议式管理方法是在 20 世纪 60 年代中期由政府部门和企业共同创立的（Börkey，2001：28），经济合作与发展组织（OECD）国家从 90 年代开始将自愿协议式管理方法广泛地应用于各种环境保护领域（Higley，2001：5）。

自愿协议式管理方法的定义非常广泛，不同学者给予了不同定义。很多研究人员一致认为政府与企业或行业协会之间缔结的很多协议，如自我规范、自愿声明、自愿保证、自愿协议、长期自愿协约、协商环境协议、环境协约等都可以纳入“自愿式协议”的范畴（Higley，2001：2；Börkey，2001：5；Wuppertal，2005：2）。

Börkey（2001）经研究发现：世界上第一个自愿式环境协议于 1964 年出现在日本。该自愿式协议实质上是日本一家发电厂与当地政府部门之间签订的，严于当时污染物排放标准的地方级协议。法国是第一个采用自愿协议式管理方法解决环境问题的欧洲国家。法国环境部在 1971 年与该国的水泥行业协会签署了第一个专门针对环境的协商协议，水泥行业协会在协议中承诺将实施严于当时环境法规要求的污染物排放标准。随后，法国环境部陆续与造纸、制糖业、食品加工等行业协会签署了九项类似的环保协议。从此，自愿协议式管理方法逐渐广泛应用于其他欧盟国家。

第 1 章　自愿协议式管理方法的基本概念

1.1 自愿协议式管理方法的产生背景、定义和分类

1.1.1 产生背景

目前，环境禀赋正在不断退化，而政府通常应对这类问题的一贯解决方法是采取指令式管理方法（即控制和命令的方法）。而采用指令式管理方法需要政府部门根据污染企业的生产过程、生产设备、员工配备和污染物排放等具体情况制定一系列标准，然后再依据这些标准对企业进行监督。若企业不遵守这些标准，那么其将受到处罚。

经济领域针对该问题的解决方案一致认定：造成环境退化的根本原因是环境因素在市场中没有价值。正因为市场中没有反映环境因素稀缺性价值的价格机制，所以导致市场在发挥其合理分配稀缺资源这一基本功能时失灵了。针对这种情况，经济学家有以下两种解决方法：一是对企业利用环境资源等行为进行征税或收费；二是计算和确定环境所能消纳的污染物阈值，并据此确定排污总量，然后将排污权分配给有排污需求的企业，并允许企业在市场上交易其剩余的排污量，这样市场上就会出现反映环境资源稀缺性价值的市场价格。这两种方案通常称为“市场手段”，它与传统指令式管理方法的最大区别在于：企业与政府之间不存在信息不对称性。采纳市场方案仅需选择是固定环境资源价格还是固定污染物排放量，而其余的所有事情将在市场中自发完成。由于减排目标的实现对保证环境质量至关重要，所以相对而言选择固定污染物排放量的方案更加可靠。经济学家认为，如果合理地应用上述经济手段，就能以最低的成本实现环境目标，也就是产生了“静态效益”；同时企业也有不断创新和改善其行为的积极性，也就是产生了“动态效益”。

从排污企业的角度出发，指令式管理方法和市场手段都存在很多缺点。指令式管理方法一方面会影响到企业应对生产过程和产品销售等环节挑战时的迅速反

应能力，另一方面也可能导致出现“成本高，效率低”的现象。税收和收费等经济手段虽然比指令式管理方法更有效，但企业却需要不断缴税、交费或支付许可证费等。

从政府及其下属环保部门的角度出发，指令式管理方法也存在技术和监管等方面的困难。因为该方法要求政府部门对企业内部情况十分了解，另外，依法处理企业的违法行为不但需要花费大量时间而且成本高昂。市场手段同样也存在设计和执行相关政策时需要财政部门与税务部门参与等诸多体制方面的挑战；另外，企业也认为缴税或支付许可证费会削弱其在市场中与同类企业进行公平竞争的能力。

污染企业和政府部门所面临的挑战和困难为将自愿协议式管理方法作为实现环境目标的主要手段提供了契机。事实上，企业领导层和政府决策层为了规避指令式管理方法和市场手段等面临的挑战，已经创造了自愿协议式管理方法。也就是说，自愿协议式管理方法既不是政府干预的产物，也不是经济学家理论研究的成果。正好与此相反，它是对以更灵活的方式保护公众利益这一需求的务实反应。

1.1.2 定义和分类

“自愿式协议”是污染企业或行业就提高其环境效益而对政府或公众作出的承诺。广义的自愿式协议包括自我管理、自愿倡议、自愿守则、环境宪章、自愿协定、自愿协议、合作监管、协约、环保协商协议等不同类型。另外，自愿式协议依据确定的分类标准，也有多种分类方法。

1.1.2.1 第一种分类方法

自愿式协议的第一种分类方法：研究人员 Higley（2001）和 Börkey（2001）根据参与方的数量将自愿式协议分为单边协议和多边协议两种。仅有一个参与方的称为单边协议，例如污染企业迫于相关方针而对改善环境作出的承诺。有两个或两个以上参与方的称为多边协议。另外，根据参与方的性质，多边协议还可以进一步分为两种：一种是没有政府部门参与的，污染者与受害者之间缔结的协议；另一种是由政府部门发起的企业自愿参与的公共自愿项目，或政府与企业之间缔结的协商协议，如图 1-1 所示。

1.1.2.2 第二种分类方法

依据政府部门在协议中的权力差异自愿式协议可以分为：① 污染企业制定的单边协议；② 私人协议；③ 企业与政府部门签署的协商协议；④ 由环保部门发起的公共自愿项目。

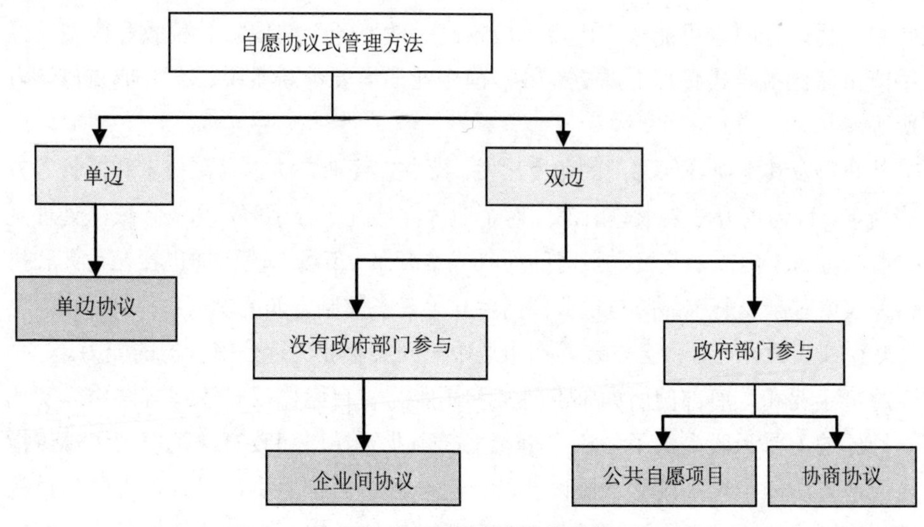

图 1-1 自愿式协议的分类

专题 1.1 自愿式协议的分类

单边协议：污染企业自发实施的，并通报给利益相关方（员工、董事会、客户等）的旨在改善环境的项目。协议目标和实施方法由企业自行制定，但是企业为了提高信誉和保证实现自我承诺的环境效益，通常会委托第三方对环境项目进行监督（OECD，2003：18）。单边协议包括企业单方面制订的环境自愿倡议及企业通过与员工、股东、客户等利益相关方共同磋商而制订的改善企业环境效益的计划等。如一家企业自愿承诺在五年内将温室气体减排 20%，提高资源的回收率和回用率及今后只使用能迅速降解的包装材料等。源于加拿大的化工行业并在很多国家推广的“责任关怀项目”就是这类自愿式协议。每个参与“责任关怀项目”的企业都必须定期向由本行业的专家和社区代表组成的监督委员会提交环境计划，以保证委员会能据此定期核查企业是否全面遵守了协议。委员会负责将最终核查结果向公众公开。加拿大之所以发起该项目的原因是：一方面，公众对化工行业的信心日益衰退；另一方面，该行业也面临将遵守更严格法律的威胁（Franke & Watzold，1995）。该项目还包括旨在改善企业安全和保护环境等方面的一系列规章制度。迄今已有超过 70 家企业同意并参加了该项目。另外，每家参与企业都必须接受由行业专家和社区代表组成的外部委员会对企业进行的定期审查，而且也必须服从将审查结果向公众公开的规定。

企业间协议：该类协议是企业（或行业协会）和企业员工、当地居民、周边企业等受害方或社区组织、环境协会、工会、商业协会等受害者代表签订的。协议规定：污染企业应该制定环境监管项目或安装污染减排设备。例如，加拿大汽车工人协会（包括30家工厂和零件供应企业的50 000余工人）就曾经与该行业在缔结的行业协议中探讨清洁生产机制，另外该协议还通过采用一系列替代方法来减少工人在工作中暴露于有害环境中和接触有害物质的概率（TUAC，1998）。瑞典专业雇员联盟（TCO）开发的“6E”①模型是另一个典型案例。6E模型实质是改善工人外部和内部工作环境的框架计划。针对如何利用该模型，企业和地方政府之间已经签订了大量协议②。最后一个案例是，沃尔沃公司和瑞士哥德堡附近的英国石油公司下属的炼油厂之间签订的协议（Henry，1994）。由于炼油厂将其原料油换成了一种更廉价但含硫量也更高的原油，导致靠近炼油厂停放的沃尔沃汽车的车身受到了腐蚀。依据两厂之间的协议，为了使汽车免受炼油厂所排放二氧化硫的影响，炼油厂需要支付沃尔沃公司覆盖停放在该停车场所有车辆的费用。

公共自愿项目：在这类自愿式协议中，政府部门负责制定出企业必须遵守的协议程序和必须实现的环境目标等，企业可自由选择是否参与。参与公共自愿项目的企业必须承诺尽力实现政府部门制定的环境目标。1993年欧盟发起的“生态管理与审计项目”（EMAS）就是一个典型的公共自愿项目。注册并参与EMAS项目的企业必须依据自身实际条件制定适当的环保政策、对企业的厂址进行环境审核、制定实施环境改善项目和建立完善环境管理体制及对企业进一步审核。随后完成上述要求的企业就有权应用和展示其参与该类项目的声明。美国政府发起的“能源之星项目”“绿灯项目”“33/50项目”，以及荷兰的“能源标杆协约”等都属于公共自愿项目的典型案例。

协商协议（荷兰称作“协约”）：该类自愿式协议是某家企业或某个行业协会为了实现一个或几个总体目标而自愿与政府部门缔结的协议。欧洲很多成员国都开展了“包装物协商协议”。在该类协商协议中包装产品的生产者、批发商和零售商都承诺：以某年为基准年，实现整个行业内包装物的总回收目标和回用目标。目前，协商协议也有向公共自愿项目发展的趋势，如丹麦和荷兰为了满足环境质量的要求，已经依据各行业的总环境质量目标为企业分配了具体的环境改善目标。迄今，荷兰政府已经与超过50个行业签订了关于温室气体减排和其他污染物减排的协议，缔结该类协议的企业既包括石油和化工等占主导地位的大型企业，也有纺织、制革、奶制品、印刷和包装等中小型企业。

---

① 6E指：能源（Energy），排放物（Emission），效益（Efficiency），经济（Economy），生态（Ecology），人类环境（Ergonomics）。

② 更多细节可访问http：//www.tcoinfo.com。

1.1.2.3 其他分类方法

依据自愿式协议的参与方是单边还是多边、如何服从法律规范、是否具有法律约束力及制定协议的依据是民法还是公法等，其还有以下分类方法：

（1）企业/行业自愿式协议。自愿式协议可与单独企业签订，也可与行业协会签订。以单边协议为例，经济合作与发展组织（OECD）国家的许多大型企业都已依据企业实际情况制订了企业的环境计划，而且还在计划中承诺其将在控制废物的产生和回收以及限制能源和材料消耗等方面超过现行法律的要求。另外，企业已经开始执行类似于化工行业“责任关怀项目”等改善环境效益的行业协议。行业自愿式协议与企业自愿式协议的最大区别是：前者包括企业之间的合作，而后者并不包括。该差异会直接影响自愿式协议的成本，尤其是会影响监督企业和处罚“滥竽充数”企业的成本（“滥竽充数”的企业是指那些既没有为改善环境支付成本，也没有为改善环境作出努力，但却同样因行业环境效益的改善而受益的企业）。

（2）地方级/国际自愿式协议。自愿式协议依据生效的地理区域的不同可分为：地方级自愿式协议、区域级自愿式协议、国家级协议及联邦级自愿式协议等。其中发展最完善的是地方级自愿式协议，日本迄今为止已经缔结了约 30 000 项地方级自愿式协议（Imura，1998）。另外，虽然国际自愿式协议的发展并不完善，但其数量也不容忽视。例如，1989 年荷兰鹿特丹市和 4 个国家的几百家企业共同缔结了一项截至 2010 年将有毒物质排放量降低到一定程度的协议（Van Dunne，1993）。国际自愿式协议在全球范围内都能生效，如国际建筑联合会、木材工人协会与瑞典宜家公司签订的协议就属于国际协议。该协议的目标是保证瑞典宜家公司木材供应企业员工的工作环境以及员工的健康和安全等，因该协议而受益的是 70 多个国家的超过 100 万名工人。关于国际自愿式协议最需要注意的是：通过国际自愿式协议可以制定在企业所在国家之外依然可以生效的环境政策，例如 A 国政府要求其他国家遵守其环境标准是不可行的，但 A 国企业却可以要求其在上述国家的原料供应商或分公司满足 A 国的环境标准（Webb & MoRRISSION，1999）。

（3）具有法律约束力/不具有法律约束力协议。缔结自愿式协议所依据的法律对其成功与否具有重要影响。当协议中包含处罚违约企业的内容或协议本身能通过法院的判决而强制执行时，该协议就具有法律约束力。具有法律约束力的协议与不具有法律约束力的协议（或称君子协议）之间的最大区别是：相比较之下，具有法律约束力的协议更有效。在自愿式协议中通常不仅明确了企业需要承担的义务，而且明确了政府部门具有建立关于参与企业的资料库、促进企业之间展开信息交流、协助研究或报告自愿式协议的实施情况等义务。另外，政府部门也承诺只要企业能完成污染物减排任务，就不再制定新政策或不再颁布新法律。但由于法律障碍等原因，自愿式协议一般采用含糊（不明确）承诺的形式，而并非在自愿式协议内制定明确的目标。例如，德国宪法禁止政府签订协商协议，但荷兰的情况正好与德国相反，其协商协议具有法律约束力。如果企业或行业制定的单边协议违背了相关规定，可以由该协议中指定的仲裁委员会等机构强制执行或由政府部门依据合同法对违约者提起诉讼。

（4）是否对第三方公开。由于自愿式协议在常规立法程序之外运行，故其运行过程不需要透明，也没必要向所有利益相关者公开。自愿式协议本质上包括一个（单边协议）或两个参与方，而其他利益相关者也可以参与。另外，社区组织、环保组织等第三方组织在单边协议和协商协议中的作用日益重要。例如，在加拿大“责任关怀项目”的初始阶段，仅依据企业的自我报告监督企业，而从 1993 年开始由代表当地社区的独立委员会负责监督参与企业。目前，荷兰制定协议的过程需要向第三方公开。另外，污染企业和受害方之间缔结的单边协议中也需要有政府机构的参与，尤其是在需要确保协议执行和解决仲裁纠纷等情况下。第三方的参与可以提高自愿式协议的环境效益，也可以在一定程度上限制由于追求行业利益而“吃掉”相关规定的风险。

（5）自愿式协议是目标导向还是执行导向。自愿式协议可以是针对确定污染减排目标的，也可以是针对目标的方法的（EEA，1997）。如果某协议的环境目标由协议的参与方共同磋商制定，那么该协议就被称为以目标为导向的；如果其目标由政府依据传统立法程序制定，而企业仅能自由选择实现目标的备选执行方法，那么该协议被称为以执行为导向的。荷兰的大部分协议都属于第二类，即以执行为导向的自愿式协议。协议已逐渐发展成为执行荷兰环境政策计划的主要手段。另外，该环境政策计划已经通过了荷兰国会的商议，并被国会采纳，除此之外，还针对 200 多种污染物制定了苛刻的定量减排目标。截至 1996 年，荷兰生效的协约共有 107 项。公共自愿项目也是一类特殊的以执行为导向的自愿式协议。由于目标导向的自愿式协议缺乏公众信任度，导致目标导向的自愿协议和执行导向的自愿式协议之间出现了显著差别。在污染企业和受害方之间达成的单边协议中污染减排目标是企业自行制定的，公众质疑这类由企业自行制定目标的自愿式协议，原因在于：当企业制定环境目标时仅需要考虑自身和受害参与的利益，而并不需要考虑一般的公众利益。

忽略自愿式协议的上述差异，所有自愿式协议的共同点是：企业为污染物减排，自愿进行的额外努力（并非法律的强制要求）。从本质上讲，法律并没有要求污染企业必须制定或遵守自愿式协议。通过研究发现自愿式协议与其他手段相比：即使是对产生相同不利影响的、受同一司法管辖区管理的同一行业中的企业适用性也不完全相同。

通过上述对自愿式协议的不同分类，发现同一案例依据不同的分类标准可以属于自愿式协议的不同子类型。为了进一步阐述自愿式协议的分类方法，下面将首先列出自愿式协议的几个典型案例，然后依据不同的分类标准对其进行分类。

1.1.3 依据不同标准对自愿式协议的案例进行分类

尽管自愿式协议的构成、内容和产生的效益千差万别，但其依然具有一些共同特征。自愿式协议作为传统指令式管理方法的替代，其可定义为：企业或行业自愿缔结的协议或自愿发起的需要政府部门参与的自我管理行动，该方法的主要作用是通过实现严于环境政策和法律所要求的环境目标，进而最终实现可持续发展（Elni，1998：27）。为了阐明自愿式协议的不同类型，首先列举出自愿式协议的若干实际案例，然后再对这些案例进行分类。

专题 1.2　不同类型的自愿式协议案例

1. 德国原铝行业关于应对气候变化的自愿式协议，1997 年

德国原铝行业协会承诺以 1990 年为基准，到 2005 年实现四氟化碳（CF_4）和六氟化二碳（C_2F_6）等温室气体减排不低于 50%的目标。为了实现该目标，参与该自愿式协议的五家企业将进一步优化生产过程并采用最先进的冶金工艺等。企业进行自我调查，每年将目标实现情况上报环保部门。

2. 荷兰的生态标杆协议，1999 年

荷兰的生态标杆协议的甲方是荷兰环保部、经济事务部和省环保部门，乙方是电力公司、炼油厂等能源集中行业。该协议的核心目标是减少二氧化碳排放量，因此相关企业将在 2012 年之前尽可能地采用世界上最先进的工艺。行业协会负责实现本行业的减排目标，同时还要制定过渡目标和独立的监督机制等。政府部门将不再对节能和二氧化碳减排制定其他规定，但对征收排放税却持保留态度。

3. 法国针对报废汽车的自愿式协议，1993 年

该协议的甲方是法国工业与环境部，乙方是标致、雪铁龙、雷诺等汽车公司及其他主要汽车材料的行业协会。该协议的共同环境目标是到 2002 年实现汽车材料的回收率占报废汽车总重量的 85%。另外，该协议还规定企业可以自由选择是回收汽车材料还是回收能源。

4. 德国政府和该国核工业行业就逐步减少核能使用达成的协议（简称“核共识”），1998 年

该协议由德国总理发起的，甲方包括环境与核安全部和经济事务部等政府机关，乙方是德国的四家核能源企业。该协议的目标是逐步取消核能源的生产，包括核废物的处理处置和修改核能法等。在该协议中影响最大的规定是：确定核能发电的数量。政府不会对发放核能行业的许可证设置过多障碍，但也不允许再新建核能企业，另外还将对核能企业进行特殊监督。

5. 意大利法恩莎市关于大气质量的自愿式协议，1997 年

该协议的甲方是法恩莎市政府部门，乙方是当地的酿酒厂和榨油厂。该协议的目标是减少大气污染。参与该协议的企业一致承诺通过采取具体行动改善大气质量。

6. 德国关于建立包装废弃物收集和回收双重系统的协议（绿色回收点项目），1992 年

该协议的甲方是各级地方政府部门，乙方是包装物协会。该协议的目标是建立包装废弃物收集和回收双重系统。在实施“污染者付费”原则的同时，通过该协议赋予了生产企业对建立包装废弃物收集和回收双重系统的适当自由裁量权。德国关于包装废弃物的指令（1998 年）仅制定了一些基本原则和废物排放的总限额。德国包装废弃物指令第 6 条第 1 款规定：所有支付包装废物许可证费的包装商不需要对包装废弃物承担任何法律责任。这就给那些不支付包装废弃物许可证费的包装物生产商施加了立即收集和回收其流入市场的包装废弃物的压力。另外，如果许可证制度失灵，既不能满足指令基本要求的企业也没有支付许可证费，那么企业收集和回收其产生的所有包装废物的义务将自动生效。

1.1.3.1 单边或多边自愿式协议

单边协议是自愿式协议的一种类型。单边协议意味着该协议虽然不是双方之间签订的，但该协议的某些方面仍与政府部门相关。通常企业发起的自我承诺会促进行业协会和政府之间进行磋商，而磋商的结果通常是企业可获得一些政府补

贴（案例 1）。

多边协议是在政府与行业协会之间、企业之间或协会和企业之间缔结的。为了提高该类协议的效率、法律安全性和公众的接受度等，该类协议的参与方通常还包括环保组织、工会、地方机关等（案例 2，3，4，5，6）。

1.1.3.2 自愿式协议与法律规范相一致

自愿式协议的另一种分类依据是其与法律法规的关系。第一类是替代法律规范制定的自愿式协议。该类自愿式协议所适用的情况是：针对特定问题，政府部门的现行监管完全缺乏，但却希望通过采用自愿协议式管理方法替代法律规范实现既定的环境目标（案例 2，3）。第二类是促进法律规范修改的自愿式协议，包括今后将实施新法律和修订某特定法律等情况（案例 4）。这使得该类自愿式协议的参与方在由于某些限制原因而只能依法处理的情况下，同样也可以利用自愿协议式管理方法解决。第三类是取代法律规范的自愿式协议，如政府决定不依靠法律法规而依据自愿式协议的相关规定来实现环境目标。针对这类自愿式协议，只要协议缔结之后在其生效期间，将不再颁布和实施新的法律规范。但需要注意的是，只有在正式申明不再制定和实施新法律或相关法律不久将被废除等情况下，才能应用第三类自愿式协议。

1.1.3.3 自愿式协议是否具有法律约束力

区分不同类型自愿式协议的另一个主要依据是：自愿式协议是否具有法律约束力（案例 2，5，6 具有法律约束力；案例 1，3，4 不具有法律约束力）。欧盟最初缔结的大部分自愿式协议并不具有法律约束力，但最近具有法律约束力的自愿式协议的数量在急剧增长。但不具有法律约束力的自愿式协议更加符合“自愿”的内涵，而且需要协商的过程和官方手续较少。但不具有法律约束力的自愿式协议的最大缺点是：如果企业违约，不能强制其继续执行协议，因此该类协议的合法性和有效性遭到了很多质疑。原则上，具有法律约束力的自愿式协议能够强制执行，而且也允许缔结协议的双方在可靠的条件下进一步规划协议在今后的进展。故欧盟委员会建议在有可能的情况下尽量制定具有法律约束力的自愿式协议，那么缔结具有法律约束力的协议就理应成为首选（1996：19 号）。

自愿式协议是否有法律约束力对法律后果有很大影响，尤其是对自愿式协议的废除、处罚和实施等影响更大。这些差异将在本章的 1.3、1.4 节详细阐述。

事实上，可以通过不同途径决定自愿式协议是否具有法律约束力。其中一种方法就是：在现行法律框架中强制要求新缔结的自愿式协议必须具有法律约束力。

这样一来遵守该法律的所有自愿式协议就都将具有法律约束力。但如果没有上述规定，只要自愿式协议不违反宪法的具体要求，该协议的参与方就可自行决定该协议是否具有法律约束力。另外，自愿式协议是否具有法律约束力也可以根据协议的内容确定。

如果不能明确自愿式协议是否具有法律约束力，就须借鉴解释合同的经典原则，而且如果这些原则可行，还应该与法律、法规等相结合。具体包括从法律的角度审议措辞的准确性、分析协商阶段的文件和评价双方的潜在意愿等。

1.1.3.4 缔结自愿式协议应依据民法还是公法

自愿式协议应依据民法（案例 2）还是依据公法（案例 5）缔结，这取决于国家的法律传统。但依据这两种法律体制都可能会产生严重的后果，尤其是在关于法律程序和司法管辖权等方面。民法关于缔结自愿式协议的规定很少，所以参与自愿式协议的企业或行业对自愿式协议的法律程序几乎拥有全部裁量权。若自愿式协议依据公法缔结，参与自愿式协议的相关部门在该协议的实施阶段必须遵守正式的行政程序规则，如对截止时间、协议的书面形式、数据提交、协议的公开及监督结果等方面的限制。依据民法缔结的自愿式协议归民事法院管辖，按照民法程序规则执行，而根据公法制定的自愿式协议在公法庭审议之前只可能被质疑或强制执行。但也不能仅因为民法和公法的差异，来判断据此缔结的两类自愿式协议的法律体制之间的差异。也可以把自愿式协议看做是民法和公法相结合的产物：公法包括的许多公法规元素，如公众参与等也可以用于依据民法缔结的协议；反之亦然，民法中自愿式协议谈判的灵活性，至少也可以部分用于依据公法缔结的协议。依据民法缔结的所有自愿式协议中，如荷兰的协商协议等都包含有公法的元素（Hazewindus，2000：6）。如果考虑政府权力，那么自愿式协议与民法契约这一惯例相比，其参与方之间的不平等性就更加突出。例如，如果企业不遵守自愿式协议，原则上主管部门就可以通过制定更严格的许可证制度等政府权力来强制企业实现环境目标。而这同样也是依据民法缔结的协议的唯一选择。

1.1.4 自愿协议式管理方法的优点与缺点

自愿协议式管理方法的优点包括灵活性强、成本较低、可降低行政管理费用等（Börkey，2001：6；Higley，2001：10）。自愿协议式管理方法为政府部门带来的好处包括：政府部门通过采用自愿协议式管理方法可以有效地规避传统行政手段的缺陷。例如，Higley（2001）发现行政控制手段的实施过程耗时较长，而且整治企业的违规行为的成本高。另外，行政手段的颁布和实施过程还需要财政和税务部门的配合（Higley，2001：17）。自愿协议式管理方法特别是那些协议目标严于当前法规要求的协议，可明显降低政府部门的行政管理费用，原因是政府部门暂时不再需要出台新的法规或处罚条例。

另外，研究人员 Alberini（2002），Börkey（2001） 和 Higley（2001）一致认为因为企业是以赢利为根本目的，所以只有当其通过采用自愿协议式管理方法进行污染物减排能够获得利益时，它们才会进一步为此投入更多的人力与财力。企业通过参与自愿式协议，可以获得以下五种益处（Higley，2001：10）：

（1）参与自愿式协议的企业可以自主决定采用哪种更经济、更有效的环保措施来降低企业污染物的排放量。自愿式协议赋予了企业有制定自身环境保护战略的自主权，其好处是企业在采取降低污染物排放的措施方面具有更多的灵活性。自愿协议式管理方法还可以促使企业积极寻找实现既定的环境目标的更有效和更经济的方法。而在采用自愿协议式管理方法之前的惯例是由环境保护部门为企业制定目标和选定目标的实现方法。实质上，企业比政府部门更清楚如何更有效地降低企业的污染物排放量。

（2）自愿式协议特别是以整个行业的名义签署的自愿式协议可以促使行业内部建立信息交流平台，企业可以通过该平台有效地交流与环境保护或行业内最先进技术等相关的信息。

（3）企业可以更好地利用自身资源、改善企业的环境效益、降低成本、减少环境污染。

（4）参加自愿式协议可以提高企业的声誉。企业在环境保护方面拥有良好的声誉有助于改善企业与政府部门、客户及员工之间的关系。企业还能吸引更多的人才并降低由于实施相关环境政策而产生的成本。

（5）越来越多的消费者喜欢绿色产品，绿色企业能得到更多的市场份额，这样企业可以通过参与自愿式协议提高其经济效益。

除了上述优点和益处，一些研究人员发现自愿式协议方法也存在某些缺陷。例如，企业可能利用自愿式协议“吃掉”相关环境法规。因为降低污染物排放的费用较高，污染企业都希望能够阻止政府部门出台更加严格的环境政策。如果企业与政府部门签署了自愿式协议，但却没有为降低污染物排放量、提高企业环境效益投入更多的资金，那么就可以认为相关法律法规被企业“吃掉”了（Higley，2001：9）。德国乌博塔尔研究所（Institute of Wuppertal）的研究人员认为如果自愿式协议的目标低于污染物排放量的常规发展轨迹（business-as-usual），也可以认为企业也“吃掉”了该自愿式协议（乌博塔尔研究所，2005：26）。也就是说“自愿式协议的目标越接近污染物排放量的常规发展轨迹，那么自愿式协议被企业‘吃掉’的程度越高”（Börkey，2001：19）。相关环境法规被“吃掉”的直接后果就是：企业的环境效益不仅没有提高反而降低了。

自愿协议式管理方法的另一个缺点是某些企业可能逃脱责任、无端获利（“滥竽充数”现象）。例如，政府部门在与行业协会签署的协商协议中承诺：如果行业实现了既定的自愿式协议目标，那么政府部门将不再颁布新的环境法规或处罚条例，于是行业内那些没有参与自愿式协议的企业也跟着受益了。因此，某些企业会存在不愿承担自愿式协议责任的侥幸心理，希望行业内其他的企业尽力实现自愿式协议的目标，这样企业自身也可以从中受益（Higley，2001：9；乌博塔尔研究所，2005：26）。

自愿式协议的第三个缺点是可能影响公平竞争。欧盟法律禁止任何可能影响欧洲自由贸易和公平竞争的协议形式（Higley，2001）。自愿式协议对市场格局有间接影响，并可能导致反竞争行为的出现，因此需要在保持市场的公平竞争和自愿式协议的灵活性、节约成本之间找到折中的办法（Higley，2001：9）。

1.2 企业采用自愿协议式管理方法的动机

减排会给企业增加额外开支，而企业又以赢利为目的，所以只有当企业投资污染控制可以获利时，企业才可能这样做。那么，企业参与自愿式协议究竟可以获得哪些收益呢？

首先，企业可以更高效地利用投资和得到更多投资等。例如，通过提高能源效率可以降低企业的燃料消耗，降低企业的生产成本，同时也可以减少企业的污染排放。虽然自愿协议式管理方法对企业有利，但企业如果缺乏这方面信息或并不了解应如何组织这类项目，那么这类项目的发起就更无从谈起。针对这种情况，自愿协议式管理方法就发挥了其在信息普及和信息传播方面的重要作用。

自愿协议式管理方法为企业节省投资的另一个途径是提高企业的声誉。相比之下，拥有“绿色声誉”的企业一方面更容易招到员工、留住员工和提高员工的工作积极性；另一方面也有助于改善企业与当地社区的关系，从而降低企业的生产成本。最后，良好的环境声誉也有助于改善企业与管理部门之间的关系，从而降低企业服从协议的成本。

目前，大量消费者更愿意采购绿色产品，绿色产品的生产企业将因此获得更多收益，即企业通过环境友好产品在市场中占有率的增加而获利。

自愿协议式管理方法也能使企业通过规避政府部门的监管而节约费用，即获得监管收益。如果企业认为它能够对监管部门施加影响并使其制定出较低的环境目标，那么企业将主动采用自愿协议式管理方法。另外，企业也期望通过降低其服从成本而获得监管收益。例如，企业可以通过缔结自愿式协议而制定出与监管制度相同或更高的减排目标，但企业在利用自愿协议式管理方法时可以灵活地选择目标的实现手段。这使得企业可以根据其具体条件，选择最经济有效的解决方案。显然企业获得的第一类收益（即监管收益，由制定更低的环境目标而获得的收益）是通过牺牲公众利益而得到的，但第二类则能显著提高行业收益和公众收益。

1.3 自愿协议式管理方法的程序、设计和内容

1.3.1 程序

近些年来很多欧洲国家已经制定了一些有关自愿协议式管理方法的程序规则。例如，一些国家（如丹麦、比利时）制定了基本原则，也有一些国家（如葡萄牙、荷兰）制定了详细的官方建议。关于哪些机关负责决定自愿式协议的参与方，以及参与方是否有权缔结自愿式协议等细节值得注意。根据相关规定，缔结的自愿式协议必须采纳第三方组织的正确意见，并确保公众参与自愿式协议的制定过程。另外，如果由于宪法或可预见的法律等原因，国会也有必要参与自愿式协议的制定过程。最后，自愿式协议的缔结必须满足公开、透明等原则。

1.3.2 设计

当最初采用自愿协议式管理方法时，由于缺乏完善的法律框架，公众并没有参与自愿式协议的制定过程。那时自愿式协议的缔结根本不需要考虑除政府和企业利益之外的其他任何因素，所以缺乏公众参与一直是该方法的主要缺陷。1998年通过的《奥胡斯公约》[1]（The Aarhus Convention）强调自愿协议式管理方法应

① 1998 年，欧洲经济委员会于丹麦奥胡斯市通过《在环境问题上获得信息、公众参与决策和诉诸法律的公约》，简称《奥胡斯公约》。

包括公众参与和公开、透明等现代的民主管理理念。欧盟委员会在其对成员国的通报（1996：18）中也强调了自愿式协议制定过程和公众参与公开透明等原则的重要性。虽然一些欧盟成员国的现行制度规定：自愿式协议的制定过程中必须有公众参与，但依然有一些自愿式协议在其缔结过程中根本没有公众参与。公众参与不仅有助于解决自愿式协议的民主合法性问题，而且也迫使自愿式协议的参与方考虑来自非政府组织和工会的意见。这样也可以提高公众对自愿协议式管理方法的接受度。虽然公众参与导致自愿协议式管理方法产生了一些不足，例如降低了该方法对企业的吸引力、自愿式协议有泄露企业商业机密的风险。另外，当制定自愿式协议时需要考虑更多参与方的利益，将导致制定自愿式协议的过程耗时更长。但值得注意的是：传统指令式管理方法中同样包括多种形式的公众参与，也同样存在上述不足。自愿协议式管理方法与其他手段相比，其在协商过程中允许公众参与，这就确保了自愿式协议方法的促进作用和灵活性等优势。另外，自愿式协议中包含选择采用自愿协议式管理方法的原因等内容，也有助于提高该方法的透明度和公众接受度。

20 世纪 90 年代中期，欧洲委员会（EC）将自愿协议式管理方法作为一种推行环境政策的手段在整个欧洲加以推广（EEA，1997：17）。欧洲委员会强调“通过在法律框架下与企业签署自愿式协议能以较低的成本有效地实现环境目标，另外也可将自愿协议式管理方法视为现行法规的一种补充手段。但只有保持较高的透明度和可行度，自愿式协议才能按时实现既定目标”（Higley，2001：56）。

很多研究人员强调（Biekart，1998；Krarup，2001；Börkey，2001；Higley，2001；Wuppertal Institute，2005），合理的前期设计有助于极大地提高自愿式协议的透明度和可信度，针对如何克服自愿式协议的缺点，他们也给出了很多建议，如自愿式协议的参与方承担公开发表已缔结的自愿式协议的义务，这样也提高了自愿协议式管理方法的透明度；监督有助于提高自愿协议式管理方法的效率等；为了促进公众对该方法的进一步了解，监督结果也应公开。总之，设计自愿式协议需要注意以下几点：

- 制定协议目标的过程要公开、透明；
- 制定协议目标一定要高于污染物排放的常规发展轨迹；
- 制定明确的量化目标和时间表；
- 参与方之间要保持良好的沟通与交流；
- 建立监督机制和执行机制；

- 明确每个参与企业的量化目标；
- 独立第三方的参与；
- 对未能实现协议目标的处罚条款；
- 协议应该具有法律约束力；
- 接受法律制裁。

这些要点是起草、设计、协商和实施自愿式协议的重要原则，同时也是评价自愿式协议效益的重要指南。

1.3.3 自愿式协议的标准内容

自愿协议式管理方法与传统指令式管理方法相比，赋予了参与方更多灵活性。但这并不意味着政府部门不限制或不裁量协议的内容。根据欧洲各国的宪法规定，政府有保证公众利益的义务。若政府部门选择采用自愿协议式管理方法，也就意味着其将保护公众利益的一部分义务转移给缔结自愿式协议的其他参与方。所以必须确定一些前提条件以保证公众利益的最低标准。这些标准包括自愿式协议需妥善完成既定任务、考虑收益的公平分配和确保建立有力的中立机构等。另外，考虑到未来民主变革等原因，自愿协议式管理方法也应具有时效限制。

专题 1.3　在自愿式协议中应明确下列问题

——自愿式协议的参与方有哪些？

——协议的新参与企业能随时参与和退出吗？

——自愿式协议的环境目标是什么？

——环境目标如何实现？

——有效期多长时间？

——过渡步骤和目标是什么？

——政府可以要求获得哪些相关信息？

——哪个部门负责监督协议的进展，以及如何监督？

——自愿式协议将影响哪些组织或哪些群体？

——行业协会及其成员和政府各应承担什么责任？

——政府对完成或超额完成协议目标的企业有奖励机制吗？

——如何处罚违约企业？

——如果参与方具有自由裁量权，那么其还会缔结具有法律约束力的协议吗？
如果缔结的协议具有法律约束力：
——自愿式协议会发生什么改变？
——自愿式协议会在什么情况下被终止？
——如何强制执行自愿式协议？
——提供仲裁吗？

1.4 监督和执行

自愿式协议的监督和执行对能否成功推行环保政策有着极其重要的影响。从法律角度出发，关于激励和处罚、法律责任、仲裁及可诉性等有很多问题需要解决。由于自愿式协议有多种子类型，所以关于上述问题也存在多种可能性和不同的法律条件，尤其是针对协议是否具有法律约束力及协议是依据民法或是公法缔结的。

1.4.1 监督

监督对确保自愿协议式管理方法的效益、为自愿式协议的设计汲取经验和公布自愿式协议的进展等至关重要，同时监督也是迫于反控制手段的要求。由于政府部门通过缔结协议放弃了其在传统指令式管理方法中固有的监控权力，因此其也必须在保证公共安全的义务方面作出补偿。所以，监督不仅对自愿式协议的正常运行至关重要，同样也是政府部门对依据公法或民法而缔结自愿式协议的具体要求。监督自愿式协议主要途径包括：通过法律规定监督自愿式协议的程序规则或在自愿式协议内增加相关内容等。同时也需要制定监督过渡的目标。由独立机构进行的监督最为有效。自愿协议式管理方法的框架体系不能对应该采取的监督措施和监督程度作出规定，但基本原则是必须将监督结果和企业改善环境的成就向国家机关和公众公开。通过监督获得的信息（政府部门经其他手段获得的信息除外）必须使政府部门能够评估企业行为是否符合基本的环境标准，并能对该标准展开深入探讨。最后，监督结果等信息必须能促进政府部门采取进一步执法行动。

监督过程中确实存在着因泄露企业的商业机密而被竞争对手利用的风险。但这不能够成为拒绝监督自愿式协议的托词。所以，为了能确保有力而精准的监督，应建立具体的监督体制，而当涉及企业信息的保密性和独立性时需要特别谨慎。

1.4.2 激励和处罚

如果自愿式协议中包含能确保该协议顺利执行的具体措施，将会显著提高自愿式协议的效率。

提高自愿式协议效率的途径之一是政府部门为企业提供补贴、减免税收、企业认证、公益广告等奖励。值得注意的是，欧洲各国在采用这些奖励措施时，绝不能违反欧盟的单一市场原则。

提高自愿式协议效率的另一途径是处罚违约行为，其提高了自愿协议式管理方法作为有效环境政策的可信度。处罚的形式包括处以罚金、收回补贴、废除与违约方之间的自愿式协议及尽量减少环境部门与违约方之间的合作等。处罚违约企业的条款可以包含在自愿式协议内，也可以依据相关法律强制执行。

1.4.3 对第三方的责任

通常，无论参与什么活动，参与方都应清楚发生人员伤害或物品损坏时的责任分配问题。事实上，这个问题对自愿协议式管理方法而言更为重要。因为从自愿协议式管理方法的本质发现，该方法扩大了企业自我监督和自我管理的范围，所以有必要制定相关规定对此进行约束。另外，如果企业故意破坏环境或恣意滥用环境资源，毋庸置疑，企业必须对其行为负责。但是与之相反的情况是，即使企业完全依照自愿式协议的要求而采取行动，但依旧破坏了环境，那么相关责任就应归咎于自愿式协议本身。针对这种情况的典型案例包括为了逐步减少特定污染物排放而缔结的自愿式协议。虽然企业尽到了自愿式协议规定的关于该物质减排的所有义务，但最终结果显示企业实现的减排量并不能保证企业周围的居民免受该污染物的影响，欧洲依据欧盟成员国的法例责任来裁决企业是否需要对此承担责任。如果出现了上述情况，除了要考虑企业应承担的责任之外，还要考虑政府应承担的责任。例如，比利时的“弗拉芒自愿合约法令”（1994）规定：如果缔结的某项自愿式协议侵害了第三方的权利，那么第三方有权依据协议造成的损害或具体结果对政府机关进行起诉。但关于自愿式协议侵犯第三方时政府部门需要承担的具体责任却并没有明确规定。虽然政府需承担的责任可通过法律对由国家机关或公务员因疏忽而造成损害的基本规定衍生得出，但不同欧盟成员国对此的规定也存在很大差异。总之，法例责任的合理设计是：如果由于采用自愿协议式管理方法代替其他手段而对公众等第三方造成损害，那么企业和国家机关都应该对此承担赔偿责任。

1.4.4 参与方之间的法律责任

除了考虑参与方之间的道义责任之外，还必须考虑其法律责任。首先应依据自愿式协议的内容区分该协议属于行业协议还是企业协议。行业协议指以行业协会的名义缔结的自愿式协议。企业协议指以一个或多个单独企业的名义缔结的自愿式协议。通常，参与行业协会且缔结行业协议的成员企业不能通过退出行业协会而规避其依据自愿式协议规定应该承担的义务。根据自愿式协议规定，行业需要承担责任，而政府需要对合作伙伴负责。但政府在履行国际义务或应对国家紧急状况等情况下，可以不对合作伙伴负责。

专题 1.4 如何处置未参与行业协议的企业

当政府部门和行业协会签订行业协议时，可能出现一些问题。例如，并不是行业中所有企业都参与该协议，那么就有可能会出现意外的结果。如没有实现既定的潜在环境收益或企业间污染减排份额分配不均等。解决这些问题的途径包括：一种是通过法律赋予政府部门要求未参加行业协议的企业制定类似目标的权力或要求缔结的自愿式协议必须具有法律约束力等；另一种是政府部门收回给予未参与行业协议企业的福利或利用媒体宣传机制将未参与行业协议的企业曝光。

为了确保自愿式协议能够实现既定的目标，政府部门和行业协会有必要采取适当的手段来识别和处置所有不愿参与行业协议或不愿承担责任的企业。

1.4.5 仲裁

仲裁是解决冲突的最有效途径，但该方法需要提前确定仲裁手段的适用条件和仲裁小组的阵容（理想的情况是包括独立的个人）等。仲裁也是解决冲突的最后手段，虽然通过仲裁不能一劳永逸地解决具有法律约束力的自愿式协议的所有争端，但将仲裁过程作为自愿协议式管理方法具有可诉性的先决条件，既实用又极大地契合了合作的理念。

1.4.6 可诉性

具有法律约束力的自愿协议式管理方法在可能诉诸法律方面也存在一些问题。首先是关于归民事法庭或公法庭管辖的问题。如果没有法律的补充规定，根据民法缔结的自愿式协议归民事法庭管辖，同理，根据公法缔结的自愿式协议归公法庭管辖，但管辖权却与议事规则密切相关。例如，在一些欧盟成员国，民事法庭的规则仅依靠一方提供的证明观点就可作出裁决，而公法庭的要求则是调查与法院相关所有观点，甚至也包括第三人提供的证据。

自愿协议式管理方法的典型诉讼模式是政府机关起诉某行业协会不遵守自愿式协议。起诉的目的是强制处罚协会中的违约企业，甚至废止自愿式协议或部分废止自愿式协议。而另一种模式是企业或行业协会起诉政府机关为了得到国家法律规范或强制手段的庇护而违反自愿式协议。已经给予企业的福利等也应经上述途径如数索回。另外，第三方也会尽力维护自身权利。自愿协议式管理方法的综合性和某些规定不成文等性质也会引起许多细节问题，例如关于废止自愿式协议的法律途径和废止自愿式协议的程度等方面都存在争议。此外，每个欧盟成员国处理这些细节问题所依据的法律体制也存在着很大的差异。

但迄今为止，在欧洲几乎还没有出现过关于自愿式协议的诉讼。因为除了由于法律不确定性提起废止自愿式协议的诉讼之外，很少通过法律途径解决上述问题，这也是自愿协议式管理方法的一大优势。在自愿式协议的磋商过程中，也存在许多潜在的争端问题，但这些问题几乎都能够事先找到解决方法。

第 2 章　自愿协议式管理方法与现行法律相结合

近年来，欧洲缔结的自愿式协议的数量显著增加，涵盖了应对气候变化、污染防治和废弃物管理等各种环境领域。自 1992 年第 5 届“环境行动项目”提出鼓励采用自愿协议式管理方法以来，欧盟就不断鼓励成员国采用该方法。例如，欧盟颁布的《报废汽车指南条约》甚至建议将自愿协议式管理方法作为实施国家政策的手段。当最初采用自愿协议式管理方法时，该方法并没有官方正式的体制框架，但目前一些欧盟成员国已经在制定针对自愿协议式管理方法的监管制度。事实上，自愿协议式管理方法在欧洲已经成为执行环境政策的既定手段，但在实际应用中却仍然存在很多限制因素。例如，存在着欧盟关于自由贸易和公开竞争方面的法律问题、各成员国宪法中关于中央与地方分权、民主合法性、政府保护公众的健康与安全及第三方组织的权利和义务等方面的问题。除上述限制因素之外，实施自愿式协议还存在着法律程序、监督机制、强制执行等方面的问题。

2.1 自愿协议式管理方法与欧盟

只要缔结的自愿式协议不违反欧盟共同体的法律，欧盟就允许其成员国把自愿协议式管理方法作为一种环境政策手段。欧盟委员会在对成员国通报中（1996年）已经明确表示了其对自愿协议式管理方法的指导态度，如欧盟同意成员国利用自愿协议式管理方法来实现欧盟指令，但其对以下两方面持保留态度：① 只能在欧盟指令并不产生新的权利和义务的情况下才能采用自愿协议式管理方法；② 缔结的自愿式协议必须具有法律约束力。欧盟在“报废汽车指南条约”中已明确地预见到其成员国将会利用自愿协议式管理方法来执行欧盟的法律法规（1999年）。

不仅仅是欧盟成员国才能应用自愿协议式管理方法，欧盟同样也可以缔结在全欧洲范围内生效的自愿式协议，例如“共同体环境协议”（CEAs）。但是依据目前的法律规定，欧盟委员会仅能缔结像单边协议和多边谅解备忘录等不具备法律约束力的自愿式协议（Lefevre，2000）。虽然欧洲的每个国家都拥有各式各样的企业，也都存在纷繁复杂的各种环境问题，但“共同体环境协议”却可以避免扭曲自由贸易和公平竞争，故“共同体环境协议”是环境政策中最有效也最有价值的方法。如果在欧盟法律中引进“共同体环境协议”必须具有法律约束力的规定，那么就能急剧扩大其潜在应用范围。而缔结“共同体环境协议”需要解决的法律问题与成员国缔结协议需要解决的问题非常相似，如缔结“共同体环境协议”时必须明确欧洲议会的作用、满足成员国要求的公众参与、提高透明度和建立监督机制等要求。

2.1.1 自愿协议式管理方法与自由贸易、公平竞争和政府援助之间的联系

当欧盟成员国缔结自愿式协议时，绝对不能违反单一市场原则。欧盟条例第28条规定：禁止制造关税壁垒或非关税壁垒。但若把提高技术、营销手段或赋予企业经济收益作为对企业遵守自愿式协议的鼓励，就可能会制造出某种壁垒。欧

盟条例第 30 条是关于环保豁免的规定。

竞争规则第 81 条第 1 款是关于自愿协议式管理方法可能产生的影响，即绝对不能禁止、限制或扭曲国内市场。虽然第 81 条第 3 款并没有详细阐述环保豁免的具体情况，但欧洲法院的判例法规定：环境保护可作为豁免声明的一部分。欧盟委员会将运用比例原则来权衡由于追逐在自愿式协议中环境目标的价值而导致的对竞争的限制。

这种情况与政府援助类似。如果参与企业由于实现了自愿式协议目标而获得了来自政府部门的财政援助，那么政府援助也会像自愿协议式管理方法一样产生了影响竞争规则的问题。若政府援助会导致扭曲竞争或扭曲自由贸易，那么通常都会禁止该类援助（欧盟条例第 87 条第 1 款）。但如果政府援助可以改善环境或持续减少污染，那么就另当别论。如果政府援助对环境的改善超过其对竞争的不利影响，也认为政府援助具有合理性。

2.1.2 针对环境问题的自愿协议式管理方法和欧盟指令

欧盟法律关于自由贸易原则、公平竞争和政府援助等的规定，并不是影响自愿协议式管理方法在欧盟成员国应用的决定性因素。欧盟法律通常明确规定其成员国履行欧盟环保法律时必须采取的措施和方法。而在这种情况下，成员国就不可能通过采用自愿协议式管理方法解决环境问题。西方国家日益受到关注的“综合污染预防控制方法”（IPPC）就是一个典型案例。根据 IPPC 方法，企业排污必须经过主管机关的许可，并且许可证必须包括能证明这次排污是根据 IPPC 方法的标准而实施的保证措施。那么，这种情况下就不可能采用自愿协议式管理方法代替许可证制度。而这种类似限制，例如欧盟的废弃物指令要求企业在购买设备和采取环保行动等方面必须经过主管部门的许可，也存在于其他自愿式协议中。另外，废弃物指令还规定主管部门必须起草废物管理计划。如果主管部门把本应利用其他可预见的方法解决问题，却利用自愿式协议方法处理就违背了欧盟法律。

总之，欧盟法律将具有危险性或具有潜在危险性的行动都利用传统指令式管理方法严格执行。

2.2 自愿协议式管理方法与宪法

自愿协议式管理方法与传统指令式管理方法相比，它能使企业和其他参与方对法律的制定和实施施加一定影响。关于宪法在多大程度上限制自愿协议式管理方法的应用及在多大程度上限制各类参与方的权利还需进一步研究，尤其是在分权制衡原则、民主原则及政府保护公众健康和安全的责任等方面。

西方宪法的分权原则规定：必须由议会负责新法律的通过。因此用自愿式协议代替法律标准就会产生法律不确定性等问题。而排除法律不确定性和确保民主合法性的一个途径就是让议会参与自愿式协议的制定过程。例如，比利时的环境公约（1994）规定：议会有权在 45 天内一票否决环境协议，也有权阻止该协议生效。另一个途径是由议会通过法案来规范管理自愿式协议的缔结。

民主合法性和分权原则导致的其他结果是：议会通过的法律和法院的判例法会约束能应用自愿协议式管理方法进行管理的领域。但不可能仅通过有关管理的决议和行动就完全规避上述结果。因此，自愿式协议的内容决不能与现行法律相冲突。

大部分欧洲国家的宪法强调政府具有保护公众健康和安全的重要责任，一些国家甚至还强调政府具有保护环境的义务。但宪法并没有规定政府只能通过指令式管理方法履行上述责任和义务。因此，原则上政府部门可选择的行政手段范畴也包括自愿协议式管理方法这一手段。

欧盟成员国的宪法对分权制衡、民主合法性和政府保护其隶属者的要求，虽没有完全禁止采用自愿协议式管理方法，但也的确限制了该方法的应用领域。而宪法的基本原则和公民权利这些极其重要的问题必须通过立法解决。例如，法国公法院认为自愿协议式管理方法违反了法律规定，原因是其限制了国家机关的权力和对第三方的保护。

联邦体制中的自愿协议式管理方法。在欧洲，有力的联邦体制的国家必须确保对区域竞争力的保护。这也意味着如果国家级自愿式协议的内容违反了地区立法或侵犯了某地区的行政权，那么该地区就可以不实施该协议。通过在制定自愿式协议过程中邀请地区商会代表参与，就有可能征得地区的同意，也就能规避上述问题。

另外，采用自愿协议式管理方法也必须考虑地方法律。例如，虽然联邦政府与各行业签订了自愿式协议，但可能行业今后仍需要满足地方权力机关制定更严格的要求。必须通过合理选择得出程序结论和自愿式协议是否具有法律约束力等内容阻止上述问题的出现。必须确保地方权力机关关于监督自愿协议式管理方法的承诺和自愿式协议的内容等都与国家公法规定相一致。值得注意的是：如果上级部门缔结了某自愿式协议，那么下级的地方组织必须遵守该协议，否则上级部门有权通过指令式管理方法控制地方当局的决策范围。

当然，应用自愿协议式管理方法也并非是上级部门的专属。地方当局也可以在其行政管理范围内缔结自愿式协议。但地方当局缔结的自愿式协议必须与国家和地方法律相一致。

专题 1.5 比利时弗兰芒[①]地区关于自愿式协议法律框架的案例

比利时弗兰芒地区依据比利时联邦环境政策指令（1994 年 6 月 15 日）制定了关于自愿式协议的法律框架。这里简单阐述与此相关的主要问题。“框架”规定：“弗兰芒地方政府代表弗兰芒地区，与代表企业的协会之间缔结的任何协议，其目标都是防止环境污染、限制和消除污染后果，并据此进一步改善环境保护的效果”（第二条）。只有行业协会能证明其受到企业委托时，协会才能参与自愿式协议。自愿式协议草案的总结必须在比利时官方公报发表，完整的草案也必须在 30 天之内向公众公开。另外，草案总结公示的 30 天之内任何人都可以向指定机关提交书面异议，异议经过评估之后将与其他参与方进行交流。除此之外，弗兰芒地方政府部门还会与弗兰芒社会经济理事会和弗兰芒自然环境理事会展开关于自愿式协议草案的交流，这些部门将在收到草案的 30 天之内发布不具有法律约束力的合理意见。随后，包括上述意见的草案将被提交给弗兰芒议会主席。如果在 45 天内议会因充分的理由而否决了该草案，那么该协议就不能缔结。反之，允许该协议缔结，缔结的协议也同样会在比利时官方公报发表。这项具有法律约束力的自愿式协议是在公法框架下缔结的，而且在自愿式协议中也包括欧盟法和国际法关于应对紧急情况的保证条款和强加责任等方面的规定。弗兰芒地区和企业协会将在自愿式协议到期之前，将该协议转换成法律条文。

值得注意的是，这种特殊的框架只能适用于具有法律约束力的自愿式协议，而并不适用于不具有法律约束力的地方协议和单边协议等。

---

① 弗兰芒地区位于比利时北部，首都布鲁塞尔位于该区域。

2.3 在法律框架下实施自愿式协议

目前，自愿协议式管理方法已经成为传统环境保护政策之外的一种有效措施，但为了使自愿协议式管理方法更加有效，及取得更好的环境效益，很多研究人员一致主张在法律框架下实施自愿式协议，尤其是对于政府部门参与的协商协议和公共自愿项目。Börkey（2001）曾强调“为了使自愿式协议和公共自愿项目更加有效，其一定要在法律框架下实施！”Higley（2001）也建议“将自愿式协议纳入现有的法规体系”。

大量事实表明：自愿协议式管理方法通常与传统指令式管理方法组合应用。“将自愿式协议与传统的政策手段一起使用，是因为法律体系可以弥补自愿式协议的缺陷，如缺少有效的、可信的监督机制及通报机制等。理论上，自愿式协议还可以同经济手段组合使用，但目前这种案例很有限”（Börkey，2001：91）。

经济合作与发展组织2003年的一项调查结果显示：自愿协议式管理方法很少单独应用，通常与一种或一种以上传统政策手段（如法规、许可证制度等）组合应用。

另外，经济合作与发展组织还在2003年的一项调查报告中描述了自愿协议式管理方法和政策手段联合应用时产生的相互影响、联系和应注意的原则等（见图1-2）。

图1-2中左侧方框里列出的是可以与自愿协议式管理方法组合使用的传统手段。为了确保自愿式协议的目标能够实现，自愿协议式管理方法通常都是与三个或三个以上政策手段同时联合应用（OECD，2003：43）。

该研究报告还进一步解释“为了促进可持续发现，决策者非常关注政策手段和组合手段对环境、经济和社会的影响”（OECD，2003：42）。图1-2正中的三个椭圆形分别代表环境、经济和社会三个影响因素。椭圆形周围是这些影响因素的详细内容。椭圆形之间的箭头表示它们之间是相互依存的关系。

另外，“不同种类的自愿式协议与传统手段相结合产生的效果也不同。也就是说，协商协议和公共自愿项目分别与传统手段组合应用产生的效果截然不同”。该研究还发现时间对于自愿式协议和传统手段组合应用的效果非常重要。即自愿式协议是短期的还是长期的，对自愿式协议效果有巨大的影响。此外，图1-2右侧列出的是通常利用自愿式协议解决的环境问题（OECE，2003：44）。

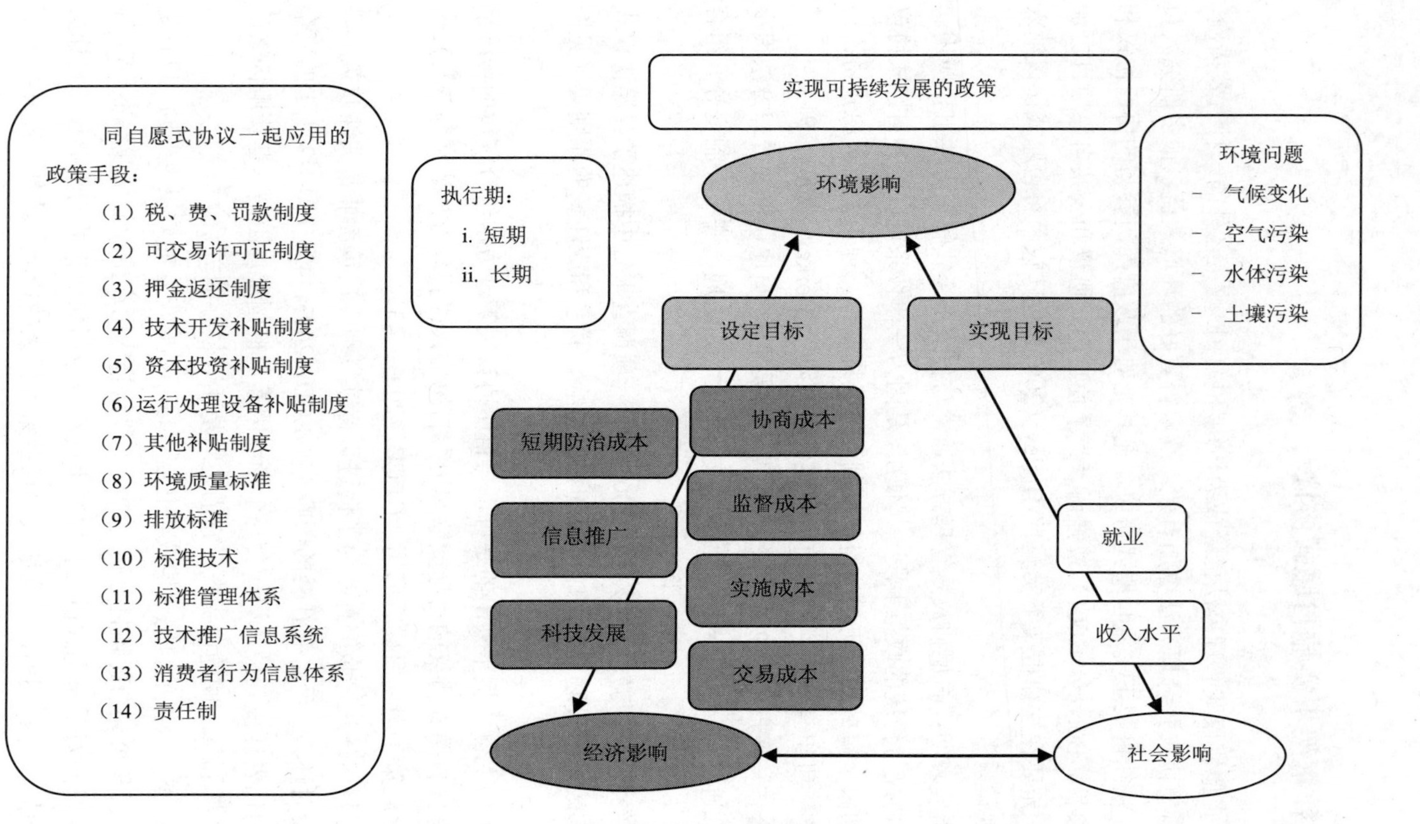

图 1-2　在法律框架中实施自愿式协议

来源：环境自愿式协议：效益、效果以及与政策手段一同应用，OECD，2003。

2.4 第三方的权利

第三方的权利对自愿协议式管理方法的应用有重要影响。欧洲公法规定国家机关在所有对外活动中都必须考虑第三方的权利，同样民法中也包括合同不能以牺牲第三方的权利为代价这一基本原则。

如果即将缔结的自愿式协议忽视了第三方受法律保护的权利，那么，该协议就不可能签署。相关案例包括：如果某自愿式协议制定了较低的有毒污染物排放目标，那么，就会侵犯个人的健康权，即通过采用自愿协议式管理方法不能有效地保护周围居民；例如，如果一些企业结成联盟就会侵犯其他非联盟企业参与公平竞争的权利等。为了防止发生上述侵权行为，有必要制订一些有力的预防措施，如在作出自愿式协议的最终决定之前听取第三方的意见及让公众参与自愿式协议的制定过程等。如果能正确应用自愿协议式管理方法，仅就满足第三方权利而言，自愿协议式管理方法就比传统指令式管理方法更有优势。另外，第三方组织可以通过多种形式参与自愿式协议的制定过程。

如果发生争议，对自愿式协议的处置就取决于该协议是否具有法律约束力。若具有法律约束力的自愿式协议侵犯了第三方权利，依据法律规定肯定将为受害方提供必要的补救措施，同时也意味着将对自愿式协议进行修正或废除自愿式协议等以及赔偿由自愿式协议所造成的损害。

而对于不具有法律约束力的自愿式协议情况就大不相同。从法律层面上看，不具有法律约束力的自愿式协议对所有参与方都无约束力，故也不可能直接侵犯第三方的权利。也正因为如此，即使不具有法律约束力的自愿式协议侵犯了第三方受法律保护的权利，第三方也无法与之抗衡。但在某些情况下也通过一些法律途径来间接补救，由于不具有法律约束力的自愿式协议所导致的损害。例如，若只能通过传统指令式管理方法才能满足公法的要求或如果缺乏某项决定就会侵犯第三方的权利（如健康权），那么第三方就可以通过法律途径寻求补救。在上述情况下第三方有权要求政府部门放弃缔结不具有法律约束力的自愿式协议，转而缔结具有法律约束力的自愿式协议。否则，第三方就只能用政治手段和不具有法律约束力的自愿式协议来抗衡对其造成的侵权。因此，应尽量通过缔结具有法律约束力的自愿式协议来确保平等原则。

第三方组织的另一项重要权利是其有权代表环境获得法律补救。政府部门通过采用自愿协议式管理方法，将其主要行动转为导向过程。那么，企业将在国家政策领域之外作出决议，如企业自行决策等。这会降低司法行政控制的可能性，尤其是在权力机关的违法行为已经侵害了公众合法权利，但政府却限制公众只能通过某些途径证明其权利受到侵犯的国家。上述公共权力机关所采取的行动与现行公法不相容的情况，可以通过为公认的环保组织提供法律补偿等途径解决。而这些非法自愿协议式管理方法的结论随后也将通过司法程序而被修改。

第3章　自愿式协议的经济分析

3.1 自愿式协议的经济学本质

自愿协议式管理方法与税收制度和交易许可证制度的区别在于：自愿协议式管理方法可以解决环境消极影响，但却并没有阐述其经济学原理，甚至在环境经济学著作中也很少提及。自愿协议式管理方法是由决策层、行业协会、企业、非政府组织等决策层和执行组织共同创造的。但自愿协议式管理方法最终的结果是缺乏阐明其本质的具体理论、需要明确很多协议的类型、评价协议方法对社会福利的影响等。但常规的“经济工具”提供了阐明自愿协议式管理方法本质的几套“工具”，如产业经济学、政治经济学和法律与经济的关系等。

3.1.1 自愿式协议：环境政策手段之家

在过去30年中，自愿协议式管理方法逐步发展成为三大环境政策手段之一。而且其很容易与其他政策手段相区别（Barde，1995；Convey，1999）：

（1）规章制度手段（如排放标准、产品禁令等），政府部门据此要求企业获得环境效益或采用某种工艺；

（2）经济手段（如税收制度、交易许可证制度、退税制度），据此激发企业和消费者减小环境损害的经济积极性；

（3）自愿手段（如自愿守则、生态标杆项目），企业据此承诺努力提高环境效益并尽力超过法律要求。

最后一类政策手段也被称作是自愿协议式管理方法，它包括多种类型的协议。协议类型的多样性涉及大量术语。

专题 1.6　自愿式协议的术语

使用自愿式协议这一名称之前使用过的术语主要包括：自愿倡议、自愿行动计划、自愿项目、自愿守则、自愿协定、自愿手段、自愿文书、污染控制协议、环境协议、协商协议、非法规协议、自我监管、自律协议、协同规则、协约等。但迄今对自愿式协议仍没有统一的定义。

自愿式协议分类或指定某类型缺乏统一标准术语。不同国家甚至用同一术语描述截然不同的对象。例如，荷兰的自愿式协议是指政府和行业之间正式协商的、具有法律约束力及期望行业内所有企业都参与的协议；而美国的自愿式协议却是不具有法律约束力的、企业可自行决定是否参与或何时参与的更自由的协议（UNEP，1998）。缺乏统一术语是阻碍了解自愿式协议本质和其分类的最大障碍。

在自愿式协议的上述不同术语中，"自愿协议"和"自愿手段"由于定义分歧引起了许多争议。

"自愿协议"本质表明：不同参与方签订该类协议肯定是其出于自愿而签订的。显然仅通过定义就可以断定每个参与方都能自由决定是否签订某项协议。另外，"自愿协议"包括两层含义：一方面是广义地指所有类型的自愿式协议，是"自愿倡议"或"自愿式协议"的另一名称；另一方面是狭义地专指企业和政府部门通过磋商制定的环境协议，也就是专指自愿式协议中的协商协议。另外，"自愿"一词在企业和政府部门缔结的协议中也颇具争议。因为事实上如果企业不减排，政府部门就威胁将引进新的监管要求。

"自愿手段"引发的争议是自愿式协议也包括自愿守则、企业环境管理项目等私人协议。因为该类协议由企业或非政府组织单方面负责和执行，故认为其并不属于政府政策手段。政府部门和环保部门：一方面鼓励采用私人协议，尤其是要承认和宣传该类协议；另一方面却并不能将其用作实现环境目标的政府手段。

按照政府部门在协议中作用逐渐增大的顺序，自愿式协议可分为：污染企业制定的单边协议、通过污染企业和受害者直接磋商达成的协议、企业和政府部门磋商制定的环境协议、由政府部门（如环保部门）设计，并邀请企业参加的公共自愿项目。关于自愿式协议的分类和定义等在第一篇第 1 章中已经详细阐述，本篇将不再赘述。但是几个术语值得注意。

3.1.2 自愿式协议的经济学本质

从经济学角度出发，对自愿式协议的固有定义都未能涵盖所有自愿式协议的本质。为了准确定义自愿式协议，需要首先了解两个经济学概念，但这两个概念同时也会限制自愿式协议的数量。在私人解决方法或集体行动等条件下才用自愿式协议，就将其仅限于行业协议、协商协议和私人协议，但并不包括私人单边协议和公共自愿项目等。本章的目的是全面了解自愿式协议的分类及其在世界上的广泛应用，而上述限制却与该目的相违背。

专题 1.7 自愿式协议的经济学概念

当剖析自愿式协议的主要特点时，经常会用到以下两个经济学概念:

单独企业的解决方案: 单独企业制定的监管协议中并不包括政府干预。根据福利经济学的惯例，一般认为政府干预是补救市场外部性的唯一方法（市场外部性是指污染产生的有害影响不受价格机制的影响，原因是污染产生的有害影响出现在参与市场交易的各方之外）。然而，这个观点却遭到认为单独行动可代替政府干预的经济学家的挑战，而在磋商产权交易（Coase，1996）和组织相关协会时（Buchanan，1965）所面临的上述挑战更加突出。根据该框架可以发现政府干预成本高昂，并且如果政府干预的成本高于收益，那么情况就更糟。相比之下，单独企业的解决方案成本较低。但需要注意的是不管解决市场失灵问题（如外在性）的方案是企业单独的、政府的或公私兼具的，都应该仔细比较每一个方案的优点和不足。受害方和污染企业或行业协会之间的单边协议等都属于单独企业的解决方案。

集体行动: 集体行动发生在以下几个领域: 企业之间（行业自愿协议）、企业和政府部门之间（协商协议）或企业和受害方之间（私人协议）。集体行动是指某行业中的企业为了获得更高的收益而采取的联合行动。但采取集体行动同时也面临双重障碍: 第一，当个别企业不愿为集体行动作出贡献时就会出现企业“滥竽充数”的现象，因为可能有些企业并没有支付成本、也没有付出努力，但却因集体行动而获利; 第二，关于集体收益的分配，因为合作就意味着会包括参与企业之间的磋商，但所有参与企业都希望通过损害其他企业的利益而将自身利益最大化，故关于集体收益的分配很难达成一致的意见。若要集体单边协议、行业与政府部门或与受害者之间的协议生效，就必须克服上述障碍。另外，反垄断法限制企业间的合作、法律禁止政府部门与被管制企业之间直接协商等（为了限制管理部门的自由裁量权），而这些规定也会阻碍自愿式协议的缔结。

3.1.3 经济手段和自愿协议式管理方法的关系

目前经济合作与发展组织国家的环境政策中越来越强调经济手段和自愿协议式管理方法的作用，另外自愿协议式管理方法自20世纪80年代末以来在经济合作与发展组织国家得到了越来越广泛的应用，这也揭示了经济手段和自愿协议式管理方法之间的历史渊源。但这两种手段的来源并不同，经济手段源于理论，而自愿协议式管理方法却源于实践，这就导致了评价其效益的方法存在差异。

专题 1.8　经济手段和经济学理论

经济手段与自愿式协议不同，其最先出现于理论中，是在经济学家创造之后而被决策层利用的。环境税收制度的开创性想法始于A.Pigou。Pigou在1920年首次出版的著作《经济福利学》中将市场的外部性定义为市场失灵。“当A提供服务时，会得到服务费，偶然地B也提供服务但却帮了倒忙，而这时候不能从A的收益或对B的赔偿中抽出一部分支付B的服务费”，在这种情况下就出现了外部性。

根据Pigou的观点，由于存在外部性导致市场中不能形成正确反映经济主体价值的价格，而这将导致市场不能最大化地实现社会福利。因此，他建议由政府部门制定补助制度或税收制度，并据此纠正经济主体的价格。但直到20世纪80年代，决策层依然在很大程度上忽略该建议。虽然已经有数百个经济学家进一步深化了Pigou的开创性工作，证明、提炼并倡导应该对环境的外部性征税，但在很长一段时间内决策层依然更青睐制定排放标准。但目前大多数经济合作与发展组织国家都已经开始执行环境收费制度和税收制度等（OECD，1994，1997）。

建立排污权交易市场是最近才萌芽的构想，其由理论转向实际的时间更短。正如20世纪50年代末期一些经济学家所指出的（Bator，1958；Coase，1960），市场的外部性源于产权不明晰。加拿大经济学家J.Dales详细阐述了这个观点，并且在1968年出版的书中假设为解决环境外部性问题由政府部门建立产权市场。这一手段的基本原则是首先向某环境资源的历史用户分配污染许可证（如向大气中排放

1 t 二氧化碳的许可证），并允许企业在市场上交易其剩余的排污许可证。如果市场对许可证的需求量很大，同时市场提供的许可证量也很大且交易成本较低，那么就出现了许可证的市场交易，也就出现了反映许可证价值的市场价格。该市场手段首先于 1981 年被美国用于尝试治理福克斯河污染，目前许可证制度已广泛应用于美国的各个领域，尤其是用于减少二氧化硫排放等（OECD，1999）。

自愿协议式管理方法源于实践而非理论，导致其与经济手段相比存在经济学方面理论不完善的缺点。关于税收制度和交易许可证制度的经济效益评价的论文有成千上万篇，但针对自愿协议式管理方法的经济效益的文献却不足 10 篇。缺乏经济学资料所导致的直接后果是：不能依据具体理论预测所缔结的自愿式协议的效益。经济手段可以通过其完善的理论来预测其效果，也可以据此指导决策者；但自愿式协议的事前评估却与之迥然不同，针对自愿式协议的事前评估根本无法实施或者说评价的结果根本不具有参考价值。

由于经济手段在环境经济学著作中被描述为“完美”手段，而自愿式协议却存在不足，故而公众在主观上认为前者更好。文献资料证明：政府部门通过采用经济手段能够最大可能地实现社会福利，即达到“帕累托效率平衡”（不可能提高一方收益而不损害其他参与方的利益）。上述最佳结果在一些特殊假设条件是可以实现的。例如，认为政府部门是万能的，且追求的是公众利益，而并非获得权力；政府对被监管行业、该行业采用的技术工艺及行业的减排成本等了如指掌；另外，政府能让被管制企业相信，其处罚违规企业的承诺等切实可信。当然也不能仅根据自愿协议式管理方法缺乏完善的理论框架，就得出其不如经济手段有效的结论。若从现实世界并不完美的角度出发（如信息共享、行政费用或政府机构的行为），包括税收制度等经济手段在内的所有手段都不完美。阐明选择应用哪种环境政策的难点在于：针对具体情况，用一种不完美的手段与另一种不完美进行比较，并选出相比较之下哪个更合适，而并非比较税收等完美制度与协商协议等不完美制度。另外，进行这种比较还必须假设两者具有相同的信息背景、费用、效益等。

3.2 污染企业自愿减排的动机

自愿协议式管理方法与经济手段不同，其并非源于经济理论。但关于自愿协议式管理方法的经济分析却阐明了其应用的一些问题，具体阐述如下。

企业是利益驱动的产物，而减排却成本高昂，故企业自愿超出法律要求而进行污染减排的行为是匪夷所思的。企业污染减排的成本包括改进新工艺的成本、购买末端治理技术的成本及负责调查和实施环境监管的人力成本等。而这些新增成本必将导致产品生产成本的提高，最终结果就是要么由于提高产品价格导致需求下降，要么由于产品价格不变导致企业收益降低。那么，企业究竟为什么选择自愿减排呢？从经济学角度出发，只有当企业的减排费用与其据此获得的收益相比更低或相当时，企业才可能选择自愿减排。因此，很有必要研究企业自愿超出法律规定进行污染减排后会获得什么收益。接下来本章的核心就是阐明这个问题，而阐述的依据就是出于对产业经济学的简单考量。

3.2.1 监管收益

企业自愿减排的最大动机是：规避由于政府监管所导致的成本。在政府计划制定新标准或税收制度的情况下，企业希望能够抢占政府监管的先机，所以选择自愿减排（Maxwell 等，1998）。例如，1984 年加拿大化工行业最先出现“责任关怀项目”的原因是：在加拿大爱运河发生了一系列污染事故后，加拿大政府可能会制定新制度或新法律。因此企业选择通过自愿减排来回应政府的干预威胁。关于二氧化碳减排的大多数自愿式协议是企业对政府即将征收温室气体排放税的回应。

专题 1.9　监管收益

图 1-3 显示的是企业的成本、收益与其实现的减排总量之间的关系。在该图中假设边际减排成本固定或递增、收益递减，故边际收益递减，另外企业在消费者中的声誉收益也递减。假设政府通过监管方法制定的强制执行的减排目标是 Q_r（Q^0）。除此之外，假设政府有强制执行的权力，可以强制企业采取导致可能其亏损的减排行动。另外假设，企业服从政府监管的减排成本更高（曲线 C_r）。

如果缺乏可信的监管威胁，那么追求收益最大化的企业会选择的自愿减排程度是 Q^*，因为企业在该点的净收益最大。而如果存在监管威胁，企业选择的自愿减排量就取决于 Q_r 的威胁。如果监管威胁可信，企业将努力实现减排目标 Q_r。企业获得的唯一监管收益就是较低的服从成本。企业获得的收益用图中的 AB 段表示。如果政府的威胁不完全可信，企业将选择实现减排 Q_i，那么企业由于监管目标更低而获得的监管收益用图中的 BC 段表示。

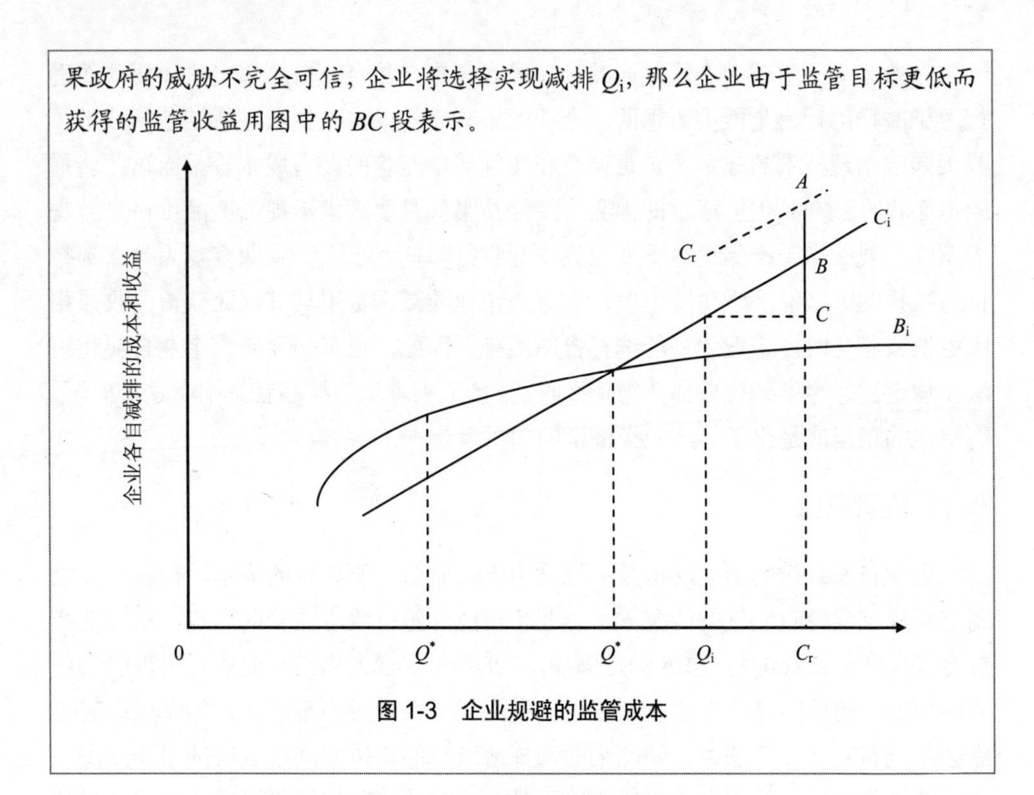

图 1-3 企业规避的监管成本

只有当自愿协议式管理方法是成本最低的解决方案时，企业才可能选择应用该方法。由专题 1.9 可以发现企业通过采用自愿协议式管理方法实际上规避了以下两类成本：一是企业期望通过降低需要实现的环境目标来降低减排费用。例如，德国联邦工业协会已承诺以 1990 年为基准到 2005 年实现单位产品能源消耗和单位产品二氧化碳排放量降低 20%，而政府制定的监管目标是到 2005 年二氧化碳实现 25%～30%的绝对减排。自愿式协议制定了更低的目标意味着行业由于追逐自身利益而成功地影响了相关政策的制定。二是如果企业可以通过更低的服从成本实现环境目标，那么也希望能降低减排成本。服从成本降低的原因是：与通过采用特定工艺实现法定目标相比，自愿式协议赋予了企业选择目标实现方法的自由。这样企业就能够依据自身的具体条件而选择更经济、更有效的解决方案，如综合考虑企业在缔结自愿式协议之前的既定投资等。

3.2.2 节省投资、增加销售量和提高声誉

企业通过自愿减排除了可以获得监管收益之外，还有利于企业更好地利用资

金以及获得其他资金援助等，这类自愿式协议也称作企业的“无遗憾行动”，关于这些最佳案例也包括节能协议。改善产品生产过程减少燃料和燃气的消耗等有很大影响，原因是其降低了能源成本。根据环保部门的统计（1996）：美国通过“绿灯项目”（为参与企业提供节能设备和相关技术信息）每年实现节能的价值达 10 亿美元，另外，该项目为参与企业提供了高达 50%的回报率。废物减少项目同样也能促进原材料的节约。最小化企业的投资成本也与服务相关。加拿大仍坚持利用化工行业的单边协议，而且林业管理部门会提供保险公司返还给企业的上年度保险费回扣（Webb & Morrisson，1999）。“无遗憾行动”的最大缺点是：缺乏了解企业研发出的新的清洁技术的信息和专利等。这也解释了为什么虽然公共自愿项目大有裨益，但在缺乏先例的情况下却并不被广泛采用的原因。因此，行业协会和环保部门有必要进一步促进相关信息的传播（Stranlund，1993）。

企业期望通过自愿减排获得的另一个收益是依据产品的环保性能对其进行分化及通过广告和标签等途径把相关信息反馈给消费者。企业可通过不同机制而得到奖励。另外，一旦尊崇绿色的消费者了解到分化出的环境友好产品的环境效益，必然更倾向购买该类产品。这样一来，环保性高且质量好的产品的价格必然也会提高。如德国拥有“蓝色天使”标签的产品比没有该标签的同类产品更贵。即使消费者不情愿购买环境友好的产品，产品分化也仍具有其他优点。如若环境友好产品与普通产品的价格相同，那么消费者就更乐意购买环境友好产品，这就提高了环境友好产品的市场份额。另外，产品分化也反映了产品价格竞争这一规律。在反垄断法不完善的国家，企业也可以通过垄断和卡特尔[①]等手段帮助企业实现污染减排的目标。

企业通过自愿减排获得的第三个好处是：企业除了关注减排成本之外，更关注提高其环保声誉。坚决拥护企业减排的利益相关者除了消费者之外，还包括企业的员工和当地社区的居民等。而后者对企业收益的影响更重大。如当员工感觉其所服务的企业不关注环境改善且环境声誉较差时，员工会选择辞职或请假等，那么该企业的员工流动率和旷工率也会相应提高。而若企业拥有良好的环境声誉就可以提高员工的工作积极性并提高其对企业的信任，这有助于提高企业的生产效率。另外，企业更多地关注环境通常有利于保障员工健康和改善企业环境等。

---

① 垄断利益集团、垄断联盟、企业联合、同业联盟等统称卡特尔（Cartel），是垄断组织的一种表现形式，是由一系列生产类似产品的企业组成的联盟，通过某些协议或规定来控制该产品的产量和价格，但联盟的各个企业在生产、经营、财务上仍旧独立。

最后，企业不断提高的环境声誉也会促进企业招到新的优秀员工。而且，迄今为止也的确有一批自愿式协议的缔结目标是提高企业的环境声誉。如IBM和东芝等企业的子公司已经与瑞典的国家商业协会签订了引进“6E”工作模式的协议（该模式指导如何将生态和环境等要素融入日常工作）。

对采矿、化工和核工业等污染行业而言，得到当地居民的支持至关重要。环境声誉较差企业的共同点是“事不关己，高高挂起”，这会阻碍企业提升其在市场上的生产能力。另外，如果当地社区组织的示威已经对企业与员工和供货商的正常关系造成了影响，那么也必将影响企业的运行成本。如果企业得到了当地居民的认可，那么企业就很容易获得扩大老厂生产能力或建立新厂的许可证。美国化工行业协会的“责任关怀项目”的主要目标群体是化工厂附近的常住居民（Mazurek，1996b）。首先，化工协会把社区咨询小组的咨询过程逐渐发展为促进化工企业管理层和居民进行交流的平台。社区咨询小组包括来自不同行业的代表，代表们一般定期开会来讨论企业扩建、当地教育需求等大小问题，也会帮助企业制订环保计划等。许多研究者经过研究一致认为“责任关怀项目”的最大成就是建立了社区咨询小组。另外，企业提供的9/10的报告都表明其与当地社区之间的关系已得到明显改善，而且企业据此得到的收益也颇丰。另外，调查表明：熟悉“责任关怀项目”的当地居民和决策者与不熟悉该项目的群体相比更倾向于支持化工行业，1994年社区的一项调查也表明公众对化工行业的支持率已经从1989年的44%提高到了80%。

3.2.3 行业自愿式协议的减排成本和效益

上述关于自愿式协议的成本和收益的主要特点是其属于行业协议，这也就意味着每家企业分摊的减排成本以及获得的收益都会受到参与自愿式协议的企业数量的影响。

当参与自愿式协议的企业数量增加时，每家企业分摊的减排成本就降低，究其原因在于：自愿式协议的目标是消除某物质对环境的不利影响，也就表明针对该物质的减排量是明确的，所以参与行业自愿式协议的企业越多，每家企业分摊的减排量就越少，所以均摊到每家企业的减排成本也就越低。另外，行业协议还有利于降低每家企业采用的减排技术成本。包装废弃物案例就属于这种情况，一方面包装废弃物的运输成本高，另一方面其来源既分散又异质，所以每家单独的企业和包装行业都对建立独立的废弃物收集和分类系统毫无兴趣，而对建立许多企业集体参与的包装行业协会很感兴趣。而这也恰好解释了为什么包装行业和政府部门之间缔结的针对废弃物利用的协商协议实质上是行业协议。法国由自愿式协议衍生出：专管包装废弃物（环保包装）的体系、收集玻璃废弃物的体系、专管药品包装废弃物的体系三大体系。

另外，企业获得的监管收益也与协议属于企业集体参与的行业协议有关。如果某行业中仅有一家或少数几家企业自愿减排，那么该行业就不可能说服政府部门放弃其监管权力。化工或核电等行业的情况也与此类似，只有当整个行业都关注环境监管项目时，公众才可能同意利用新机制。

总之，企业通过自愿减排可以获得取代政府监管制度等若干收益，而这也正是企业自愿减排并超过法律要求的原因。

专题 1.10　企业数量与自愿减排收益的关系

图 1-4 中的曲线表示出企业通过自愿减排获得的净收益和参与协议的企业数量之间的关系。为了进一步简化图 1-4，假设每家参与企业的减排成本和获得的收益都相同。

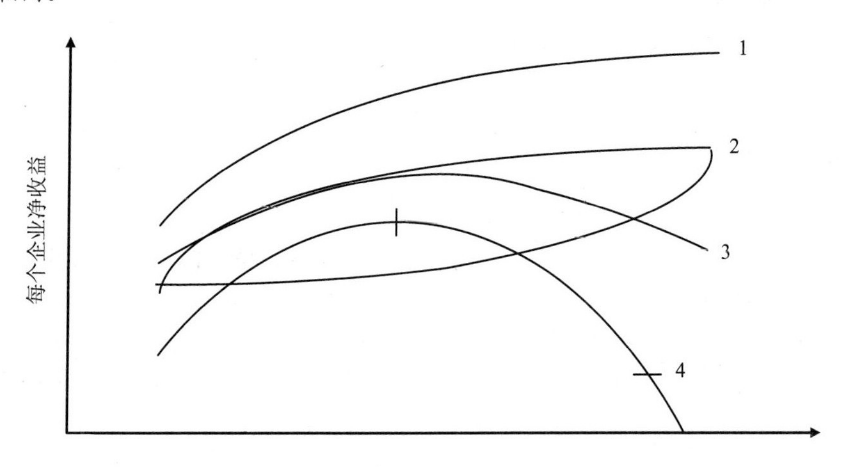

图 1-4　企业数量与减排收益的关系

观察曲线 1 和曲线 2 发现当行业中的所有企业都参与协议时，每家企业获得的净收益最大。在这种情况下，行业中的企业都没有拒绝其他企业参与协议的动机，恰恰相反的是：这些参与企业会热烈欢迎任何新企业加入协议。为了规避政府监管而缔结的自愿式协议就属于这种情况。参与协议的企业越多，取代政府监管的可能性就越大，企业获得的监管收益就越高（监管收益等于规避政府监管的可能性乘以规避成本）。若存在“滥竽充数”行为，参与协议的企业数量增加或减少都值得注意。而针对曲线2的情况，限制企业的“滥竽充数”行为至关重要，因为若不是行业中的所有企业都尽力减排，将导致参与企业可能获得的收益很有限。另外，从动态角度观察发现曲线2起始阶段的高投入低收益会打消企业参与协议的积极性。若每个企业都选择等到协会足够强大、收益足够多时再参与，那么曲线2描述的所有情况都不可能发生。假设一种极端情况：曲线从1到n_1是平坦的，过了n_1之后垂直上升。这正是研究发现的核电运营企业遵守的自愿守则的真实情况。该核电协会由美国核行业建立，其唯一任务是制定监督指南，目标是限制其成员企业采取单独行动（Rees，1994）。核管理委员会有权关闭参与自愿守则却并不服从守则的任何企业（发生在1987年海滩底部反应器项目中）。核行业中的一匹害群之马足以毁掉该行业获得的所有集体声誉。而曲线1却允许存在一定的“滥竽充数”行为，因此相应的监督制度和处罚制度也更宽松，这样成本也能更低。

在曲线3和曲线4的情况下，一些企业通过行业集体行动自愿减排并拒绝其他企业参与协议是有经济学依据的。而这类协议发展的最终结果是：只有通过制定相关制度拒绝某些企业参与，才可能缔结自愿式协议。若某协议由于技术原因而不能缔结，但由于技术是公开的，所以也不可能据此阻碍其他企业参与集体行动；若某协议因法律原因而流于失败，因为反垄断法禁止限制企业加入行业协会，也就不能限制其参与集体行动。参与行业集体行动的企业数量不断增加，但每家企业的净收益却不断下降，根据环境效益而进行的产品分化可以部分解释这种现象。若某行业中所有企业生产的产品都具有相同的环境效益，那么企业也就不可能因产品分化而产生竞争优势。更糟糕的情况是：若消费者完全没有购买环境友好产品的欲望，那么该类协议的唯一作用就是逐步将未参与协议的企业逐出市场竞争；但当环境友好产品完全取代非绿色产品之后，企业也不能再因产品分化而获益，这种情况如曲线4所示。曲线3和曲线4的差别在于影响的程度不同，但实质相同。针对曲线4的情况，要能制定出排除某些企业参与集体行动的制度；若保证制度不完善，就不可能发起集体行动；而曲线3与曲线4相比，仍能在某种程度上承受不完善排除制度的存在。

3.3 行业通过采用自愿协议式管理方法追逐自身利益而“吃掉”相关规定

通常认为自愿式协议仅能产生美化环境的表面作用。而产生这个怀疑的原因是：行业在协议制定和执行过程中的主导地位；除此之外，行业也是这些过程的最大受益者，所以行业有通过采用自愿协议式管理方法“吃掉”相关规定的动机。接下来的研究目标是分析自愿式协议允许行业在何种程度上因追逐其自身利益而“吃掉”相关规定。研究依据是：监管政治经济学，即利益集团影响政府决议的经济学分支。

专题 1.11　“吃掉”相关规定的理论和决定因素

“吃掉”相关规定的定义源于政治学文献（Bernstein，1955），这个观点表明：即使行业的初始目标不同，但监管都通过牺牲其他组织的利益来支持工业行业。如消费者协会制定监管立法的目的是让消费者受益，但建立的保障机制却逐渐被行业利益“吃掉”了。研究通常认为消费者协会都是短命的，因为当问题失去政治特色时，消费者协会也就毫无用处了。Stigler（1971）是“吃掉”相关规定的经济理论先驱，他曾经对此持更偏激的观点，他认为之所以制定监管机制和保障机制，都是为了更好地服务行业利益、为了限制其他企业进入市场，以及据此建立保护性贸易壁垒和固定价格等。他将监管制度解释为以直接补贴、政府工程开支计划等形式为企业分配财富的机制。根据 Stigler 的观点，监管制度也是商品。监管收益在行业协会和决策层之间依据供需规律而交换。实际上，行业协会这一需求方对政府的影响程度取决于：边际收益等于边际成本时的具体情况。而对政府等供应方的奖励则是为其投票、支持其政治运动和支持其今后的政治工作等。根据 Stigler 的研究，行业“吃掉”相关规定的原因可归结为：行业协会与消费者协会或纳税人协会相比规模更小。监管制度在 20 世纪 70 年代的发展主要是在控制行业污染排放和放松对企业的管制等方面，这导致研究者认为政府对参与方的仲裁并不总是支持行业协会，另外也有研究者尝试预测哪个协会将参与监管或哪个协会将得到政府部门的支持等，例如，对某企业实施监管过程取决于企业投资的大小、不确定性以及成立这一协会的成本等因素。如果企业仅期望通过采用自愿协议式管理方法获得很小的收益，那么其游说政府的积极性也就很低。另外，企业需要的投资量与参与协议的企业数量负相关：即在特定情况下，参与企业的数量越少，每家企业需要的投资额就越大。再者，如果不能事先准确预测监管效果，就无法计算参与企业的经济收益和损失，而这会进一步削弱企业为制定监管项目而游说政府的动机。另外，在很多情况下，监管也存在很多不确定因素。更糟糕的是，如果某项目收益不确定，但成本却已知时，就会有更多的企业选择继续维持原状。组织行业协会的成本也包括协会采取集体行动的费用和多方谈判所需要的费用等。相比之下，行业协会游说政府的唯一优势在于：它是整个行业的集体行动。但成功免受监管的行业并非把收益仅分配给努力游说政府的企业，这就为某些企业制造了“滥竽充数”的机会。此外，建立协会的成本与参与企业的数量正相关，原因：一方面是参与企业较少时，企业的“滥竽充数”行为更容易遏制；另一方面是在这种情况下，监督和处罚违约企业的成本也较低。协会的组织成本还取决于加入协会的企业是否同质。当行业协会内企业的偏好和生产模式都相似时，分摊减排成本和分享集体收益的磋商成本也就更低。

为了获得政府机构的支持，必须建立企业协会，但这只是必要不充分条件。企业游说政府会带来参加会议、准备案例、收集信息、委托专家制定报告等多种额外费用。另外，奖励决策层及工作人员的成本包括货币贿赂和非货币贿赂、对政治运动的经济支持、对今后就业的承诺等。传统的监管政治经济方法认为企业的可用资金对监管结果有直接影响。如 Becker 认为若某企业的可用资金越多，政策就越可能支持该企业，而更不支持（起码平均）其他参与企业。

3.3.1 什么是行业通过采用自愿协议式管理方法而“吃掉”相关规定

因为污染行业的减排成本高昂，所以行业会尽力阻止政府部门制定更苛刻的环境政策。如果行业成功地阻止了政府部门制定更苛刻的监管制度，那么它们也就不需要额外支付环境费。这就是相关政策被行业“吃掉了”。更常见的情况是当企业的监管成本降至零时，环境监管也被“吃掉”了。“吃掉”相关规定的情况包括：成功地阻止了新法律的制定或法案虽已通过但却无法生效（即根据正常法律规定而制定更严格的目标，但企业却了解该目标并不会被强制执行）。通过上述阐述，当仅依据常规发展轨迹制定协议目标时，就认为相关规定也被“吃掉”了。根据上述分析，除了通过利用自愿协议式管理方法“吃掉”相关规定的情况外，当自愿式协议目标与常规发展轨迹接近时，也会“吃掉”部分相关规定，而且自愿式协议目标与常规发展轨迹越接近，其“吃掉”相关规定的可能性也越高。

自愿协议式管理方法对追求自身特定利益而非大众利益的立法和监管等机关极具吸引力（Hande，1999）。例如，决策层可通过采用自愿协议式管理方法与行业串通，因为通过这种串通可以加速监管过程。而最终结果是政府部门向公众证明其正积极采取行动，并且为了解决环境问题已经在立法过程中付出了诸多努力。另外，环保部门也同样会为了节省预算而通过采用自愿协议式管理方法与行业串通。因为自20世纪80年代中期以来，环保部门需要执行和监督的法律日益增加，但政府财政赤字却导致预算成本不断下降，这与新法律数量的日益增加之间形成了巨大反差，而通过采用自愿协议式管理方法恰好可以将部分行政成本转移给行业。污染企业承诺通过提交报告（也包括与行业协会的协商协议）向监管部门提供关于协议执行过程的具体信息。那么，原本用于调查企业环境行为的费用就可以用于执行该部门的其他任务，如监督其他政策等。

节省时间和降低成本只是政府部门与行业串通的若干动机之一。根据监管政治经济学理论，被管制行业有能力解决今后的就业问题、货币转移、政治宣传、参加社会活动甚至避免冲突等热点问题，而通过采用自愿协议式管理方法获得的这些政策“贿赂”都是对立法机关和监管部门的进一步奖励。

专题1.12　常规发展轨迹

——德国二氧化碳协议案例

科技进步自然会提高资源利用率，因此也能降低消耗单位资源的排放量。由于经济发展及新旧技术更替，也会相应提高环境效益，但这些并不是企业执行某项环境政策的结果，而是经济发展的自然结果，即常规发展轨迹。行业采用自愿协议式管理方法的目的并不是遵照技术评价要求而开展行动，而是尽力在不需额外投资的情况下，让政府部门相信常规发展轨迹是其需要经过特殊努力而获得的环境效益。

由于市场和技术的不确定性，导致常规发展轨迹很难预测。关于环境目标是否足够宏伟的评价引发了许多争议。德国工业联邦协会（BDI）缔结的自愿式协议就是这种情况。该协议包括1995年3月出版的防治全球变暖的德国工业和商业声明，声明的目标是以1987年为基准年，到2005年将二氧化碳排放量（能源强度或单位产品能耗）至少降低20%。随后，该协议的基准年被改为1990年，而目标也改为实现20%的二氧化碳减排。另外，还建立了独立的监督体制。（该目标得到了19

家行业协会和政府事业部门的支持。作为回报，联邦德国决定不再制定有关应对气候的新法律法规。

虽然上述目标看起来很宏伟，但是很多证据证明其与已获得的减排相比仅有很小的进步。在 1990 年之前东德就已经进行了重大的行业改组。正是由于这次改组使得东德工业二氧化碳排放量在 1989—1995 年降低了 65%，这也使得整个德国的二氧化碳排放量得到了大幅度降低（Jochem & Eichhammer，1996）。所以，该项目在开始实施之前到 2005 年要实现的目标就已经实现了 80%（Jochem & Eichhammer，1996）。另外，莱茵威斯特经济研究机构的监督结果也证实了这个观点（RWI，1997）。但值得注意的是，上述情况在不同的行业部门之间的差别很大，一些行业 100%完成了目标，而另一些行业只完成了目标的 20%。

1970—1993 年德国能源效率的增长率是 1.8%，而德国工业联盟协会公布的 1987—1995 年的平均增长率是 1.2%。行业辩解称增长率之间的差距并不能足以证明行业对节能缺乏额外努力，原因在于目前很难真实地了解节能的边际收益，尤其是对于那些参与自愿式协议的行业。但行业实施的另一项关于技术分析的预测性研究（Jochem & Eichhammer，1996）表明：除纺织和玻璃行业之外，在自愿式协议中针对其他行业的节能目标均低于其常规发展轨迹。另外，该研究也表明参与自愿式协议的行业协会之间的交叉重叠和官方生产统计的变更等导致很难对协议目标进行有效的监督。

3.3.2 环境领域内的行业竞争优势

监管政治经济学认为监管过程实际就是利益集团与其他行业或竞争或结成联盟以获得对其更有利的政治支持的平台。最强大的组织对政府决议的影响也最大，而且政府部门不可避免地也会更偏向这种更强大的组织。

由于工业行业与其他利益集团相比激励影响更大、组织成本更低、拥有的财政资源更多，该行业也因此被认为是最强大的组织之一。

行业依据其在监管领域的强大竞争优势而通过环境政策获利。事实上，污染企业的数量必定低于其污染受害者的数量。因此企业协会的规模必定小于受害者协会的规模，这样企业协会的动机就更大，而组织成本也就更低。另外，企业与受害者相比，其更了解其他替代污染控制的政策成本，但污染受害者却并不了解其因某一特定污染减排将会获得的好处。这样，企业与环保组织、消费者协会等非政府组织相比就拥有更多的经济资源。

在污染减排方面，工业行业与其他参与方相比拥有更大的竞争优势，所以由行业主导制定和实现的环境目标与常规发展轨迹之间的差距更小。当工业行业成功地获得立法机关的支持或获得垄断利益时，由行业主导制定或实现的环境目标也就只能反映该行业污染物排放的常规发展轨迹。而环保组织和受行业污染影响的其他组织也只能在监管领域内发挥其有限的反对作用，这种情况的最终结果是：导致自愿式协议制定的环境目标仅仅略高于常规发展轨迹。

综上所述，由于通过自愿协议式管理方法赋予了工业行业在监管领域内的垄断力量，所以其存在很大不足。污染企业单方制定的单边协议和行业与政府之间签订的协商协议原则上并不对第三方公开。事实上，也并没有具体的法律条款规定这两类协议的制定和实施必须向第三方公开，但如果这两类协议没有对第三方公开，其就更容易"吃掉"相关规定。

3.3.3 限制由追逐行业利益而"吃掉"相关规定的保障条款

全能政府必须能有效地限制企业、行业与追求特定利益的公务员和立法机关之间进行串通。从公众福利的角度出发，"吃掉"相关规定会导致以下的双重损失：第一，由于监管制度不完善导致的无谓损失，也就是通过政策手段实现既定目标的成本更高；第二，为对监管部门施加影响而无效使用的资源所导致的公众福利损失。从企业角度出发，企业"吃掉"因政府干预而引起的成本是合理的，但从社会角度和公众福利角度出发，却是一种资源浪费。因为"用于努力获得或取悦政府支持的资源也可用于生产其他有价值的商品或服务，而企业这种寻求政府支持的行为并没有为企业带来任何净价值"（Buchanan，1980）。更重要的是，需要注意到全能政府可以在某种程度上限制行业"吃掉"相关规定，但却并不可能完全遏制这种情况的发生。另外，由于行业与政府之间的信息不对称，也会导致行业在一定程度上"吃掉"相关规定。

专题 1.13　"吃掉"相关制度和信息

当政府构思环境政策时，为了系统阐述政策的其他替代方案并最终作出决策，需要收集和处理大量信息。即使是在政策确定之后，收集的信息一方面可用于监督下级机关执行该政策，另一方面也可用于监督参与协议的企业和个人。但主要的信息障碍是环保机关和污染企业之间信息不对称。环保机关与企业相比，对减排成本和减排工艺等的了解更少。采用委托代理关系的术语就是检查经济主体之间战略互动的理论，即存在信息隐藏和不利选择等问题。为了制定出有效的环境政策，政府部门必须对污染企业的减排成本等十分了解，但企业却并没有提供这类信息的义务，也没有提供这类信息的动机。另外，由于监管制度与企业收益负相关，所以企业就倾向于高估减排成本和低估由污染排放而造成的影响等。另外，一旦通过了某项制度，企业就会对遵守政策目标的成本和企业实现的减排量等相关信息进行“暗箱操作”。为了限制对这些信息进行暗箱操作，政府部门必须建立有效的监管机制，让企业主动提供真实信息。但值得注意的是，只有当给予企业利益时，这种机制才可能发挥作用。通过这种机制提升了企业治理污染的能力，而这种收益也并不会被政府部门收回（而通过减少事后补贴或今后提高收费等形式）。这样企业就因其相对于监管部门的信息优势而降低了减排成本，但也不可能完全抵消所有的减排成本。换言之，不可能完全抵消“吃掉”相关规定的风险。

“吃掉”相关规定的程度取决于政府部门是否全能及其如何被上级部门指挥控制。若某政府部门追求的不是政府利益而是其他特定目标（如管制行业及其工作人员的未来职称等），那么该政府部门就有与行业协会相串通的动机。针对这种情况，议会等上级政府部门等会尽力阻止其进行这类尝试，但也并不能完全排除“吃掉”相关规定的潜在风险。例如，议会依赖的信息源于下级部门，而下级部门有更多的时间、资源和专业知识用于环境政策的修改和监督。因此上级机关有必要制定某种体制，并通过这种体制促进政府部门公开不同组织因环境立法而获得的收益。

根据对自愿协议式管理方法的研究，乍一看只要决策层不支持或不采用自愿协议式管理方法就能限制其“吃掉”相关制度的风险，这似乎很容易实现。如欧洲委员会在第五届“环境项目行动”中通过反垄断政策限制应用自律守则和环境协议，而非赞同采用该方法。但这个观点具有误导性，原因在于：自愿协议式管理方法虽具有一些奇怪的特质，但这些特质却并非该方法的专属。例如，当通过一项新法律时，之前的排放标准就被行业“吃掉”了。但如果在监督过程中缺乏第三方的参与，就导致地方部门有机会与企业串通，也有余地向中央或国会隐瞒企业的违约。另外，经济手段也并不安全。这些就是对企业极有吸引力的补贴制度的真实情况，也是关于税收制度的经验证据。例如，欧盟计划征收的二氧化碳能源税中的生态税被扼杀在萌芽状态或与已获得豁免的具体行业（如能源集中行业）的税收相结合（Skea，1996）。

削减“吃掉”相关规定的潜力在于确定监管过程，而并非选择其他替代的环境政策手段。监管政治经济学指出“吃掉”相关规定以协会（如组织协会的成本、政治体制和监管体制等）为基础，更重要的是确定监管过程的框架制度，如确保能代表所有的利益相关者、控制监管部门的自由裁量权、确保环保机关的专长、明确具体的减排目标和减排计划表、授权对政府政策进行事后评价、确保有可信的处罚制度等。

下述保障条款能有效地限制相关规定被企业或行业“吃掉”：

（1）环境组织是非营利性的非政府组织，可以通过这些组织有效地监督政府和行业。

（2）政府组织和非政府组织为了能有效辨别协议目标是否宏伟或是仅接近常规发展轨迹，应充分了解每家企业及整个行业的环境效益和减排潜力等。

（3）政府分为多级部门和组织，通过与工业行业最接近的部门来了解该行业的核心关注和潜力，另外，要在上级机关的指挥控制下限制政府部门出于追逐其部门利益而与行业进行串通。

总之，根据监管政治经济学的基本原理，行业通过采用自愿协议式管理方法能在很大程度上“吃掉”相关规定，因为行业出于其利益的考虑加强了行业在监管过程中的垄断。但为了限制“吃掉”相关制度的风险，政府部门应制定一系列保障条款。

3.4 自愿式协议缔结过程中的磋商

自愿式协议中普遍存在着不同参与方之间的磋商。企业与政府部门之间的协商协议、企业和受害方之间的单边协议及行业协会的集体协议中都存在磋商。自愿式协议所包含的磋商导致公众怀疑其能否最终获得有效的结果。从经济学的角度怎样剖析上面的疑问，下列分析的依据是法律和包括协议制定执行的经济学分支。本小节以私人协议为例剖析了磋商的本质及磋商失败的原因。值得注意的是：依据私人协议得出的结论，最终也可衍生到包含磋商的其他类自愿式协议中。

3.4.1 受害方和污染企业之间的磋商

假设啤酒厂在小河附近新建了一个清洗回收啤酒瓶的工厂，但一段时间后上游的食品加工厂却污染了这条河流。这给啤酒厂造成了 100%利益损失，原因是所有清洗过的酒瓶都因被污染而不能再销售。啤酒厂避免损失的解决方法包括：第一，安装水质净化系统，该系统的运行成本为 60 万欧元/a；第二，食品加工厂通过成本为 30 万欧元/a 的系统削减污染。第二种方案的成本低于第一种方案，也就是可以降低啤酒厂安装水质净化系统的成本。所以通过与上游食品厂的磋商，两家企业获得的收益如下：

啤酒厂水质净化系统的费用 60 万欧元/a，而食品厂只要通过 30 万欧元/a 的成本就可停止对河水的污染。啤酒厂可提出若食品厂停止污染就支付其 30 万欧元/a 的交易。

食品厂与不作为相比并没获利，但啤酒厂却节省了 30 万欧元/a 的费用。啤酒厂无权获得通过合作获得的所有收益，而应与食品厂共同分享除支付食品厂的超出 30 万欧元/a 的其他收益。

综上所述，啤酒厂同意为食品厂的污染控制支付 45 万欧元/a 的方案。通过该合作双方企业均可获得总收益的一半。

有关私人协议的简化案例简单概述了磋商的基本原理，并且也阐明了如何通过磋商而获得有效的结果。如果食品厂不损害啤酒厂的利益就无法获得额外的利益，同样啤酒厂不损害工厂的利益也无法获得其他利益，这就达到了一个帕累托平衡。需要注意的是：通过协商而获得的有效结果可能会由于协议成本而被掩盖。

专题 1.14　美国美铝公司和卡尔霍恩县资源监督组织（CCRW）的邻里协议

美国的美铝公司是世界上最大的综合性铝业公司，其工厂在得克萨斯州的 Point Comfort，工厂不断向环境排放污染物，工厂废水直接排放到墨西哥拉瓦卡湾导致了栖息地退化，进而导致虾行业的产量明显下降。CCRW 是由第四代养虾人戴安威尔逊领导的非政府组织，包括大约 100 个参与者，其通过政府对整个捕虾行业的支持而获利。美铝公司在 1996 年 3 月承诺将在铁矾土炼油湖附近建立占地 21 hm^2 的蒸发池，并安装用于收集中水和转移洪水的蒸发喷雾和灰尘控制系统等。这笔高达 310 万美元的投资主要为了实现向拉瓦卡湾废水零排放的目标。作为回报，戴尔威尔逊和 CCRW 也同意不再挑战美铝公司通过政府监管制度和司法程序获得的合理的水污染许可，并且也保证不再煽动其他组织挑战美铝公司申请许可证。对美铝公司而言，制定邻里协议的直接结果就是规避了诉讼费用。美铝通过参与邻里协议而规避的其他费用更难预测，但却也更重要。这些费用也包括与市政府的交易成本，因为市政府对当地的企业采取不可预知的持久压力战术而迫使企业对此作出反应，并采取行动。如企业害怕不能因实现邻里协议的目标，而面临通过开挖填埋在当地的污染物来进行补救的压力会不断增长。

美铝公司和 CCRW 之间的磋商以环境研究和工程研究为基础，通过双方各支付 15 万美元成本而执行。而在历时 8 个月的会议讨论中，仅制定邻里协议就花费了 6 天时间。

来源：Lewis，1997。

3.4.2 由于参与自愿式协议的企业数量和机会主义而增加的磋商成本及其导致的潜在失败

针对前面的简化例子，现假设啤酒厂和食品厂都不了解对方所采取方案的成本。那么，双方之间的磋商就要花费更多的时间和资金。每家企业都必须搜集对方企业所采用技术的资料、在律师的协助下制定和签署协议、制定必要的监督体制等。这会导致协议成本急剧增加，那么啤酒厂和食品厂之间也就没有必要继续磋商。另外，为了统计集体行动的净利润，必须从集体收益中把这笔费用减去。而假设磋商的费用达 35 万欧元，磋商的净收益就变成了负值（30－35=－5），那么成本最低的解决方案是啤酒厂安装水质净化系统。

协议成本（也称交易成本）包括识别和收集对方信息的费用、谈判中的磋商费用、拟定协议的费用、监督参与方实施承诺的费用和处罚违约的费用等。

通过法律和经济学将政府政策的建议阐释（Coase，1996 和 1998；Cooter & Ulen，1996）如下：为了促进参与方之间的磋商，应采取行动将协议成本降至最低。政府部门采取这种做法的主要途径是明晰和简化产权。当产权定义明晰时的磋商要比产权复杂且不确定时容易很多。更多是通过改进法律制度和政府部门降低协约成本。这能促进协商协议在感兴趣的参与方之间进行磋商，因此也可作为政府政策代替传统政府对产品价格和减排量的干预。

协议成本解释了私人协议不能发展成为自愿式协议的主要形式的原因。根据上面的框架可以推断出其最合适应用于少数企业参与的仅关注单个环境问题的情况，为保证污染企业和受害者之间的协议成本最低，应该拒绝异质企业参与。但大多环境破坏由多个污染因素造成、牵涉大量没有地域限制的污染排放企业和受害方，故私人协议并不常用。

协议成本、大量企业参与和企业的机会主义倾向（即通过损害其他参与方的利益而实现自身利益最大化）都会阻碍自愿式协议的缔结和应用。

协商过程中有大量污染企业和受害者的参与，提高了调查每个污染企业信息的成本、实现特定减排量的费用和补偿受害者的费用，提高了行业协会成立和运行的费用，也提高了所有参与方实现其承诺的费用。交易成本通常随参与企业数量的增加而直线上升，一个由 n 个参与企业组成的协会，企业之间相互关系的方程式是：$n(n-1)/2$。

机会主义由于增加了有关集体收益分配的争议和提高了“滥竽充数”的风险，从而导致协议磋商和执行费用的提高。

专题 1.15　机会主义对协议成本的影响：分配集体收益的冲突和“滥竽充数”行为

- 分配集体收益

集体行动中的所有协议都是出于对所有参与企业的共同利益的考虑而缔结的。如果实现了有效的环境目标，那么所有的参与企业都可获利。但选择结果的分配方案时仍存在冲突。若啤酒厂和食品厂之间达成了协议，那么其通过集体行动的收益是 30 万欧元/a。但双方都希望自身收益最大化，如集体收益 30 万欧元，那么都希望自身获得 29 万欧元而分配给对方 1 万欧元。分配收益 30 万欧元的所有方案都各对应一个帕累托均衡，而且选择其中的任一方案都不会影响其他方案的效率。但对帕累托平衡的选择会影响参与方的财产收益。

每家参与企业都力争获得通过双方之间的磋商而不可能获得的极大收益。关于收益分配的冲突可能通过双方之间的反复磋商而解决，但这会导致磋商成本的增加。另外，解决冲突的方法很复杂，并且获得企业非公开信息的成本也不菲。上述的简化例子中，啤酒厂了解食品厂停止污染的费用是 30 万欧元/a，且食品厂也了解啤酒厂净水装置的费用是 60 万欧元/a。现假设企业关于对方的信息并不了解，那么企业就没有兴趣与对方讨论这些信息，因为该信息会被对方用来分配更多的集体收益。若啤酒厂知道食品厂的减排费用是 30 万欧元/a，那么其就了解对方的最低报价；同样若食品厂知道啤酒厂净化装置的费用是 60 万欧元/a，那么其也就了解可要求的最大支付额。这样两家企业的兴趣就都是撒谎。啤酒厂的目的是使食品厂相信其可通过低于 60 万欧元/a 的成本实现净化水质，而食品厂的目的是使啤酒厂相信其削减污染的费用高于 30 万欧元/a。结果，在谈判过程中，双方都尽力获得对方的私密信息，而尽力掩藏自己的相关信息。这可能导致磋商失败或至少花费更长时间来缔结协议。

- “滥竽充数”行为

机会主义的另一影响是提高了企业“滥竽充数”的风险。假设缔结协商协议的行业协会承诺将实现一定的污染减排；企业同意分摊负担的原则，也就是每个企业承担相同的削减成本；假设企业通过协商协议获得十份收益。每个企业都有遵守和不遵守承诺的两种战略选择。若某企业和其他企业都遵守承诺，那么该企业将获得的收益应该要从十份中减去其进行减排的成本，即获得九份净收益。若该企业没有遵守但其他企业遵守了承诺，那么该企业的收益就是十份，因为其并没有减排成本。“滥竽充数”的企业通过这一举动，没有付出任何努力却得到了收益。如果该企业和其他企业都没有遵守承诺，那么该协议的收益就是零。如果该企业遵守了承诺，而其他企业却没有遵守，那么协议结果是负一份，因为产生了减排费用却没有获得收益（假设一家企业采取减排措施时得不到监管收益）。那么，在这种情况下对企业最有利的行动就是不管其他企业如何选择，都选择“滥竽充数”。最终结果就是行业的所有企业都将不遵守承诺，协商协议最终流于失败。

为了限制企业的“滥竽充数”行为，必须制定具有法律约束力的协议。这意味着必须制定监督制度和针对违约企业的处罚制度。为了警戒企业的“滥竽充数”，企业违约被抓的概率乘以将面临的处罚必须高于通过“滥竽充数”而获得的收益。也就是当对违约的处罚超过十份，且“滥竽充数”被发现的概率是十分之一，那么在上述情况下企业就没有“滥竽充数”的动机。

总之，根据法律和经济学理论可以发现实现协议目标的成本是否超过了协议带来的收益对能否缔结该协议有直接影响。协议成本主要取决于参与协议的企业数量及企业“滥竽充数”的程度。另外，企业之间磋商的效率取决于环境因素，并且也有必要切实解决这个问题。依据磋商的惯例，在磋商过程中仅考虑两种对立观点。但根据霍布斯惯例，通过磋商很少能得出有效结果。总结经验发现这种情况的原因是：一般参与双方的意见相互冲突而并非一致。而且人类贪婪的本性会阻碍其共同分享集体收益；政府作为最有力的第三方很有必要通过参与协议来确保行业协会的集体行动。但根据 Cosean 方法得出的结论与上述相反，该方法认为企业之间仍有进行磋商的机会和余地，但前提是政府要制定相关规定以将磋商障碍最小化。另外，应该注意：第一，政府往往过度监管；第二，在并非经济必要的情况下也对工业行业进行干预等。

3.5 结论：主要经验教训

虽然经济学著作并没有详细介绍自愿协议式管理方法，但却分析并提炼出与其相关的基本原理和潜力等。企业自愿减排的结果包括改善环境、节省投资费用、提高销售数量及通过更低的成本实现环境目标等。另外，企业也通过采用自愿协议式管理方法代替日益严格的环境政策和制度，并据此规避实现更苛刻目标的成本。由于通过自愿协议式管理方法这一环境政策，加大了行业相对于受害方等其他利益相关者的竞争优势，从而也提高了其"吃掉"相关规定的风险。但上述情况可通过确保协议中有第三方组织参与或勒令环保部门适当控制等手段来遏制。自愿协议式管理方法包括企业之间的协商和合作，另外政府部门也在降低企业间的协议成本等方面发挥作用，如通过修改协议限制企业的"滥竽充数"行为等。

总之，自愿式协议的优势与不足相比，哪点更重要在很大程度上取决于政府的体制环境，尤其是政府部门的动机和举动。这也解释了自愿式协议在不同国家应用情况和取得的效益之间差距很大的原因。接下来在第二篇中将着重介绍自愿协议式管理方法在经济合作与发展组织（OECD）国家的应用以及评价其产生的效益。

第二篇

评价自愿协议式管理方法在 OECD 国家的应用

自愿协议式管理方法与市场手段最大的区别在于：自愿协议式管理方法是由实践者创造的，而并非是理论研究的产物。或更确切地说，自愿协议式管理方法是由决策层和企业家等对新政策问题产生的务实回应。该方法在以更灵活的方式满足实现可持续发展需要的同时，也满足了日益关注行业行动影响公平竞争的需要。另外，采用自愿协议式管理方法也有助于缓解传统指令式管理方法在执行了30多年以后日益增加的监管负担。调查研究发现：自愿协议式管理方法在经济合作与发展组织（OECD）国家得到了广泛应用，欧盟国家缔结了超过300项协商协议、日本缔结了超过30 000项针对污染控制的地方级协议、美国政府缔结了超过40项公共自愿项目。本篇对自愿协议式管理方法在OECD国家的应用以及其效益进行分析、归纳和总结，主要回答以下几个问题：

（1）自愿协议式管理方法在OECD国家应用情况如何？

（2）采用自愿协议式管理方法能产生哪些效益？

（3）该方法适合在什么条件下应用？

1．自愿协议式管理方法在 OECD 国家应用情况如何

虽然每个OECD国家都同时应用上述四类自愿式协议，但由于自愿式协议与国家的政治制度和经济背景密切相关，所以每个国家所应用的自愿式协议都各具特色。

日本应用最广泛的是地方级协商协议，如市政府与单独企业缔结的协议。地方级协商协议在日本得以广泛应用的主要原因是：它弥补了国家制度的具体要求和地方需求之间的空白。而且地方级协商协议的缔结不需要经过当地立法机关的许可，正是由于缔结地方级协商协议的制度障碍较少，故企业更喜欢也更愿意接受。

大多数欧盟成员国广泛应用自愿协议式管理方法的是：政府与行业协会缔结的国家级协商协议。该类协商协议已逐步发展成旨在提高环境政策效率等制度改革的一部分。若协商协议的目标不能按时保质地实现，就将通过制定新法律来强制执行。

美国应用最广泛的是公共自愿项目。该类项目中的协议是由环保部门与单独企业缔结的，并不包含任何强制执行的规定。企业参与该类项目的主要动机是：通过参与该类项目来提高其公众形象。故美国公共自愿项目的主要目标是：逐步提升环境改善的效果。另外，虽然单边协议在美国受到了反垄断法的阻碍，但也取得了长足发展。

2．采用自愿协议式管理方法能产生哪些效益

虽然自愿协议式管理方法已纳入环境政策，但其潜在效益究竟如何始终是企业家、决策者、学者和环保利益组织争相讨论的话题。从迄今收集到的关于协商协议和公共自愿项目的资料来看，自愿协议式管理方法产生的环境效益非常有限，这些有限的效益并不足以促进企业进行持续创新。但自愿协议式管理方法可以产生传播信息和提高公众环境意识等“柔性效益”。关于经济效益：一方面，自愿协议式管理方法能否降低监管成本仍是个迫切需要解决的问题；另一方面，该方法带来的行政成本问题也值得深入研究。另外，企业的“滥竽充数”行为和“吃掉”相关规定等都可能对自愿协议式管理方法的效益产生严重影响。

3．自愿协议式管理方法可以在什么条件下应用

研究目前效益良好的自愿式协议案例发现，通过以下两种途径能够有效地应用自愿协议式管理方法：

（1）在政策组合中应用；

（2）应用自愿协议式管理方法探索新的政策领域。

● 在政策组合中应用协商协议和公共自愿项目

最简单的方法是将自愿协议式管理方法与传统指令式管理方法组合应用，关于这种组合存在大量案例。一方面，自愿协议式管理方法提高了政策组合的灵活性和成本效益，且有进一步节省监管成本的潜力；另一方面，法规可以有效地克服自愿协议式管理方法存在的环境目标有限、执行条款不力、缺乏有效的可信的监督及报道等不足。

另外，自愿协议式管理方法也可以与经济手段相结合。但迄今这类组合的整体效益依然未知，造成这种现象的主要原因是：这类组合的实际案例很少。

● 应用协商协议和公共自愿项目探索新的政策领域

协商协议和公共自愿项目通常是探索现行法律未涵盖的环境问题新处理方法的第一步。现有资料表明：迄今有大量的自愿式协议正在发挥这种探索作用。实际上，自愿协议式管理方法主要用于处理 20 世纪 90 年代才逐渐被提上政治议程的气候变化和废物回收等问题。也正是由于这个原因，自愿协议式管理方法才被认为是过渡性政策工具，这就意味着在勒令相关法规生效之前，缔结的协议可以一直生效。而且协商协议和公共自愿项目也特别适合这一角色，因为它们既可以产生柔性效益，也可以为企业和决策层提供值得其学习的经验。另外，协商协议和公共自愿项目也有助于传统监管方法在今后的进一步完善。

总之，本篇通过对近些年 OECD 国家实施的自愿式协议的个案研究，阐明该方法的应用。由于关于自愿协议式管理方法经济效益的理论分析和案例研究仍不完善，所以针对其经济效益的研究也十分有限。关于这点有以下两方面的研究空白值得注意。第一，应进一步研究该方法的柔性效益。虽然这是自愿协议式管理方法与传统指令式方法和市场手段相比较的主要优势，但对促进企业学习和提高其环保意识等柔性效益的全面理解仍不完善。为了探索柔性效益的本质，还需要进行理论和实例研究。第二，有必要研究自愿协议式管理方法与市场手段结合将产生的环境效益和经济效益。这种分析对正在研究的应对气候变化的政策尤为重要。许多 OECD 国家首先选择利用自愿协议式管理方法减少能源集中行业的二氧化碳排放，另外，自愿协议式管理方法与交易许可证制度和税收制度组合应用也将是环保政策在今后的发展方向。

第 1 章　OECD 国家缔结的自愿式协议

1.1 简介

行业和政府之间缔结的环境协议最早于 20 世纪 60 年代末 70 年代初出现在 OECD 国家。根据以下两个案例可以了解到自愿协议式管理方法最初的应用情况及其迅速发展的原因。

1964 年日本缔结最早的自愿式协议是在横滨市政府和埃里克资源发展有限公司之间签署的有毒物质排放清单（Imura，1998a）。该企业计划新建一个燃煤发电站，但却遭到当地居民的强烈反对。在 20 世纪 70 年代日本的污染物排放标准并不严格，而且当地政府也无权限制企业的排放污染。在这些条件下，横滨市长组织了独立的专家委员会对该企业进行了史无前例的环境影响评价。委员会公开列举和描述了控制该企业污染物的有效措施。该企业为了获得当地居民的支持以及避免今后再发生类似的情况，在其与当地政府签署的协议中同意采取专家委员会列举的措施。由于自愿协议式管理方法在日本的首次成功应用和日本当时缺乏相关的国家级法律等原因，导致日本其他的地方政府部门广泛效仿，纷纷采用该方法。

法国最早采用自愿协议式管理方法的是环境部。法国环境部成立于 1971 年 1 月，而在其成立仅 7 个月后，便与水泥行业签订了一项协商协议。水泥行业在协议中承诺：将遵守严于 1961 年法律要求的大气污染排放标准。为了赋予企业在投资方面的更大灵活性和帮助企业获得投资成本 10%的补助，政府最终选择通过缔结自愿式协议来分步制定终极目标。协议中明确规定：环境部有权对不遵守 1961 年排放标准的企业进行罚款，并从罚款中抽取一部分用于资助其他效益超出规定的先进企业。随后，环境部在 1972—1977 年又先后与造纸行业、制糖行业和食品加工行业等签订了九项类似协议。

自 20 世纪 90 年代初以来，自愿协议式管理方法在 OECD 国家的应用急剧增加。仅日本就有 30 000 余项生效的地方级协商协议，欧盟有超过 300 项，该方法在美国的应用也显著增加，目前美国有 42 项具有法律约束力的公共自愿项目。

自愿协议式管理方法得以广泛应用的重要原因是：行业和政府部门都对该方法持支持态度。行业认为自愿协议式管理方法这一环境政策，一方面有助于降低其服从成本和执行成本，另一方面也赋予了行业更多的灵活性，行业能够为了主动实现特殊的环境目标而积极调整协议。因此，自愿协议式管理方法被认为是能够鼓励企业对环境要求作出积极响应的更灵活的方法。另外，该方法也能够改善企业和政府部门之间的伙伴关系，促进企业以最低的监管成本、更快、更顺畅地实现环境目标。如果能更合理地设计自愿式协议，就可以确保协议目标能够按时实现，却又不因企业资本变化而强制员工提前退休，也不会给企业造成经济损失或造成企业的失业率提高等。

政府部门之所以应用自愿协议式管理方法是因为其作为一种制度改革手段有效地促进了行业主动参与政策制定过程。决策层一致认为：只有当企业在成本适当的情况下主动地关注环境问题时，才能进一步改善环境。自愿协议式管理方法具有把主要的责任转移给企业的优势，而且也只有当政府部门和行业之间建立伙伴关系时才能发挥这种作用。另外，政府部门在应用自愿协议式管理方法的过程中发现了其还具有其他优点：第一，自愿协议式管理方法与传统手段相比，关于协议设计和执行的官方要求更少，故其可以促进企业更迅速地展开行动；第二，政府部门尤其是地方级政府，当其无权干涉行业的某些行动时，自愿协议式管理方法就成为其采取环保措施的唯一途径；第三，自愿协议式管理方法与税收制度相比更可行，因为不管在什么情况下企业都更反对传统手段。尽管工会、非政府的环保组织等其他利益相关者都因自愿式协议的缔结过程缺乏透明度和必要的执行要求而对其表示怀疑，但这并没有阻碍自愿协议式管理方法的应用和推广。另外，工会和非政府组织等利益相关者为了确保协议中包括符合其提出的环境目标，也参与了自愿式协议的制定过程，并且还在协议的制定过程中发挥着重要作用。

专题 2.1 工会和非政府环保组织参与缔结的自愿式协议

工会和环保等非政府组织的利益相关者在越来越主动地推动自愿式协议的试行，尤其是在推广自愿性举措方面。下面介绍两个案例。

TCO（瑞典专业雇员联盟，拥有 120 万成员）1992 年首创了“6E 模式”。该模式是专门为企业设计的用来实现保护工人的工作环境和外部环境等目标的监管实践，并在 1997 年实现全面运行。参与该项目的企业必须首先进行环境审查，而且只允许通过了环境审查的企业才可以使用 6E 标签。“6E 模式”包括 15 个步骤（含实施和随访等）及计算机模型、清单、培训材料等支持工具。截至 1999 年有 28 家企业参与了 6E 模式，其中仅家具制造行业就有 25 家企业。

总部设在美国的非政府环保组织——热带雨林行动网络（RAN）在 1997 年 11 月与三菱株式商事会社（三菱汽车美国销售和三菱美国电机）签署了谅解备忘录。依据备忘录，三菱公司必须同意实施以下三个项目：①“木制品采购计划”：三菱公司承诺减少纸张、包装材料和其他木质产品的使用，尤其是禁止使用由濒危木材制成的基础产品和纸张等；②“森林社区自愿计划”：该计划是在土著社区积极恢复和保护原始森林；③实施“生态审核”项目：作为回报，RAN 将减缓或停止对三菱产品的抵制，除此之外，还将向消费者和其他利益相关者宣传三菱公司为此作出所有的努力。

第四类自愿式协议是私人协议，对该类协议的报道和记载很有限，但也依然存在一些私人协议的案例，如日本居民协会和企业之间签订了近 2 000 项地方级协议，其他 OECD 国家公开报道的私人协议主要是：工人组织和企业之间缔结的关于健康和安全的协议。

大部分 OECD 国家都有关于行业单边协议的报道。但环境署调查发现行业单边协议总计不超过 90 项（1998 年）[①]。虽然协商协议在不同国家的应用领域也不同，但却在 OECD 国家普遍应用。应用协商协议最多的是日本（大约 30 000 项）和欧洲（超过 300 项），而美国却很少应用协商协议（仅 2 项）。

公共自愿项目最早出现在美国，而且也在美国应用最广泛，迄今已有 30 项生效的公共自愿项目。另外，欧洲也制定了越来越多的公共自愿项目。

本章介绍自愿协议式管理方法在 OECD 成员国的广泛应用，主要以其在欧洲、日本、美国和其他 OECD 成员国的应用为例。自愿式协议包括协商协议、公共自愿项目和单边协议等。欧盟的公共自愿项目是依据欧洲委员会和 OECD 国家的一系列调查清单而制定的（CEC，1996a；EEA，117；IEA/OECD，1996；Börkey and Glachant，1997；Okolnstitut，1998）。日本和美国制定公共自愿项目的依据是调查结果，尤其是专为本文而开展的那些调查的结果（Imura，1998；Mazurek，1998）。另外，关于自愿协议式管理方法在其他 OECD 成员国应用情况的资料是通过统计调查问卷而获得的。

1.2 欧盟缔结的自愿式协议的多样性[②]

1.2.1 协议类型

针对欧盟成员国改革传统监管制度的所有方法，其中支持通过自愿协议式管理方法和市场手段来实现既定目标的占绝对多数。另外，欧盟委员会也支持通过

---

① 注意这个数字仅是企业联盟制定的单边协议。不包括单个企业制定的协议，虽然他们的数量可能更重要。

② 本章提供了自愿式协议在欧盟国家应用的现有综合文献。其目的是描写自愿式协议的应用和识别不同欧盟成员国采用自愿式协议的相同元素。其主要是以四个研究为基础：欧盟委员会工业总局关于欧盟自愿式协议的定性和定量清单（CEC，1996a），欧洲环境署的六个协议效率的研究（EEA），欧洲委员会关于环保协议的沟通（CEC，1996b），国际能源署/OECD 关于自愿式协议在能源领域的研究，法国环境署和法国环保部（Börkey & Glachant，1997）关于自愿式协议多样性的研究。另外，总结了一些国家级的研究和报道[如意大利（Croci & Pesaro，1996）、德国（1996）]。

采用自愿协议式管理方法和市场手段实现该目标，而且欧盟委员会也已经在第五次“环保行动规划”（1992 年）中明确表示了其对自愿协议式管理方法的支持。第五次“环保行动计划”的总目标是：通过制定欧盟政策促进欧盟的经济和社会实现可持续发展。“为了改善目前所有行业的发展趋势和促进所有行业实践发生实质性变化，需要发展更广泛的责任分担精神和应用更广泛的解决方案组合。环保政策将主要依据监管手段、市场手段（包括经济和财政手段及自愿协议式管理方法）、平行的支持手段（调查、信息、教育等）和财政支持机制四种主要手段。”欧洲委员会在通报中（CEC，1996b）表示“自愿协议式管理方法既是一种经济有效的解决方案，又能够提前制订有效的环保措施，而且还能补充立法。”①欧盟委员会 1996 年发布了第一个针对自愿协议式管理方法的倡议书。该倡议书详细阐述了欧盟成员国如何通过自愿协议式管理方法这一手段实现既定的环境目标。紧接着在 2002 年，第二个倡议书对如何应用环境自愿协议式管理方法解决成员国之间的环境问题进行了宏观指导。这些倡议书为未来制定环境政策框架奠定了基础。欧盟委员会期望将自愿协议式管理方法逐步发展成为法律框架下的执行手段。

虽然欧盟所有成员国都在应用自愿协议式管理方法，但德国和法国在应用自愿协议式管理方法时表现出了其国家独特的政治传统，而其他国家的政治传统则是最近才逐步显现出来的。研究欧洲委员会缔结的自愿式协议清单（CEC，1996）可以发现，截至调查时：具有法律效益的协议已超过了 300 个。另外，为了更准确描述自愿协议式管理方法的应用，自愿式协议也应该包括单边协议（大部分是化工行业责任关怀项目）和少数公共自愿项目。

1.2.2 协商协议：欧洲应用最广的一类自愿式协议

1.2.2.1 数量和应用领域

协商协议是欧盟应用最广、数量最多的一类自愿式协议，几乎应用于欧盟的所有成员国。但欧盟缔结的 300 多份协商协议在成员国之间的分布极不均匀（见图 2-1）。仅德国和荷兰所缔结的协商协议的数量就占总数的 2/3。另外，调查也显示自 20 世纪 90 年代以来，协商协议在所有欧盟成员国的应用都在逐渐提高。欧盟新缔结的协商协议的数量由 1981 年的 6 项提高到 1995 年的 45 项。欧洲环境署（1997）指出欧盟 15 国共实施了约 305 项自愿式协议。

① 考虑到欧洲委员会的自愿式协议清单并不完善，故欧洲协商协议的总量可能更多，例如在清单中指出意大利有 11 项协议，而 Croci & Pesaro（1996）研究发现至少有 24 项。

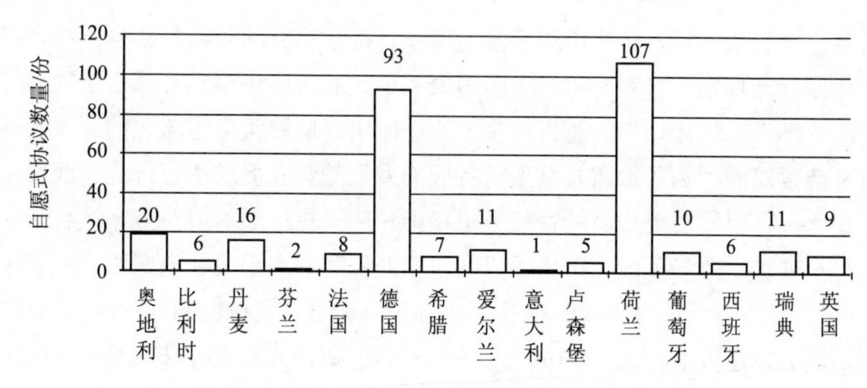

图 2-1　欧盟 15 个成员国缔结的协商协议的数量

来源：CEC，1996 年。

欧洲委员会（1996 年）的调查结果也包括葡萄牙的协商协议，但通常将其归为公共自愿项目一类。

目前，工业行业和能源行业对经济活动的影响最大，这些行业同时也是应用自愿协议式管理方法最广泛的行业（见表 2-1）。所有的欧盟成员国均通过利用自愿协议式管理方法来减少工业污染，而且还有 8 个国家利用自愿式协议处理能源行业的污染排放。签署自愿式协议的行业协会只有农业、能源业、工业和旅游业 4 个。其中，工业行业是最重要的行业，欧盟每个成员国都与其国家的工业行业签署过自愿式协议，而与能源行业、农业和旅游业签署的自愿式协议相对较少，其中只有希腊的旅游行业签署过自愿式协议。荷兰缔结自愿式协议的行业包括工业、农业和能源行业。此外，丹麦、希腊和瑞典与荷兰相似，其国家政府也曾与这 3 个行业签署过自愿式协议。

表 2-1　各行业签订的协商协议的数量

成员国	农业	能源行业	工业	运输	旅游	总量
奥地利	×		×			20
比利时		×	×			6
丹麦	×	×	×			16
芬兰			×			2
法国		×	×			8
德国		×	×			93
希腊		×	×		×	7

成员国	农业	能源行业	工业	运输	旅游	总量
意大利			×			11
爱尔兰			×			1
卢森堡		×	×			5
荷兰	×	×	×			107
葡萄牙	×		×			10
西班牙			×			6
瑞典	×	×	×			11
英国			×			9
总数						312

注：—— 运输行业是指运输货物和乘客的行业。
—— 影响运输行业变化的因素，如制造车辆、回收、石化产量等均在工业行业反映。
—— 能源行业是指通过运输、分配和销售能源获得主要收入的所有企业。
—— 农业行业定义为农场范围内的活动，并不包括农药、农场包装和森林产品等行业。
—— 旅游行业定义为与经济活动有关的旅馆服务等。
来源：欧洲经济局（EEA），1997 年。

进一步分析发现：迄今为止成员国的大部分协商协议都应用于金属、金属精加工、化工和能源行业等污染行业。欧洲委员会调查结果显示（1996 年）：与化工行业签署的协议约占协议总量的 1/3。其他 5 个行业每个行业所缔结的协议量各占协议总量的 10%。由于计算中存在重复等，图 2-2 中各行业所签订的协商协议的比例可能存在误差。

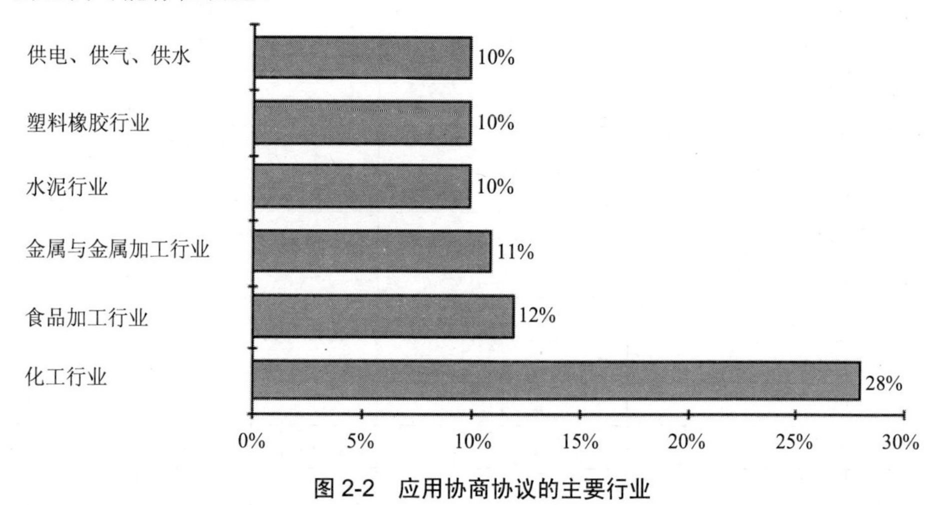

图 2-2　应用协商协议的主要行业

来源：欧洲委员会（CEC），1996 年。

表 2-2 显示的是应用协商协议处理的环境问题，分析表 2-2 发现：所有成员国都通过应用协商协议进行废物管理。这在很大程度上是由家居废物管理和电池回收等协商协议的弥散效益而引起的。另外，成员国之间也可利用协商协议处理气候变化和臭氧层损耗等环境问题。这些协议与国际上逐步淘汰氟氯化碳的“蒙特利尔议定书”和柏林气候变化框架公约等密切相关。针对水污染、大气污染和土壤质量恶化等目标的协商协议，其内容一般不同，另外协商协议还用于处理不同行业的不同污染物减排。

欧盟 15 国缔结的自愿式协议几乎都涉及废物管理，其中有 10 个国家通过缔结自愿式协议控制企业的温室气体排放。应用自愿协议式管理方法还可以处理水体污染、空气污染、土壤质量和臭氧层破坏等环境问题。荷兰是应用自愿协议式管理方法处理上述六种环境问题的两个欧盟成员国之一（另一个欧盟成员国是丹麦）。

表 2-2　应用协商协议处理的环境问题

成员国	气候变化	水污染	废物管理	大气污染	土壤质量	臭氧层损耗	VAs 数量
奥地利	×		×	×			20
比利时		×	×	×	×	×	6
丹麦	×	×	×	×	×	×	16
芬兰	×		×				2
法国	×	×	×		×		8
德国	×	×	×	×		×	93
希腊	×	×	×	×		×	7
爱尔兰			×	×			1
意大利			×				11
卢森堡	×		×				5
荷兰	×	×	×	×	×	×	107
葡萄牙		×	×	×			10
西班牙		×	×	×		×	6
瑞典	×		×			×	11
英国	×	×	×	×			9
总数							312

来源：欧洲经济局（EEA），1997 年。

通过研究 7 个欧盟成员国的相关案例发现大部分协商协议都是关于废物处理和应对气候变化等环境问题的（见图 2-3）。政府乐意采用协商协议主要是由于以下两方面的原因：一方面，大多数国家应用协商协议进行废物管理时，由于对首次处理该问题的技术工艺不确定，故政府更青睐采用自愿协议式管理方法，而且政府部门为了制定出切合实际的环境目标，需要与行业进行密切合作；另一方面，政府应用协商协议处理气候变化问题的原因是对企业而言，相对于税收制度，企业更乐意采用自愿协议式管理方法。政府部门利用自愿协议式管理方法抵制国际贸易扭曲，制定减少温室气体排放的统一标准，这意味着要制定新的国际排放标准。另外，图 2-3 也详细记载了应用协商协议处理水、大气、臭氧和健康等环境关注问题的事实。

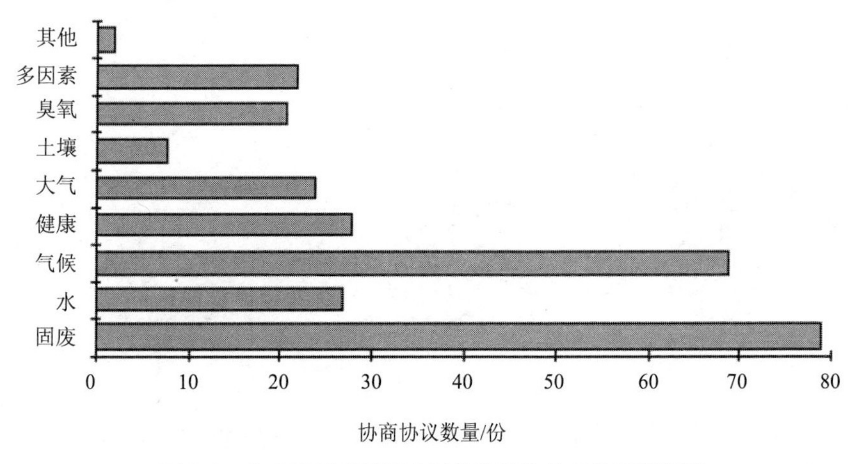

图 2-3　七个欧盟成员国应用协商协议处理的环境问题

来源：某研究所，1998 年。

协商协议可以具有或不具有法律约束力，这主要取决于宪法是否赋予了政府部门与企业或行业签订具有法律约束力的协议的权力。

例如，忽略德国权力机关参与协议的目标制定并随后承认协议的事实，德国宪法并不允许政府部门与行业或企业签订协商协议，更不允许政府部门签订有法律约束力的协议。另外，某研究所的研究也表明欧盟成员国制定有法律约束力的协议只是例外而非惯例（见图 2-4）。

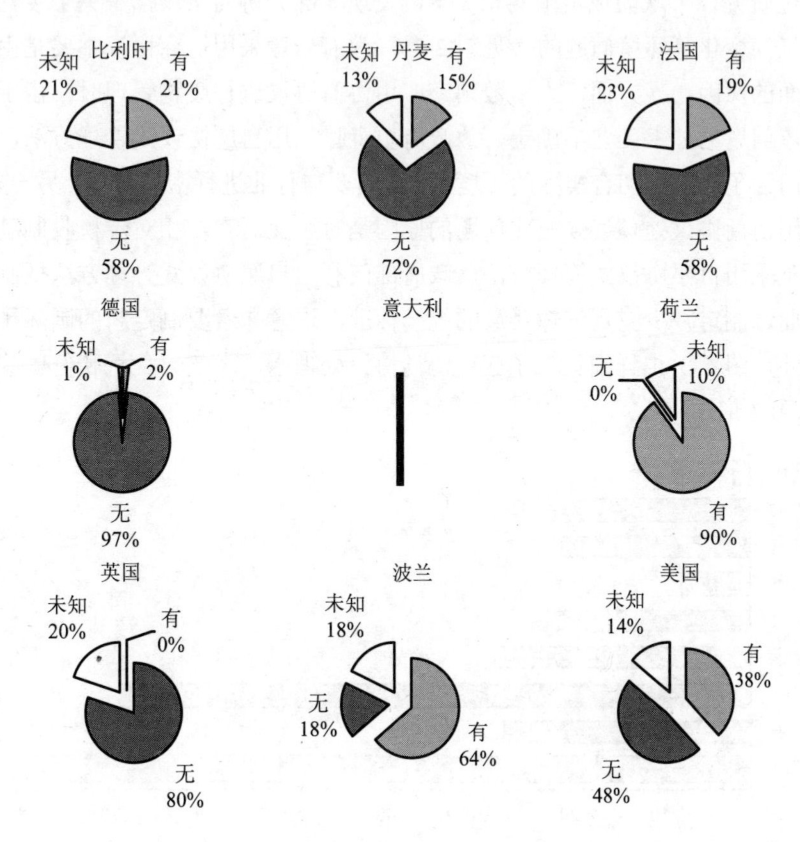

图 2-4 应用协商协议的国家所签订的协议有或没有法律约束力的比例

来源：某研究所，1998 年。

1.2.2.2 特征和内容

荷兰是唯一一个协商协议具有法律约束力的国家。荷兰政府部门不能与行业协会缔结具有法律约束力的协商协议，荷兰的各个行业协会通过与该行业中的企业签订具有法律约束力的协议来强制执行行业协议。针对污染物减排的协商协议一般都制定行业的总减排目标，虽然荷兰政府部门有时也会与某家企业签订协议，但前提是该企业属于其所在行业中的重要企业。德国为了实现温室气体减排 20%的目标与 14 个行业签订了行业协议。法国为了减少温室气体排放与一家制铝企业签订了协商协议。该协议是法国环保部和佩希公司签订的，佩希公司的铝产量占法国初级铝和二级铝总产量的 70%。德国和法国的协商协议与荷兰的协商协议相比：如果这两个国家的企业实现了协议中的目标，其政府权力机关就不再制定强制性环境标准或环境税收制度等。

专题 2.2　荷兰的协商协议

荷兰用于污染减排的协商协议又称“协约”，它是荷兰环境政策的重要组成，并在 1989 年的《国家环境政策规划》（NEPP）和 1990 年的《国家环境政策规划》补充条例中被明确定义。荷兰为了促进国家经济的可持续发展，在《国家环境政策规划》中制定了关于 200 多种污染物的苛刻的定量减排目标。只有企业在进行污染物减排过程中对《国家环境政策规划》中列出的污染物承担更大的减排责任，才可能实现该计划中制定的宏伟目标。这也就是优先产业领域的“目标组协议”，一般认为目标组协议对实现《国家环境政策规划》的目标至关重要。截至 1996 年，荷兰生效的 107 项协约覆盖了印刷、包装、金属、化工、奶制品、金属产品和电力、纺织、肉制品、纸制品、制革、橡胶和塑料、制瓦、水泥以及其他矿物等所有产生污染的行业。

协商协议具有民法合同的特征，一份协议实际上就是两份合同。首先，政府和行业协会签订的意向声明。这个合同没有法律价值，但却属于第二类协议的框架，即政府和企业自愿参与协商协议项目而与政府签订的一系列协议。在这些协议中表明了企业需要承担的民事责任。

另外，协商协议可以与许可证制度组合使用，除此之外还定义了所有行业的污染物排放标准。由当地政府团体负责监督该制度的实施。由于企业的污染物减排目标最终需要与许可证制度密切配合，故协商协议也与许可证制度密切相关。

协商协议的设计步骤如下：

（1）国家或地方级政府部门通过与行业协会磋商后，公布了截至 1995 年、2000 年和 2010 年要实现的减排目标。该目标也称作“综合环保目标计划”，是依据《国家环境政策规划》总体目标而制定的。

（2）若参与协商协议的企业异质（大型企业或生产产品的技术多样），那么每家企业都必须起草本企业的环保计划；若参与企业同质，那么就只需要起草全行业的环保计划。企业制订的环保计划包括污染物减排目标、实施减排计划的时间表、具体减排措施等。协商协议的环保目标是企业与负责评估和最终通过计划的许可证发放机关合作确定的。另外，该计划也与许可证制度组合应用，而且需要每四年修订一次。

（3）依据政策组合中的许可证制度对企业进行监督和处罚。若企业制订的计划被发放许可证的政府部门否决，那么该企业就必须遵守更严格的环保要求。

1993 年 4 月荷兰的化工行业与环保部、经济事务部、交通部及地方级和地区级政府部门签订了协商协议。

签署的协商协议与该国的环境政策一脉相承，另外协议中还制定了国家级的污染物减排总目标，具体包括制定了 1995 年、2000 年、2010 年关于温室效应、酸雨、有毒物质扩散、富营养化、处理固废和噪声、臭味滋扰 6 个环境问题的定量减排目标。这些目标相对欧洲当时的背景而言非常苛刻（ERM，1996）。

由于公众和政府部门一致认为化工企业是异质的（包括各类大型公司且产品的生产技术不同），所以每家企业都必须起草环保计划。

化工行业的协商协议是开拓性协议，所以政府部门在与行业磋商时承受了很大压力。原因：一方面是设计的协商协议将是未来的发展典范，另一方面是只有全行业超过 50%的企业有参与协商协议的意愿，政府才可能同意签订该协议。

从此，化工行业的协商协议就一直是荷兰环保部成功应用自愿协议式管理方法的典范。第一，化工行业有 91%的企业参与了协商协议（全荷兰 125 家化工企业中有 114 家公司参与以及起草了环保计划）；第二，许可证管理机构评估了化工行业提交的 114 份计划，其中 108 份得到了评估管理机构的认同；第三，协商协议中制定的企业到 2000 年要实现的环境目标，其不需要特别努力就能实现绝大多数。但由于缺乏有效的污染减排技术，协商协议要求减排的 62 种物质中有 14 种物质存在去除困难，其中最大的难题是减少燃烧过程 NO_x 的排放（Börkey & Glachant，1997: EEA，1997）。

专题 2.3　德国和法国关于减少温室气体排放的协议

• 德国关于减少温室气体排放的协议

该协议在 1995 年签订，于 1996 年首次修订。工业行业作出两级承诺：一是在代表整个工业界发表了 5 个联合声明；二是制定了 19 个行业协会的承诺，而且每个行业协会都制定了明确的二氧化碳减排目标。

1996 年制定的总目标是：以 1990 年为基准，到 2005 将特定能源的消耗量削减 20%。各个行业温室气体削减比重在 15%～30%。例如，钾行业的目标是将温室气体的总排放体积减小 25%，水泥行业是将温室气体的排放量削减 20%，化工行业的目标是减排 30%。缔结协议的行业的能源消耗量占工业总能源消耗量的 70%。项目目标由独立协会 RWI 负责监督。

工业界公布这些承诺后，联邦德国宣布将不再引进余热利用和能源审计条例 2 项新法律，并且还在记者招待会上承诺：政府将努力把行业承诺纳入欧洲级条例范畴。

自 1995 年公布第一个承诺之后，该协议就因为制定的环境目标过高而遭受到了猛烈批评。DIW（Kohlhaas & Praetorius，1995）证实：其实联邦政府最初公布的到 2005 年将二氧化碳绝对削减 25%～30%的目标更宏伟。该承诺遭受另一个批评是该协议覆盖的领域。行业级的承诺只覆盖了工业能源消耗的 70%，但如果采用能源税和余热利用条例等替代的传统监管手段就可以覆盖 100%的能源消耗。最后，依据减排技术的发展趋势，发现这个目标似乎很容易就能实现。因为从 1970—1993 年能源效率按每年 1.8%的速率提高，而协约选定的 1987—2005 年的年平均增长速度是 1.2%（Jochem & Eichhammer，1996）。

- 法国与铝行业关于减少温室气体排放的协议

1996 年法国环保部与法国最大的铝业公司佩希公司签署了温室气体减排协议。该公司初级和二级铝产量占法国铝总产量的 70%。

佩希公司在协议中承诺降低单位产品的能耗，即以 1990 年为基准年，到 2000 年将生产单位产品的二氧化碳排放量降低 19%，将 CF_4 排放量降低 73%（CF_4 拥有极高的气候变暖潜能，1 t CF_4 的变暖潜能相当于 5 100 t 二氧化碳的变暖潜能）。考虑到佩希公司在 2000 年的目标是铝产量提高 30%，该企业的具体减排目标是：总二氧化碳排放增加 2%和 CF_4 总排放量减少 63%。相当于温室气体的总减排量（以二氧化碳计）降低 34%。

该协议与法国针对能源集中行业的二氧化碳减排政策是一致的。该协议的具体减排目标是通过与行业磋商而制定的，这样使得该行业能免予财政制度的制约。迄今，法国政府已经进一步与玻璃、塑料、水泥和钢铁 4 个行业签订了协商协议。法国与行业协会签订的协议通常都制定了整个行业的集体目标。

尽管欧洲缔结的协商协议大多数都是国家级的，但意大利、法国和德国等也存在地方机关与企业之间缔结的协议。德国政府最近签订了一系列国家级的协议。

1.2.2.3 协商协议的多样性

虽然欧盟缔结的 300 多项自愿式协议具有政府部门与企业或行业协会共同磋商决定协议的污染减排目标等相同特征，但协商协议的应用范围和执行方式等仍存在差异。

1.2.2.4 适用条件的差异

协商协议仅在荷兰是环境政策的主要手段，目前有逐步发展成为荷兰环保政策的趋势。化工、初级金属、水泥和造纸等 13 个污染较重的行业已经或即将与政府部门签署行业协议（Börkey & Glachant，1997：EEA，1997）。

自愿协议式管理方法在荷兰是环境管理的重要方法之一。自愿式协议几乎覆盖了化工行业、金属行业、食品行业、纺织行业、建筑行业等所有的主要排污行业，及农业、渔业和能源行业等其他经济领域。也就是说，荷兰已经将自愿协议式管理方法应用到了各个行业的环境领域。荷兰早期缔结的自愿式协议并不具有法律约束力，但从 20 世纪 90 年代开始签署的协议都具有法律约束力。

德国从 1980 年以来，大部分的自愿式协议都属于自我承诺的范畴。这类协议涉及化工行业、金属加工行业、能源开发行业等诸多工业领域。早期的自愿式协议主要应用在禁止使用某些特殊物质（例如禁止在冰箱应用 CFC）和禁止向河流排放危险物质等方面。20 世纪 90 年代之后，自愿协议式管理方法主要应用在温室气体减排及电池和报废汽车等废物管理方面。其中，影响力最大的是针对二氧化碳减排的协议，该协议涉及了 20 多个工业领域。德国的大部分自愿式协议不具有法律约束力，缔结协议的企业如果不履行协议也不会受到制裁。即便如此，德国还是设立了专门的机构负责监督缔结的自愿式协议的实施情况。虽然协议不具有法律约束力，但参与企业都意识到如果不履行协议，其在未来将必须服从更严格的标准。

相较于荷兰和德国协商协议的应用领域的广泛性而言，其他成员国只在很少的领域内用协商协议取代了传统手段。这些成员国主要应用协商协议处理一些特殊的环境问题，如逐步淘汰氟氯化碳的使用、废物管理和减少温室气体排放等。德国有许多关于逐步减少洗涤剂和油漆中某些特定物质含量的协商协议。通过研究荷兰和德国这两个应用协商协议最多的国家发现，荷兰的大部分协商协议都是针对监管生产过程的，而德国的协商协议则主要针对末端产品的监管。

德国协商协议和荷兰协商协议的主要差别在于：磋商目标不同。德国磋商的核心是协议目标的宏伟程度。这与荷兰的情况大相径庭，荷兰协商协议的目标是在议会参与下由政府部门制定的，缔结协议时与行业磋商的核心是：实现协议目标的途径和时间表。例如，荷兰政府与化工行业之间的磋商会在很大程度上导致被管制的化工厂出现污染气泡；而与基础金属行业磋商的核心是确定减排时间表等。

产生这种差异的原因可归结为两个国家协商协议的执行环境不同。由于荷兰协商协议拥有更完善更有力的法律基础，所以协商协议能更广泛地应用于荷兰的各种环境政策；而德国由于未充分关注协议目标的制定过程而受到了环保组织的严厉批评，即荷兰的协商协议与德国的协商协议相比受到的争议和批评更少。

荷兰的协商协议与其他成员国的协商协议相比，应用领域并不相同。究其原因在于执行手段的差异。大多数成员国缔结协商协议的依据是集体责任原则，而荷兰却通过政策组合把责任分配到每家企业。当然这种差异也值得进一步研究。

1.2.2.5 不同责任规则：行业的集体责任与企业责任

一些协商协议不仅制定了行业的集体目标，而且也由行业负责执行该协议。特别值得注意的是，有些协议中并不包括处罚违约企业的内容，但如果企业没有实现协议目标，政府部门就将出台新的政策和法律。这表明：若行业中的某企业未实现目标，那么全行业都将受到处罚，但这却与该企业进行污染控制的努力无关。依据该框架，协商协议具有规避新立法、不处罚个别违约企业等集体优势。因而，在这种情况下“滥竽充数”企业的存在就成为需要重点关注的问题。

由于德国这类自愿式协议的数量占欧盟总量的 50%，故在这类自愿式协议也称为“德国模式”。

德国减少温室气体排放的协议和法国关于报废车辆的协议就属于这类。德国参与协议的行业承诺：以 1990 年为基准年，到 2000 年实现 20%的减排，另外 14 个行业也都制定了明确的减排目标。如果行业不能实现协议目标，政府就将强行引进能源条例和余热审计等新法律。法国的报废车辆协议具有特殊意义，因为它证实了并不总需要国家标准这一潜在威胁才能诱导企业或行业缔结协议（Aggeri & Hatchuel，1996；Glachant & Whiston，1996）。1992 年德国环保署进行的针对报废车辆协议审计准备的情况与上述恰好相反，其对法国工业构成了背景威胁。法国汽车制造商担心德国关于报废车辆的协议会在很大程度上影响欧盟的环境政策。因此法国汽车制造商为了抢占欧盟监管的先机和进一步影响欧盟今后监管的内容，也向法国环境署作出了承诺。

其他协商协议不仅包括全行业的集体目标，而且也包括每家企业的承诺及与监督相关的规定。这样就可以通过下面的政策组合为单独违约企业分配责任和单独处罚违约企业。

荷兰的协商协议就是这方面的典范，其通过与许可证制度相结合以确保为单独企业分配责任。若行业缔结了这类协议，那么该行业中的每家企业都必须起草描述环保目标和协议执行措施的环保计划。另外，企业的环保计划必须提交给负责批准、审查许可证和监督企业的减排努力的政府部门。如果某企业的环保计划被该机关否决，那么该企业就将面临更严格的许可证要求。由于仅荷兰存在这类协议，故也将称其为“荷兰模式”。

丹麦协商协议中包括企业应承担责任等内容的协商协议仅出现在丹麦。丹麦政府于 1992 年采纳了包括单独企业责任规则的协商协议框架。但该类协议与荷兰协商协议受到行业欢迎的情况不同，其并没有吸引很多的企业参与，而是仅在 1993 年签署了一项关于汽车电池回收的协议。造成这种情况的原因是：丹麦的协议框架与荷兰的不同，其是通过政策组合寻找企业责任，但却又将监督和执行协议的责任分配给行业协会。由于这与行业协会为成员企业提供服务的作用不相容，因而行业协会并不情愿这样做（CEC，1996a）。

1.2.2.6 结论

欧洲的协商协议有荷兰模式和德国模式两种。两者都包括政府部门和行业协会之间缔结的协议、制定集体减排目标以及实现目标的时间表等大致框架。

然而，其内容却大相径庭。荷兰模式包括在许可证制度的框架下对单独企业的监督和处罚，德国模式却依然是对行业集体的监督和处罚，这就表明：德国模式的协商协议实现集体目标的能力较弱。

上述理论证据证实：荷兰主要应用荷兰模式的协商协议，其已经发展为该国环境政策的主体，几乎覆盖了公众关注的所有环境问题。而德国的协商协议模式则更关注逐步替代某些物质（如洗涤剂中的氟氯化碳或磷酸盐的使用）及减少温室气体的排放等特殊领域。

1.2.3 公共自愿项目

1.2.3.1 数量和应用领域

目前关于欧盟公共自愿项目的准确数量并没有确凿信息，但总量不可能超过 20 项。最著名的欧洲级公共自愿项目是环境管理认证和欧洲生态标签计划的“生态管理和审核项目”（EMAS）。

1.2.3.2 特征和内容

公共自愿项目是由政府部门单方面设计的，所以其称作是企业“要么接受或要么离开”项目，这类项目一般会制订企业可自由选择的管理目录。在多数情况下的公共自愿项目都包括一系列的明确目标和详细的监督条款。

专题 2.4　欧盟的生态标签计划

欧盟的生态标签计划主要用于标记对环境负面影响较小的产品。它本质上是个自愿计划，制造商可以自由选择是否申请该生态标签。1992 年 4 月 23 日该项目以理事会监管的第 880/92 条例为基础而发起的，但其并没有涵盖食品、饮料和制药等行业。另外，只有当产品满足或超过针对产品组已制定的环境标准时，该产品才会得到奖励。而这些标准是近年来委员会通过与广泛的利益相关者进行磋商而制定的。

目前已陆续公布了洗衣机、洗碗机、棉纸、土壤改良剂、洗涤剂、油漆、灯泡、冰箱、床单和 T 恤、床垫等产品的生态标准。目前正考虑制定下一组产品的生态标准。产品的制造商和进货商必须选择把申请生态标签这一工作放在产品的产地、主要销售地或进口地等最得力的地方。采用生态标签的费用通常以出售的带有生态标签产品的体积量计算（0.15%）。生态标签自采用生态标准之日算起，三年内有效。

然而，由于参与这个项目的行业较少，导致其出现了产品群弥散的问题。研究发现导致该问题的主要原因是：委员会没有充分关注市场构成，而且生态标签在寡头垄断的市场中也没有发挥作用。

上述两个案例很好地阐述了公共自愿项目的主要特征。生态管理和审核项目于 1993 年开始实施。企业要注册该项目，就必须满足以下要求：① 制订环境计划；② 对其厂址进行环境审核；③ 制定、实施环境改善项目和环境监管制度；④ 进一步审核其厂址和环境政策；⑤ 由独立委员会进一步检验环境改善计划和环境监管制度。

随后注册该项目的企业就能使用和展示与该项目相关的声明和商标（Biondi 等，1996）。当然并非只有欧洲的生态标签对参与企业有要求，像德国的蓝色天使项目和其他欧盟成员国的国家级项目中对参与企业也都有类似要求。

上述的公共自愿项目并不处罚未参加项目的企业，而其他项目是否会处罚未参与项目企业就取决于其国家的监管制度等。如丹麦在 1992 年通过了一项法律，该法律规定丹麦缔结的自愿式协议受法律保护，而且该法律中还包括如何裁定企业延期履行和拒不履行自愿式协议的行为。这有利于丹麦实现二氧化碳的减排目标。丹麦签订自愿式协议的组织包括化工行业、交通运输行业以及汽车修理厂等中、小型企业。丹麦应用自愿式协议的典型模式是将温室气体减排项目与二氧化碳排放税制度相结合。在这种情况下，能源集中企业就可以在缴纳二氧化碳全税和加入自愿二氧化碳减排项目且部分免税这两者之间作出选择。

专题 2.5 丹麦关于温室气体减排的公共自愿项目

该项目与1996年国家针对工业行业引进的二氧化碳排放税制度密切相关。该项目的总目标是避免给能源集中行业带来额外负担，以及到2000年将二氧化碳、二氧化硫的排放量减少4%。另外，该项目也在要求大多数企业服从税收制度的同时，对行业中成效突出的小部分企业可免予服从税收制度。以下两类企业有资格参与该公共自愿项目：

- 第一类是重工业企业。欧盟标准明确列出了35个重工业类别。参与该项目的企业第一年承担的税率为3丹麦克朗/t二氧化碳，而其他企业承担的税率是5丹麦克朗/t二氧化碳，这样参与该项目的企业就可以因为其低税率而获益。另外，税率将逐渐提高至2000年的25丹麦克朗/t，而2000年的退税也将提高到22丹麦克朗/t二氧化碳。

- 第二类是依据能源税责任超过附加值比例而制定协议的企业。当这一比例超过3%时，企业就有资格参与该项目。对轻工业行业的退税率大约是纳税额的30%，另外，退税率也正逐渐提高，预计到2000年退税将达到22丹麦克朗/t二氧化碳。参加该项目的轻工业企业承担68丹麦克朗/t二氧化碳的税率，而其他同类企业则要承担90丹麦克朗/t二氧化碳。

有资格参与该项目的企业在签订协议之前，必须出示证明其自愿加入该项目的意向书。随后再接受由独立顾问进行能源审核，这笔审核费用由企业承担。依据重工业行业的盈利能力标准，其必须承诺今后将投资通过审核的所有针对二氧化碳减排的工艺，并且投资回收期应小于四年。而其他有资格参与该项目的行业也必须承诺投资回收期低于六年。另外，企业还应该有关于根据指导购买新技术、委任能源经理、培训员工和制定报告过程等进一步的具体承诺。作为回报，参与该项目的企业可以获得投资补助等形式的经济补贴。补贴的回收期至少两年，而且补贴率应该是节能项目初期投资的30%。除此之外，还需要监督投资的实施情况。对未实现行业目标的企业，必须勒令其补缴全额二氧化碳税、返还其因参与该项目而少付的二氧化碳税等。截至1996年末，该项目共签订了81份协议，而到1998年缔结的协议已增加到了236份。

来源：财政部，1995；Kraemer & Kraemer，1996；Enevoldsen & Brendstruo，1997。

上述的所有案例表示了公共自愿项目的主要共同特征是：该类项目只是企业可自由选择的监管目录中的一个选项。企业可以在公共自愿项目或其他政策手段之间进行选择，也可以在公共自愿项目或维持政策现状之间进行选择。在前者的情况下，公共自愿项目的目标是促进现有政策向新监管制度平稳过渡和规避企业的潜在竞争损失。而在后者情况下，公共自愿项目的目标则是促进企业提高环境效益，超过现行监管制度的要求，并最终实现工艺创新或监管制度创新。因此，也可以将公共自愿项目看做其他政策手段的补充。

1.2.4 单边协议

1.2.4.1 数量和应用领域

欧盟单边协议的数量非常有限，欧洲环境署调查表明：欧盟有 27 项单边协议，而且还制定了单边协议的清单（见图 2-5）。这里统计的单边协议也包括欧盟成员国的国家行业协会和欧盟的欧洲行业协会所缔结的协议。

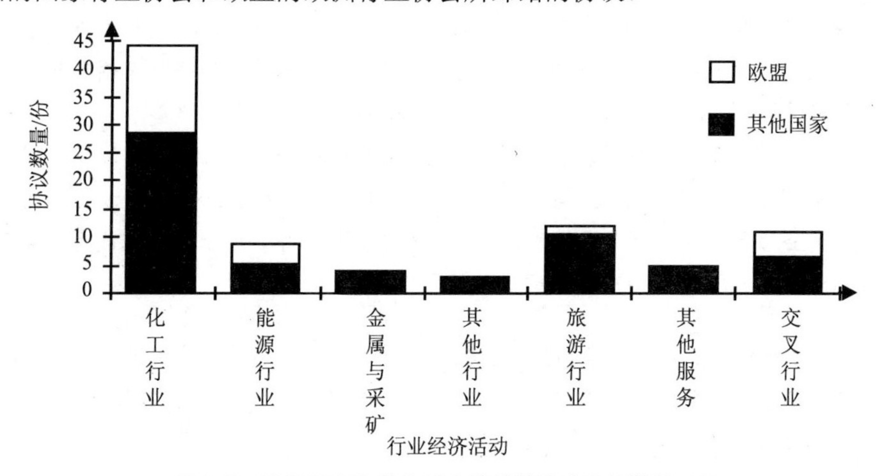

图 2-5　欧盟国家和其他国家缔结单边协议的数量对比

来源：欧洲环境署，1998 年。

但该统计并不准确，原因在于：统计的单边协议大部分都是各个国家化工行业所发起的责任关怀项目。共有 14 个国家的化工行业协会发起了责任关怀项目，仅化工行业单边协议的数量就占单边协议总量的 50%以上。调查的 88 家欧盟企业中有 40 家主动要求参与责任关怀项目，所以化工行业的责任关怀项目毋庸置疑是所有单边协议中最重要的一个。另外，企业积极参与责任关怀项目的原因也在于：

不仅国际化工理事会采用了该项目，而且欧盟成员国政府也建议实施该项目。

缔结单边协议的主要行业是化工行业和交叉行业。例如，英国的国家级石油行业排放声明中的安全操作规则；欧洲电力公司通过国际电能生产商和销售商协会（UNIPEDE）和欧洲电力供应行业群体（EURELECC）等协会所发起的名为“智慧能源”的环境友好实践项目。

专题 2.6 “智慧能源”项目

国际电能生产商和销售商协会（UNIPEDE）是欧洲电力供应行业及其在世界各地子公司和联营企业组成的协会。欧洲电力供应行业群体（EURELECC）是代表欧洲电力供应行业与政府之间，尤其是与欧盟机构关系的协会。这两个协会在1998年联合发起了“智慧能源”项目，该项目为电力企业提供了在可持续发展和京都议定书框架下积极发挥作用的平台。

该项目对所有成员企业公开，项目的运行步骤如下：① 参与项目的企业通过与国际电能生产商和销售商协会、欧洲电力供应行业群体等组织磋商而制定其今后将采取的减排措施清单；② 企业正式向媒体和公众公布其在谅解备忘录中制定的目标和今后将采取的环保手段；③ 媒体将正式报道和监督企业的减排过程，同时媒体的监督也要得到来自欧盟委员会的环保组委会或其他专业等第三方组织的证实。关于企业和项目的所有资料都将收集在一个数据库中，用于国际电能生产商和销售商协会及欧洲电力供应行业群体制作年度报告。

值得注意的是，一些国际的单边协议，可以在多个国家生效。例如，金属和采矿行业成立的国际金属与环境理事会，其主要职责就是组织世界各地的大型矿业企业和转型企业共同发布环保宪章等（Bomsel 等，1994）。

1.2.4.2 特征和内容

行业的单边协议并不包括定量的污染减排目标，其通常包括行为守则和宪章指南等形式的定性目标，另外也不包括关于监督、汇报和处罚等的规定。故很难评价行业单边协议的环境效益。单边协议在大众中缺乏可信度的原因是：在该类协议中缺乏政府部门的参与。

因此，认为多数行业制定单边协议的主要目的是顺应民意或是决策层自愿进行污染减排等。前面提及的采矿业的单边协议、化工行业的责任关怀项目等都属于这种情况。

事实上，大部分行业缔结单边协议的原因是：行业的环境效益受到了政府部门发起的审查。联合国环境规划署（1999）调查表明：全世界的化工行业共缔结了442项单边协议、石油和电力等能源行业缔结了9项、采矿和金属行业缔结了42项。虽然旅游行业也缔结了12项协议，但其缔结原因并不是由于该行业的环境效益受到了审核，故旅游行业的单边协议属于例外情况。

单边协议的设计也具有多样性，而这种多样性与来自当地行业协会、消费者、雇员、股东的压力以及新制度的威胁等因素密切相关。很多单边协议仅仅是行业的善意声明，并没有规定如何监督和处罚违约企业等。化工行业的责任关怀项目就属于这种情况。化工行业责任关怀项目的目标是：改善该行业在公众心目中糟糕的形象和维持其专属经营权。为了提高单边协议在公众中的可信度，过去几年化工行业被迫在其协议中增加了关于监督企业和处罚违约企业的规定。现在行业单边协议中也包括要求第三方参与监督过程及将违约企业逐出专业协会等内容。

专题2.7　比较法国和加拿大化工行业责任关怀项目

责任关怀项目最早于1984年出现在加拿大，随后迅速传播到30多个国家。该类项目的目标是促进化工行业改善环境。该类项目是在加拿大的爱运河、意大利的塞维索、印度的博帕尔等发生重大污染事故之后出现的。通过利用限制滋扰制度，以及与当地社区的磋商等才发起了制订该类项目的倡议，即在全球范围内建立健全环境管理制度。另外，专业的行业协会负责在具体行动计划中执行这些一般原则。法国和加拿大的责任关怀项目在内容和执行方面存在显著差异。

加拿大责任关怀项目的特点是：目标更宏伟、控制程序更严格等，而这也正是从20世纪80年代以来化工行业面临新制度的威胁、消费者对化工产品的抵制、局部操作方面的压力等多方面原因的结果。1986年该项目依据独立顾问组对此的6个建议守则进行了进一步完善。该项目在初始阶段仅依靠企业自我报告对企业进行监督，而从1993年之后对企业的监督开始由第三方负责。每家企业的评估都由4人小组进行，其中2人必须是化工行业的专家（绝不能是被评估企业的员工），其他2名为非化工行业人员（其中1人来自当地的行业协会）。企业评估以调查雇员、供应商、顾客和居民等的结果为基础。不遵守上述规则的企业将被逐出行业协会，但迄今该现象尚未出现过。另外，法庭也可能决议采取其他法律处罚。虽然化工行业的单边协议并不具有法律约束力，但却可能因其滋扰环境而对案件的判决产生负面影响（Webb，1998）。

目前，法国共有360家企业参与了责任关怀项目，这些参与企业的总产量占法国化工产品总产量的90%。法国1990年发起责任关怀项目的背景是近年来没有发生重大事故，也没有新制度的威胁（因为化工行业刚引进了新的制度），这与加拿大发起该项目的背景截然不同。由于缺少新制度的威胁，法国企业的减排动机不足。因此，法国的相关协议在内容和实施上与加拿大存在很大差异：如目标不够宏伟（不强制企业服从守则，而仅推荐企业实施）、监督依据企业的自我报告、对违约企业唯一的处罚是逐出行业协会（行动守则对法庭裁决没有影响）。这些因素表明：法国的责任关怀项目不可能促进企业采取环保行动，而且这点也得到监督资料的证实。另外，加拿大和法国责任关怀项目的不同，也表现出了政府机关和民意压力的重要作用（Börkey & Glachant，1997）。

然而，值得注意的是：虽然加拿大化工行业的单边协议制定了关于监督和处罚的规定，但这仅是例外情况而非惯例。正如前面提到的，大部分行业的单边协议实质上都是企业为无遗憾污染减排而对政府机关和公众进行的游说。

1.3 日本缔结的自愿式协议的多样性

1.3.1 自愿式协议的类型

目前，日本生效的自愿式协议有两类：一类是当地政府或市政府与个别企业签订的协商协议，也被称为“污染控制协议”。1964年横滨市政府与电力公司签订第一个协商协议之后，该类协议便得到了广泛应用。日本目前已经有30 000份该类协议，是日本最流行的政策手段。它们在对企业的地方级监管中发挥着重要作用，并且也在很多情况下取代了传统监管。其与欧盟协商协议的主要区别是：协商协议的地方性特色、多数协商协议是与单独企业签订的，但却缺少与行业签订的协商协议。另一类自愿式协议是出现于20世纪90年代中期的、由行业协会签署的单边协议，日本称作“自愿行动计划”。截至目前，日本大约有140个行业协会为了处理各种各样的环境问题而缔结了这类协议。下面将详细阐述上述两类自愿式协议。

1.3.2 协商协议

1.3.2.1 数量和应用领域

1971 年日本地方级的协商协议的数量由 2 000 份增加到 25 年以后的 30 000 多份。每年新缔结的协商协议数量大约是 2 000 份，如 1996 年签订了 1 913 份新协商协议，因到期废止 630 份协商协议。

20 世纪六七十年代日本缔结的大部分协商协议的目标是：控制制造类企业和电力企业的污染，最近缔结协商协议的目标已逐渐拓展到了服务行业，而且服务行业缔结的协商协议量已经占协商协议总数的 30%以上。

协商协议随时间发生的第二个变化是利用污染控制协议处理的环境问题发生了变化。最初仅利用该协议处理企业产生的污染，而现在利用该协议处理所有的环境问题（也包括法律不涉及的问题），如保存绿色空间、植树、高尔夫球场使用杀虫剂等（见表 2-3）。在该协议中制定的排放要求比国家法律规定更严格，该协议制定的要求包括：制定排放标准、最佳可行性技术、汇报标准和紧急计划等。另外，不仅利用协议处理环境质量问题，而且在超出目前法律要求的情况下也会依据协议内容来确定赔偿责任等。总之，在超出法律规定的情况下，会选择依据协议中制定的规则来补偿受害者的损失。

表 2-3 1996 年工业行业缔结的污染控制协议的数量

行业	1994.10—1995.9 签订的协议数量	1995.10—1996.9 签订的协议数量	1995.10—1996.6 到期的协议数量	有效协议总数
总数	1 990	1 945	611	30 961
农业	75	114	53	2 006
采矿	27	42	15	448
施工	148	97	53	886
食品	125	133	41	2 185
服装和纺织品	37	31	22	726
木料木产品	47	81	21	891
造纸和纸浆	31	25	5	724
化工	95	103	30	1 849
石油和煤	39	33	2	733
橡胶制革	7	14	4	275
水泥陶瓷	101	96	23	1 361

行业	1994.10—1995.9 签订的协议数量	1995.10—1996.9 签订的协议数量	1995.10—1996.6 到期的协议数量	有效协议总数
钢铁	45	44	7	919
无色金属	49	46	5	768
金属	151	103	43	2 844
机械	156	152	26	3 423
电力及其他	17	32	7	430
高尔夫球场	840*	100	15	1 238
工业废物处理		180	19	948
其他服务		521	218	8 289

* 高尔夫球场、工业废物处理和其他服务的总数。

来源：Imura，1998 年。

1.3.2.2 特征和背景

从历史的角度出发，日本出现地方级协商协议的背景是：因为某一区域内工业活动集中而加重了工业污染，以及国家政府部门禁止地方权力机关制定新的地方级环保制度等。20 世纪 60 年代日本在环保制度方面的确不完善，这就导致协商协议首先出现在工业化程度高的地区。另外，地方机关也无权制定超出国家立法范围的地方新法规。而且一旦某一具体的环境问题归国家统一监管后，除非相关法律中明确指明，否则将不允许地方再对该问题进行更严格的监管。

目前，日本解决环境问题的惯例是：不管该问题能否通过法律途径解决，都更倾向于选择通过缔结协商协议解决。造成这种结果的原因是：法律规定地方条例的修订必须通过地方立法机关批准，但协商协议却不必。因此，采用协商协议的制度障碍就更少。另外，协商协议也正逐步发展成为地方当局制定环保要求的更便捷的途径（见表 2-4）。

表 2-4 地方级协商协议按内容分类

内容	1996.10—1997.9 签订协约数量	1996.10—1997.9 到期协约数量
总量	1 913	630
总污染控制	1 347	224
消耗的材料和燃料	254	42
大气污染	592	112
水污染	981	241
噪声	721	165

内容	1996.10—1997.9 签订协约数量	1996.10—1997.9 到期协约数量
振动	527	80
刺激性气味	476	126
工业固体废弃物	708	88
其他污染	276	58
绿化	698	373
处罚违约企业	1 508	271
暂停操作和损害赔偿	779	135
申请非故障污染行动的赔偿责任	278	25
特殊的监督和检查	1 047	133

注意：协议可以分为几类。

来源：Imura，1998 年。

日本之前缔结的很多协商协议都包括县长或市长这一参与方，而现在越来越多的协商协议中也包括非政府组织的参与。1988 年在缔结的协商协议中，大约 13%（222 个）在缔结过程中包括非政府组织或第三方企业参与，而另外大约 10%在缔结过程中包括市民协会等第三方参与。

专题 2.8　横滨市的环保协议

1964 年日本电源发展公司计划在横滨市新建一个燃煤发电厂。该提案受到了当地居民的强烈反对，因为当地居民害怕已经严重污染的居住环境会因发电厂的新增污染物而更加恶化。横滨市当时的市长是社会党成员，他组织了一组跨学科专家团在政府表态之前进行了事先调查。该组成员研发出了控制企业污染的措施并且也详细描述了这些控制措施，随后将这些措施向公众公开。与此同时，被授权调查建立新电厂的国家发展委员会也同样表现出对建立新电厂可能进一步恶化环境的担心。日本的卫生福利部（MHLO）也在企业的基础检查中表示在横滨市建立新电厂有恶化大众健康的风险，更糟糕的是该地区由于战后的“横滨哮喘”已经臭名昭著。为了确保电厂通过审批，健康和卫生福利部规定电厂必须遵守以下规定：与当地政府签订关于污染控制措施的环保协议以及在卫生福利部的指导下采取尽可能控制工厂污染的措施。

横滨市市长随后发现自己处于微妙的政治局势中：一方面，在与保守党候选人的选举竞争中，他声称会坚决致力于严格控制环境污染，若建立新发电厂的计划获得审批并最终被国家政府公布之后，他必将招致全市居民协会的抗议；另一方面，煤炭行业在过去几年严重衰退，这意味着新建电厂是煤矿工人和劳动者联盟的重大转机，这批受益者将会在选举中坚决支持该社会党市长。煤矿工人协会的领导层和社会党总部要求横滨市承诺必须建立以煤为燃料的新电厂。市长进入了一方面由于缺乏监管部门而不能强制电厂控制其产生的污染，而另一方面由于经济原因也不能简单地拒绝在横滨新建电厂这种两难境地。

事实上，卫生福利部门和地方政府都没有许可新建电厂的直接法律授权。电厂除了受限于1962年关于大气排放的法律和国际行业部门（MITI）之外，既不受卫生福利部门管辖，也不受当地政府管辖。针对横滨的特殊情况，国际行业部门要挟新建电厂必须同意横滨市专家委员会制订的污染控制措施，电厂也的确遵照执行了。为了把签订的环保协议正规化，横滨市长要求电厂与横滨市政府签订了控制污染的环保协议。

这是地方政府和企业签订的第一个关于控制企业污染排放的环保协议，也是国际行业部门第一次出面为新建企业说情。国际行业部门决定作为双方的协调方，并因此劝服电厂就存在的问题签订环保协议。另外，双方签订的环保协议文件也必须向公众公开。从此，通过地方协议中控制污染的过程，也理所当然地成为地方政府和行业把协商协议制度化所关注的核心问题。

来源：Michio Hashimoto 日本环保政策的行政指导（eds.H.Weidner and S.Tsuru，Sigma，1988）。

虽然行业与政府签订的书面协商协议不具有法律约束力，但行业却选择认真遵守协商协议。这种现象与地方许可证制度有关。地方权力机关负责为新设备和扩大生产等发放许可证，但许可证一般只发放给既符合条件又签订了环保协议的企业。有时政府出售土地也需要签订环保协议。在这类协议中，隐藏着政府为改善企业的环境效益而善意地交易行政权。这也是日本协商协议与欧盟协商协议的主要区别，欧盟对不签订协议企业的威胁是：其必须遵守其他替代制度。

日本协商协议监督企业的依据是：企业的自我报告，而地方权力机关在核查国家的相关法律和地方条例时，也需要对企业提交的报告进行核实。

这样日本地方级协商协议就与某特定机构的设立密切相关。协商协议出现在地方级环境问题严重的地区的主要原因是：地方当局缺乏相应的监管权力。协商协议的环境效益主要取决于地方机关可以通过许可证制度对企业施加的压力。结果就是通过协商协议规避了地方机关最初无权依据地方特殊情况调整国家标准的问题，并最终促使环境标准依据地方的具体情况而被分化。

1.3.3 单边协议

1.3.3.1 数量和应用领域

日本最近才出现与行业协会签订的单边协议，日本最早的行业单边协议是化工行业协会（JCIA）在 1995 年实施的责任关怀项目。该项目与其他发达国家的责任关怀项目非常相似。另外，行业的单边协议由日本工业联盟负责实施。日本在 1997 年发起了一项自愿行动计划，其中包括 37 个行业的承诺以及日本工业联盟的 137 家企业协会。一年后制造行业、能源分配行业、运输行业、经济行业和施工行业等主要工业行业都各自起草了自愿行动计划。

专题 2.9　日本缔结单边协议的行业

（1）采矿行业（日本采矿业协会）。
（2）石灰石采矿行业（日本石灰石协会）。
（3）煤炭行业（日本煤炭协会）。
（4）施工行业（日本建筑承包商联合会）。
（5）住房（日本住房组织联合会）。
（6）制糖行业（日本制糖协会）。
（7）啤酒酿造行业（日本啤酒制造商协会）。
（8）造纸业（日本联合造纸业协会）。
（9）化工行业（日本化工行业协会）。
（10）制药行业（日本制药商企业联合会和药品制造商协会）。
（11）石油行业（日本石油协会）。
（12）橡胶行业（日本橡胶制造协会）。
（13）平板玻璃（日本平板玻璃协会）。
（14）水泥行业（日本水泥协会）。
（15）铁（日本钢铁工业协会）。
（16）铝（日本铝业协会）。
（17）黄铜（日本黄铜制造商协会）。
（18）电线（日本电线制造商协会）。
（19）工业机械（日本工业机械制造商协会）。

（20）电子行业（日本电子工业协会，其他）。
（21）电气机械行业（日本电器制造商协会）。
（22）汽车行业（日本汽车制造商协会）。
（23）汽车零件（日本汽车零件制造商协会）。
（24）机车车辆（日本机车车辆行业协会）。
（25）造船（日本造船协会）。
（26）光学仪器（日本光学工业协会，其他）。
（27）对外贸易（日本对外贸易理事会）。
（28）部门机构（日本部门机构协会）。
（29）连锁店（日本连锁店协会）。
（30）非人寿保险（日本海上火灾保险协会）。
（31）房地产（日本房地产企业协会）。
（32）铁路（日本非政府铁路协会）。
（33）航运（日本船东协会）。
（34）运输行业（日本货运协会）。
（35）电力（日本电力企业联合会）。
（36）燃气（日本燃气协会）。
（37）航空行业（三家航空公司关于环境问题的联络委员会）。
（38）其他行业（东日本铁路公司）。
来源：Imura，1998 年。

专题 2.10 列出了日本钢铁行业缔结的单边协议，该协议包括以下 4 项内容：应对全球变暖的手段、固体废弃物的处置措施、引进环境监管制度及在海外业务中依然注重环境保护等。但在各个行业制定的单边协议的环境目标之间存在很大差异，而且各个行业特质也决定了其制定的协议必然具有某些特性。例如，电力部门承诺到 2010 年将单位产品的二氧化碳排放量减少 20%，而水泥行业仅是作出了定性承诺而没有明确其定量减排目标。日本的大部分企业都参与了该自愿行动计划，而且该项目覆盖了日本的绝大部分的能源消耗，如 37 个行业的能源消耗占日本工业能源总消耗量的 80%以上。

专题 2.10　日本工业联盟的自愿行动计划：钢铁行业的案例

一、应对全球变暖的手段

1. 目标

• 促进生产过程节能（以 1990 年为基准年，到 2000 年将能源消耗降低 10%）；

• 与区域协调，回收再利用塑料和未充分利用的能源（下降约 3%）；

• 供应高级钢，这样在使用钢材料时就能够节约能源（社会作为一个整体，同样下降 4%）；

• 通过国际技术合作为节能作贡献。

2. 手段

• 更广泛地传播现有节能技术，促进革命性创新技术的实际应用和普及等；

• 通过与国家或地方协会的合作，促进钢厂使用塑料等固体废弃物和利用区域未充分使用的。

3. 能源

• 发展和推广高性能钢铁（高张力钢铁、电磁钢铁等）；

• 通过合作共同实施节能措施等；

• 在联合实施活动中采取合作节能措施。

二、固体废弃物的处置措施

1. 目标

• 以 1990 年为基准年，到 2010 年将钢铁制造过程中最终处理副产品（矿渣、灰尘、沉渣）的总体积减少 75%，目标是把 99%的副产品作为资源回收（1990 年实际是 95%）；

• 到 2000 年回收 75%甚至更高比例的钢铁。

2. 手段

• 通过与使用者和行政机关的协调，促进钢厂在生产地回收副产品，拓展目前副产品的利用方法和开发副产品的新用途。开展教育消费者的活动和继续支持直辖市经济等。

三、环境保护监管

• 遵守 ISO 14000 体系，并在国内积极推动建立完善的认证体系。

四、附加承诺

• 推动生命周期评价；

• 通过物理流措施，促进环境保护；

- 通过普及钢结构建筑来保护森林资源;
- 开展办公室节能和保护资源行动;
- 绿化工厂、院落和居住区。

来源：Imura，1998 年。

1.3.3.2 特征和背景

虽然自愿行动计划仅指行业制定的单边协议，但它们很大程度上是通过行业与政府部门的相互磋商才得以成型的。事实上，三大环境政策尤其是关于气候变化的政策对日本工业联盟的自愿倡议产生了重大影响。最主要的制度威胁是：即将制定的应对气候变化的法律这一环境政策。环保部门详细阐述了该法律，并要求被管辖区域制订关于温室气体减排措施的区域计划。第三届缔约方会议达成的进一步协议是在 1998 年 4 月向国会提交，并于同年 10 月通过的。第二项环境政策是由负责行业节能措施的国际行业部门颁布的应对全球变暖的法律。为了防止应对全球变暖的法律对企业带来不利影响，国际行业部门通过修订节能法来替代上述应对气候变暖的法律。修订后的节能法草案要求每家企业和商业事务所都必须向国际行业部门详细阐述和交流其制订的节能计划。第三项环境政策是 1993 年实施的环境基本法。考虑到仅依靠监管手段已经不能保证环境政策的成效（尤其是对全球性的环境问题），建议采用自愿协议式管理方法与经济手段相结合的政策来处理气候变化问题。

日本工业联盟发起了旨在阻碍更严格监管制度制订的自愿行动计划，并希望据此应对气候变化。这也是政府部门认可二氧化碳减排协议的原因，政府部门认为单边协议是日本实现京都议定书目标的主要手段。从这点看，日本的单边协议与德国和法国关于二氧化碳减排的协议具有异曲同工之妙，另外，由于日本的单边协议与政府政策密切相关，也常被归为协商协议一类。

从表 2-5 可以看出：各个行业制定的二氧化碳减排目标因其行业不同而存在明显差异。钢铁行业制定了定量的绝对减排目标，而造纸行业的目标只是单位产品减排量等定性目标。水泥行业关于节能也只制定了定性目标。

虽然日本的自愿行动计划不具有法律约束力，但国际行业部门为了践行能源保护法而要求行业必须汇报其自愿行动计划的实施情况。监督是国际行业部门进行行政指导的传统方法。

大多数企业的自愿行动计划中都没有明确如何处罚未达标企业。

表 2-5　日本特定行业的二氧化碳减排目标

行业	目标
电力（电力公司联合会）	以 1990 年为基准年，努力在 2010 年将整个电力行业单位产品能耗下降 20%。结果，虽然预计 2010 年产量将比 1990 年增加 1.5%，但控制二氧化碳排放维持低速增长，增长率为 1.2%
燃气（日本燃气协会）	以 1990 年为基准年，到 2010 年将生产、分配和消费阶段的能源效率提高 15%（相当于减排 3 300 000 t 二氧化碳）
水泥（日本水泥协会）	该行业在 1990 年对产品能耗的平均要求是 2 940 kJ/kg 水泥熟料（德国水泥行业在 2005 年制定的目标是 2 720 kJ/kg 水泥熟料）。该行业平均的用电量是 95.4 kW •h/kg 水泥熟料。单位产品的能耗和用电量都低于其他发达国家 该协会并没有制定明确的减排目标，但会尽力降低能耗
造纸（日本造纸商联合会）	以 1990 年为基准年，到 2010 年将单位购买能源的需求减少 10%。 努力支持在日本境内和境外开展植树行动，到 2010 年实现树木的拥有或被监管量增加到 550 000 hm^2
化工（日本化工行业协会）	以 1990 年为基准年，努力在 2010 年将单位产出的能源投入量降低 10%（降至 1990 年的 90%）
航空（三家航空公司关于环境问题的联络委员会）	到 2010 年实现运输单位产品的二氧化碳排放量在 1990 年的基础上减少 10%

来源：Imura，1998 年。

1.3.4 结论

协商协议在日本环保政策中占突出地位，它是替代传统地方级监管的主要政策手段。而在美国和欧洲，单边协议的主体是化工行业的责任关怀项目。另外，日本最近也与行业协会制定了关于废物回收和二氧化碳减排的单边协议。最后，虽然关于日本单边协议的信息有限，但值得一提的是公共自愿项目也在日本得到了广泛应用。近几年来，日本的许多企业都通过了 ISO 14000 体系认证和生态标签审核。

1.4 美国缔结的自愿式协议的多样性[①]

1.4.1 协议类型

自 1988 年以来，美国由环保部门和工业贸易组织缔结了 42 项自愿式协议。其中大部分是公共自愿项目（31 项）和行业协会的单边协议（9 项）。环保部门既是个独立机构，同时也隶属于其他联邦级部门，表 2-6 列举了被监管的 42 项协议中的 33 项。

表 2-6 美国联邦级自愿式协议的类型

公共自愿项目		单边协议	协商协议
气候变化行动计划	污染防治		
银星计划（1993）	33/50（1991）	责任关怀（1988）	XL 目标（1995）
气候明智（1993）	环境设计（1991）	负责分配过程（1991）	常识倡议（1994）
氟氯化碳的替代品（post1993）	环境审核项目（1992）	负责回收守则	
煤层气推广方案（1994）	环境领导项目（1994）	负责运营商（1994）	
乘客的选择（post 1993）	绿色化学（1992）	镀层护理（1996）	
能源之星大厦（1994）	室内环境计划（1995）	鼓励卓越环境（1992）	
能源之星家园（1995）	农药的环境管理方案（1993）	可持续林业倡议（1995）	
能源之星办公设备（1993）	尽量减少废物的国家计划（1994）	现在环境战略伙伴（1990）	
能源之星变压器方案（1995）	自愿效率的水联盟（1992）	伟大打印机项目（1992）	
环境管理倡议（1997）	自愿性标准网络（1993）		
绿灯（1991）			
减少 HFC23（post 1993）			
填埋场甲烷推广计划（1994）			

① 本部分主要以 Mazurek（1998a），Mazurek（1998b）和 Davis & Mazurek 的研究为基础。

公共自愿项目		单边协议	协商协议
气候变化行动计划	污染防治		
天然气（1993，1995）			
反刍家畜的甲烷效率方案（1993）			
季节性气体氮氧化物的控制使用方案（1993）			
国家和地方气候变化的外联方案（1993）			
运输合作伙伴（1995）			
美国联合实施倡议（1993）			
自愿铝行业伙伴关系（1995）			
废物明智（1992）			

来源：Mazurek，1998 年。

美国仅有两例协商协议，而且还是最近才缔结的。迄今，仅获得了关于美国联邦级协商协议的经验，而并未获得有关州级可能采取的其他措施的信息。

美国与欧洲和日本相比，主要将缔结的自愿式协议用于扩大针对大气、水、固体废弃物和有毒排放的现行法律的范围和增强其有效性，故美国的自愿式协议也因此被看做是地方立法的补充。

1.4.2 协商协议

1.4.2.1 数量和应用领域

自 20 世纪 90 年代中期以来，美国国家环保局开始缔结“创建共同意识”（CSI）项目（Common Sense Initiative，1994）[①]和“卓越领导才能”（XL）项目（Excellence in Leadership，1995）[②]两项协商协议。CSI 项目针对的是企业集团组织，XL 项目针对的是单独企业。参加 CSI 项目的 6 个行业分别是：汽车制造行业、计算机和电子商品行业、钢铁行业、金属表面处理行业、石油行业和印刷行业等（见表 2-7）。XL 项目的参与单位是来自化工行业和计算机行业的 7 家企业（见表 2-8）。

① 即由美国国家环保局、各州、非政府组织、工业界代表通过对话达成共识，寻求建立一个具有操作性而针对特殊工业的环境管理准则。

② 1995—2002 年美国国家环保局启动该项目。该国家级示范项目的目的是帮助企业、州政府、地方政府部门同环保局一起采用创新性方法更好、更加经济有效地保护环境和公众健康。

表 2-7 CSI 项目

项目	类别
金属精加工行业	
监管信息库存队	保存记录和报告
铬排放污染防治技术试验	环境技术
金属精加工 2000	监管
金属精加工的国家能源中心	监管
通过执法、审计、磋商等服从领导	服从和执行
对环境负责的现场转型	监管
政府处理措施的灵活性、培训和激励机制	监管
金属精加工废水和底泥项目	监管
战略研究项目	环境技术
金属精加工指南手册	服从和实施
零排放示范项目	环境技术
4 层设施执法项目	服从和实施
策略研究工作组	监管
获得资金的途径	环境技术
金属产品的监管评价	监管
石油炼制行业	
设备泄漏项目	监管
一站式报告	保存记录和报告
印刷行业	
纽约教育项目	污染防治
多媒体灵活许可证项目	许可证
汽车行业	
汽车装配厂数据库	监管
替代监管制度的程序和原则	监管
路易斯维尔福特社区项目	监管
生命周期管理的工具和政策	污染防治、监管
汽车组装厂的身份和文件供应链	污染防治、监管
生命周期的清单文件	污染防治、监管
监管举措项目 VOC/地区公制规划	监管
计算机和电子商品行业	
关于管理/回收电子产品的国家会议	污染防治
回收寿命结束的住宅和设备的试点	污染防治
回收阴极射线管的障碍	监管
建立制度更灵活的共识文件	监管

项目	类别
制度更灵活的测试组件	监管
向公众报告及公众获取信息	保存记录和报告
应急报告	保存记录和报告
闭路循环的障碍	监管
钢铁行业	
棕色场	不适用
备选的服从战略	许可证、实施、服从
创新技术—网站	环境技术
鉴定创新科技应用的障碍	监管
多媒体许可	许可证、污染控制
识别许可证的问题	许可证
社区参与	污染防治
巩固多媒体报告	保存记录和报告
关于咸菜液的研讨会	监管
重建	服从、实施、监管
更好地服从	服从、实施、监管

来源：科学咨询小组，1997，CSI 审查，Gaithersburg，Maryland：科学咨询小组。

表 2-8　XL 项目的参与企业

企业/产品	项目协议
电池/果汁企业	取代许可证和消除准备许可证的费用等综合计划
HADCO/电路板制造商	依据保护和恢复资源的法案，把污泥从废水中分离出来
惠好公司/造纸企业	通过减少排水、用水和固废等来换取细化生产报告的要求和让政府放弃对企业日常生产改进的审查
默克公司/制药企业	通过政府放弃审查日常生产改进交换污染标准最长的有效期
规模集成专业/化学品制造	提前制定污染控制措施以代替环保部门关于有机物排放的延期监管
英特尔公司/半导体制造商	采用关于大气、水、固废的综合经营计划。用低于联邦法律要求的排放上限代替政府放弃对日常生产改进的审查许可
范登堡空军基地	放弃审查大气许可证，作为交换军事设施将利用节约的成本升级和改造排放控制

来源：美国国家环保局，1998c。

两项协议都是主要针对大型企业。参加 XL 项目的 7 家企业中有 4 家雇员超过 500 个，其中英特尔、莫克公司、惠好公司等都属于超大型企业，另一家参与企业是美国 HADCO 电器集团，该集团在 4 个国家都拥有生产基地。相比之下，CSI 项目还针对印刷行业和金属表面处理行业中雇员少于 20 个的小型企业。

美国的协商协议与欧洲和日本的协商协议有很大不同，下面将详细阐述。美国发起的这两个项目不仅是环保部门为改革环境监管制度而进行的尝试，而且也是政府关于商业界针对联邦级的污染法越来越复杂和越来越注重细节等抱怨的回应（Pedersen，1995）。

从专题 2.11 可以看出，CSI 的 44 个试点项目都是为了逐步完善美国的法律和加强对企业的监管。这些项目中的 23 个强调由政府直接进行监管，7 个强调设法减少保存记录和报告，6 个强调许可证程序。

专题 2.11　CSI 目前实施的项目内容

目前的 CSI 项目中包括以下内容：

（1）23 项强调现行的监管；

（2）20 项促进污染防治；

（3）7 项努力减少保存记录和报告；

（4）9 项强调服从协议和执行协议；

（5）6 项强调允许企业获得许可证；

（6）9 项尝试刺激产生新的环保工艺。

1.4.2.2 特征和背景

XL 项目和 CSI 项目中的企业和政府部门主要在以下两个方面进行磋商：① 企业需要实现的环境目标。② 环保部门为参与企业提供的监管补贴等。在这些方面，美国的协商协议与欧洲和日本的很相似，它们之间的主要差别在于：欧洲和日本的协商协议替代了传统监管，而美国的协商协议仅是传统监管制度的补充。另外，美国协商协议发展的终极目标也并非取代传统监管，而是进一步完善监管制度。

美国协商协议的目标是简化和改善与环境协议相关的监管程序和监管制度等。CSI 项目包括以下目标：

（1）减少累赘的报告要求；

（2）简化许可证的发放程序；

（3）提高社区在环境决策制定过程中的参与度；

（4）寻找企业控制污染的动机，并减少企业控制污染的障碍。

专题 2.12　英特尔公司的 XL 项目

第一个签订 XL 项目的企业是微芯片制造商——英特尔公司。1996 年 11 月环保部门最终与英特尔公司签订了协议，并因该公司改善了环境而为其发放了一项新的大气许可证。

英特尔公司位于亚利桑那凤凰附近新建的半导体制造工厂（最新的奔腾处理器在此制造）力争新许可证的特殊兴趣源于：该企业的核心竞争优势在于其尽快将产品投放到市场的能力。而对英特尔公司而言，任何生产过程的变化都需要经历冗余的监管程序，这是影响其参与市场竞争的最大障碍。如监管制度规定：任何对大气或水有影响的生产工艺变化都需要有新的许可证或正式的官方复审。管理层断言英特尔公司每天因产品滞后而造成的损失达 100 万美元。

英特尔公司参与 XL 项目的一个主要原因是：企业通过参与该项目，可以免予服从清洁空气法案修订案（CAAA）中关于许可证的基本规定，另外修正案要求制造商将产品变化等告知监管部门，并在某些情况下批准企业日常生产过程的变化。但通知和审查许可证的程序可能导致产品延期几周、几个月甚至几年才能上市。而企业参与该项目后，通过缔结协议就可以获得能提前审批的、独立的、能全面强制执行的、为期 5 年的许可证，也就是即使日常凤凰基地生产过程的变化对大气质量产生了影响，也不再需要新的许可证。但该项目限制英特尔每年最多可以通过 28 项许可证。

作为交换，英特尔承诺将在全厂范围内采用关于常规污染物和有害污染物排放的一系列最严格的限制，而且其所要求的最大限值比联邦法更苛刻。根据许可证制度，若英特尔公司所采用设施的综合排放仍低于 XL 项目的大气许可证制度，英特尔公司也可能建立第二工厂来生产比现在更先进的微处理器。

英特尔公司所签订的协议其实就是大气排放许可证制度的补充，另外还包括来自市级调节水治理的许可证规定和针对地方关注的一系列性能特征等。例如，英特尔同意为该市的学校和图书馆捐赠电脑，并将传统关于生产设施与住宅区的最近距离不得小于 56 英尺（17.09 m）的要求提高到了 1 000 英尺（304.8 m），另外还最终实现了从生产地回收大部分具有危险性的固体废弃物的目标。

来源：Boyd 等，1998 年。

例如，CSI 钢铁行业的组委员会寻求开发一个针对小型钢轧厂的大气、水和固废的多媒体审批程序。这种许可证制度可以降低监管这类企业的费用，而且也能提高环境监管机构关于生产措施对环境综合影响的理解。计算机和电子商品委员会试图结合“统一的环境报告”(CURE)来重新设计目前生效的报道程序。CURE的主要目标是精简和合并报告程序，通过该举措可以有效地遏制冗余地填表和表格重复等情况。新程序要求将结果以电子表格的形式向监管部门报告，但公众仅能获得部分信息。这与旨在简化许可证制度和报告制度及改善行业环境效益的荷兰协商协议十分相似。而荷兰协商协议与美国协商协议的不同在于：荷兰对未缔结协议的企业许可证发放的要求更加严格。

CSI 和 XL 项目的协议具有法律约束力，因为这些项目依据现行的法律和监管给企业提供补贴。然而，事实上仅 XL 项目的协议具有法律约束力，也只有 XL 项目所缔结的协议中包括处罚违约企业的规定。另外，推广 XL 和 CSI 项目都受到了阻碍，因为国会并没有赋予环保局依据现行法律和监管制度为企业提供补贴的权力。所以导致了以下的双重结果。

第一个监管缺乏灵活性导致的后果是：项目不能充分发挥其监管潜力，也不能促进体制创新。例如，环保部门不能授权企业通过厂级的排污交易来降低其减排成本。缺乏监管灵活性是导致 XL 项目与其他项目相比参与企业更少的主要原因。迄今仅有 7 家企业参与了该项目。

第二个问题与 CSI 项目的一些情况有关。当行业部门或行业协会得不到法律授权，其就只能通过达成一定程度的共识而发起集体行动。这就赋予了每家参与企业的潜在否定权，但有时候也会导致交易更棘手或交易费用更高。这是导致 CSI 项目无法吸引大量企业参与的原因。1996 年环保部门因项目的程序问题迫使已参与 CSI 项目的两家企业退出，并因此认为环保部门是 CSI 项目的阻碍者。程序问题明显减慢了 CSI 项目的推广速度，并 1996 年最终在石油行业和 1997 年在汽车制造业等导致企业与项目彻底对立。

结果，在 CSI 项目实施 4 年后，环保部门依然没有将协议中要求企业进行的减排努力转化为监管制度。相反，CSI 项目依据现行法律和监管制度发起的事实，在很大程度上促进了 44 项示范项目的建立。但例外情况是：金属精加工行业在 1997 年 10 月缔结了行业协议。该协议的目标包括全面遵守协议、提高经济回报和防止土壤、水污染等。另外，该协议还包括一项综合行动计划，该计划包括如何处罚未实现行业目标的企业的规定和国家及地方监管部门、感兴趣的组织及个人等利益相关者的内容。

1.4.3 公共自愿项目

1.4.3.1 数量和应用范围

公共自愿项目是美国自愿式协议的主体，由美国国家环保局（EPA）负责监管。

美国国家环保局发起公共自愿项目的目标主要是：实现克林顿政府在 1993 年的应对气候变化行动计划（CCAP）中制定的目标和 1990 年在污染防治行动中制定的自愿目标。

自 1991 年美国国家环保局发起了 33/50 项目以来，参与公共自愿项目的企业数量就直线上升（见图 2-6）。根据美国国家环保局的估计：1996 年大约有 7 000 家大小型企业、地方环境组织和非政府组织参与过公共自愿项目或协商协议（美国国家环保局，1998b）。其中，参与美国国家环保局发起的应对气候变化这一公共自愿项目的企业最多。1996 年仅绿灯这一项目就有 2 338 家参与企业。另外，还有超过 500 个企业参与了多个能源之星项目（美国国家环保局，1998c）。

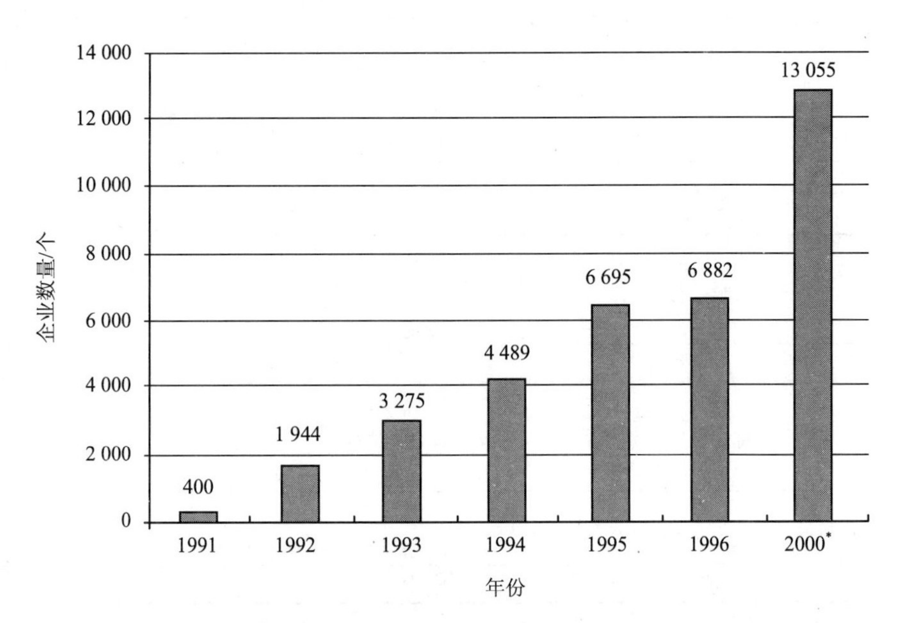

图 2-6　参与环保部门发起的公共自愿项目的企业数量（1991—2000 年）

来源：Mazyrek，1998 年。

美国公共自愿项目主要针对采矿、化学品、电子产品和计算机制造等9个行业中的企业（表2-9）。美国的公共自愿项目与欧洲不同，其并没有为减少包装废物而发起国家级的公共自愿项目。但美国国家环保局发起的废物明智（Waste Wisdom）项目却鼓励来自35个行业的超过400家企业减少废物的产生，并鼓励其提高废物回收率。

表2-9 美国参与公共自愿项目的行业

行业	公共自愿项目
农业	银星 反刍家畜的甲烷项目 针对农药的环境管理项目
所有制造业（标准工业代码2039）	气候 废物 环境审核项目 环境主导项目 绿灯项目 室内环境项目
采矿行业	煤层气推广方案
能源行业	能源之星—变压器项目 天然气项目 废物 填埋场甲烷推广项目
运输行业	运输伙伴 废物明智
服务行业	绿灯项目 水联盟的自愿效率 废物
施工行业	能源之星建筑
工业、商业和居住建筑行业	绿灯项目 室内环境项目 能源之星—住宅方案
危险废弃物的产生和运输行业	填埋场的甲烷推广项目 废物最小化的国家计划
填埋场	废物

来源：Mazyrek，1998年。

美国的能源之星、绿灯、气候等很多公共自愿项目与废物明智项目一样，不止针对一个目标行业。例如，能源之星项目与施工企业、电子公司、办公设备公司和能源企业等都缔结了协议。而其他公共自愿项目则主要针对个别行业或个别企业。自愿的铝工业伙伴关系（原铝行业）、水联盟的自然效率（宾馆）和煤层气推广方案（采煤行业）就都属于针对某一行业或企业的项目。

环保部门负责监管的31项公共自愿项目中，有14项针对制造和能源行业，其中主要针对的是化学品制造行业和运输行业，其次是针对电子产品和计算机制造行业。

专题2.13　33/50项目的情况

环保部门于20世纪80年代发起了名为“33/50项目”的自愿污染控制协议。它是对日益关注污染减排的回应，另外该项目旨在通过企业间的合作从源头显著降低有毒化学物质的排放和运输。依据环保部门公布的有毒物质排放清单，将对参与项目企业的污染排放和项目实施的整个过程进行监督。参与该项目的所有企业都必须提交企业的污染物排放清单，另外33/50项目的参与企业之间相互独立。有毒物质排放清单列出的污染物中有17种物质因毒性强、排放量大而被监督。1988年，总计14.9亿t此类污染物通过本地或异地排放进入废物处理处置设施，约占1988年清单中所有物质的排放和运输总量的1/4。

环保部门于1991年2月正式向社会公布了33/50项目。另外，该项目还制定以下过渡目标：第一，到1992年将17种物质的总排放量减少33%；第二，到1995年减少50%；第三，证明公共自愿项目与环保部门的传统监管相比能更快地实现环境目标。

环保部门联系了8 000家企业，并鼓励这些企业参与该项目，最终有1 300家企业决定参与。参与企业的目标有毒物的排放和运输量占1988年33/50项目所指明的17种化学物总量的63%，占清单中所有污染物总排放量的15%。

设计该项目的目的是：在企业向环保部门提交书面申请要求参与该项目时，环保部门应该首先对企业的参与表示认可，其次要求企业对17种物质中的一种或几种制定到1995年应实现的定量减排目标。项目对企业制定的目标没有明确要求，而且企业也有权承诺适合企业具体情况的任何减排目标。有些企业的目标是针对33/50项目的17种化学物质，而有些企业的目标可能只是针对17种物质中的几种，也有些企业超出项目的目标范围，其制定的减排目标针对有毒物质排放清单中的所有物质。

参与 33/50 项目的企业可以获得来自环保等政府部门的支持。环保部门会定期组织负责污染防治的地方工作小组召开小组会议等。这种会议把行业代表、政府部门、学术界代表和政府利益组织聚集在一起，促进了关于污染防治的不同信息的交流，而且会议还能有效地促进参与企业之间展开合作和建立伙伴关系。另外，会议也介绍那些成功减少污染的经验，并在环保部门的内部文件和报纸等媒体上宣传。

33/50 项目的参与企业可以获得技术援助等形式的额外支持。当出现关于排放清单上物质减排的污染防治技术时，此技术信息就会被广泛传播。另外，环保部门会为企业提供具体的指导、相关指南、参考书目等资讯，以及从一般的污染防治到特殊行业废物削减的过程设置和材料选择等详细指导。最后，该项目还要求企业参加由政府部门或私人组织提供的培训课程等。

环保部门的报告称：33/50 项目的上述 3 个目标都已圆满实现。其中 17 种物质的排放量减少 33%的目标提前一年实现，而且减排量超过了既定目标 100 万英镑；减少 50%排放量的终极目标也提前一年完成。从 1988—1994 年排放和运输有毒物总量减少了 51%，这是原目标减少 385 万英镑排放量的近两倍。

来源：Davies & Mazuek，1997 和 Arora & Cason，1995。

1.4.3.2 特征和背景

环保部门发起的公共自愿项目中的协议是由环保部门和单独企业签订的。为了进一步节约能源，应对气候变化的自愿计划（绿灯、能源之星）主要为参与企业提供技术信息。如绿灯项目帮助企业划定出将常规照明转换成节能照明设备的经济可行区域。作为回报，项目的参与企业承诺在 5 年内至少更换被划定区域内 90%的照明设备。

33/50 项目制定的关于 17 种有毒物质减排的总目标是：以 1988 年为基准年，到 1992 年减排 33%，到 1995 年减排 50%。另外，项目虽不要求企业实现所有目标，但要求企业必须提交定量减排计划。

其他污染防治计划（如环境设计、绿色化学等）是为促进生产更清洁的产品和推广更清洁的生产过程而设计的。所有参与该类项目并取得成效的企业都会在环保部门的媒体、报纸等媒介上公开宣传。

企业参与公共自愿项目而签订的大部分协议都属于不具有法律约束力的谅解

备忘录（MOU），也就意味着即使企业没有实现目标也不会受到处罚。企业不能实现其在 MOU 中制定的目标意味着其不能获得由参与该项目而带来的应有收益，尤其是不能提高其企业知名度。33/50 项目对企业的要求更低：潜在的参与企业仅需向环保部门提交表明其有意向减少 17 种物质排放的申请书，企业便可自行决定减排目标。

公共自愿项目主要通过企业的年度报告监督企业的环境效益。另外，环保部门也依据总污染减排目标衡量项目进展。例如，33/50 项目的进展就是依据环保部门对有毒物质排放清单的强制要求来衡量，而且任何企业无论是否参与了公共自愿项目都要提交年度报告。绿灯项目的参与企业需要报告具体有多少平方千米范围内的传统照明设备换成了高效照明。环保部门根据这些数据推断通过节能而减少的污染量。

通过上面的讨论发现：企业参与公共自愿项目的最主要动机是提高公众认知度。如果企业通过参与公共自愿项目获得了良好的公众认知，那么就可能间接降低因新的更严格的监管制度而导致的更高的减排成本或更高的报道成本。

总之，环保部门应用公共自愿项目的目的是拓展现行法律的应用范围。从这方面来理解，公共自愿项目既是传统监管手段的补充，同时也是逐渐改善环境的柔性方法。

1.4.4 单边协议

1.4.4.1 数量和应用领域

虽然美国单边协议的数量比公共自愿项目少，但参与单边协议的企业却更多。调查表明：美国有超过 2 000 家企业参与了其仅有的 9 项单边协议。例如，化工行业协会（CMA）的 190 个成员企业都参加了责任关怀项目。另外，42 家非成员企业（Mzzurek，1998b）及林业和纸业协会的 167 家成员企业也都参与了单边协议（AFPA，1998）。美国石油协会的 300 家成员企业同样也都参与了“负责运营商项目”（AWO，1998）；国家油漆和涂料协会的 400 家成员企业都参与名为“涂料关怀”的单边协议，以及大约 335 家企业参与了由国家化学品分配协会监管的“负责的分配过程项目”。

环保部门发起的公共自愿项目一般都针对几个行业，而单边协议主要针对某一特定行业。美国单边协议主要针对化工、油漆和涂料、化学品分配、石化等行业。仅有可持续林业项目协议这一项针对的不是化工行业，而是开采行业。

1.4.4.2 特征和背景

环保部门发起的公共自愿项目和单边协议等通常都是不具有法律约束力的谅解备忘录形式。但单边协议与环保部门发起的旨在减少污染的公共自愿项目相比，其是通过行业自愿遵循监管规范来提高行业形象。美国的单边协议与加拿大责任关怀项目相似，其也包括从污染防治到产品监管等6项监管条例。化工行业协会（CMA）制定了指导其成员企业如何遵守和利用这些条例的指导文件，而且期望到1999年企业能全面执行这些条例。因此美国单边协议制定的目标本质上也都只是定性的。

然而，美国反垄断法限制通过单边协议框架得出环境目标这一模式。根据Kappas，美国反垄断法仅允许行业协议在非常有限的范围内制定和实施自我管理守则。设计责任关怀项目是个合理的决定，因为它表明化工行业协会代表及其成员企业通过遵守相关条例把反垄断单边协议视为贸易障碍的可能性最小化了。结果，化工行业协会代表其成员企业制定了最小化企业的自由裁量权和排斥行为的守则。化工行业协会主要为企业提供规避明确监管的策略、行动和结果。化工行业协会应用这种方法使责任关怀项目更实际也更透明。总之，单边协议的法律不确定性限制了其对参与企业的监督，也影响了协议实施的效率。

虽然监督参与加拿大责任关怀项目企业的依据是企业提交的年度自我报告，但为了增加报告后可信度，企业也可以选择将监督结果提交给独立的第三方进行核实。然而，从1997年以来化工行业协会的190家成员企业中仅有10家将监督结果提交第三方进行核实（Chemical Week，1997b）。另外，单边协议也并不要求化工行业协会的成员企业将其监督结果向公众或其他企业公开。

在加拿大和美国（不包括法国）企业参与责任关怀项目是其加入行业协会的前提，这是美国大部分行业单边协议的真实写照。企业仅对要实现的协议目标作出道义方面的承诺，而对未实现目标企业的唯一处罚就是将其逐出行业协会。

迄今，仅美国林业和纸业协会及国家能源运作机构（INPO）两个行业协会发生过驱逐企业的情况。林业和纸业协会中有15家企业由于在1996年未遵守可持续林业倡议而被从167家成员企业中驱逐，另外该协会也在1997年暂停了其他企业的成员资格（OAFPA，1997）。国家能源运作机构驱逐了一家既不遵守核安全运作准则，也不监管其核实践的企业（Rees，1994）。如果参与责任关怀项目的企业未遵守监管守则或没有为实现项目目标作出足够努力，那么其将受到从收到调查函被迫接受调查开始到被驱逐出行业协会为止的一系列处罚。迄今没有证据证明化工行业协会曾采用过将企业逐出行业协会这一处罚。行业协会更乐意做的是为落后企业提供信息和技术援助，而并非将其逐出协会（Ember，1992）。

上述案例表明：美国的单边协议主要为参与企业提供信息援助、技术支持和帮助企业提高公众认知等。提高公众认知主要是通过荣誉、媒体宣传和利用某标签（如责任关怀项目的参与企业可使用特定标签）等途径。提高公众认知度是企业参加责任关怀项目的主要动机。该结论是在假设因公众认知度低而在某种程度上导致减排成本高的基础上而得到的。1986 年联合碳化物公司在帕博尔的分厂发生了有毒物泄漏的事故后，大部分化工企业意识到公众认知度低将导致减排成本高这一事实。1989 年化工行业协会经过调查发现：在被调查的 10 个行业中化工行业的公众认知度仅略高于烟草行业。化工行业的管理者认为如果不努力改善行业的公众形象，那么今后在美国建立或运行新厂将日益困难。化工企业的管理者也意识到消极的公众形象将导致企业被迫服从更严格的监管要求，那么企业的运行和减排成本也就更高。环保部门发起责任关怀项目的另一动机是改善企业与社区的关系。例如，责任关怀项目实施的第一项守则——社区认识和紧急响应（CAER）就是为鼓励化工企业和当地居民共同制定关于化学灾害的应急方案而设计的。另外，CARE 也规定企业必须建立公民咨询小组（CAPs）。

美国的单边协议与欧洲和日本的相比，其很大程度上是为了获得公众的认知度。而且许多协议中都有包括企业经过第三方证实或如果其未实现目标将被逐出行业协会等规定。但美国和欧洲的单边协议在确定目标方面存在同样的不足，即目标本质上是定性的，并且在执行时也留出了许多解释的余地。但需要记住的是：行业协会可以发起行动的领域在很大程度上受到美国反竞争法限制。

1.4.5 结论

美国与欧洲和日本相比，生效的自愿式协议的数量非常有限，而且生效的大部分都是公共自愿项目和行业的单边协议。最近新缔结了两项协商协议，但是其取得成功也非常有限。

协商协议仅取得部分成功是由于美国的体制背景而造成的。环保部门对协商协议的自由裁量权有限，导致其对传统环境政策也只有很有限的对抗，故也没有发挥出协商协议对企业和行业的巨大吸引力。美国的环保部门与欧洲和日本的环境署相比，其既不能制定可信的监管威胁迫使企业参与，又不能承诺让企业免受监管以诱导企业参与。所以，造成协商协议和公共自愿项目在美国仅仅是现行监管制度的补充这一事实也不足为奇。

1.5 其他 OECD 成员国

迄今，关于其他 OECD 成员国应用自愿协议式管理方法作为环境政策组成的资料相对较少，虽然澳大利亚、加拿大、捷克、朝鲜、匈牙利、墨西哥、挪威、瑞士、土耳其等国家都报道其都在一定程度上应用了自愿协议式管理方法，但迄今关于其应用自愿协议式管理方法的资料仍非常有限。例如，瑞典已经实施了 8 项协商协议（见表 2-10），主要用于淘汰有毒副产品和废弃物等。捷克的化工行业和钢铁行业缔结了 3 项协议，墨西哥目前有 14 项改善大气质量的有效协议（部分与企业单独签订，部分与行业协会签订）。另外，这些国家的报告都声称大量企业通过 ISO 14000 或其他相似标准的审查。例如，从 1995 年至今已有 120 家朝鲜企业获得了环境友好企业的证明，匈牙利为评估环境效益发起了公共自愿项目。参与公关自愿项目的企业可获得用于评估其环境效益的政府援助，但这些国家都很少缔结单边协议。在这些 OECD 成员国中，加拿大缔结的自愿式协议对其制定环境政策的影响最显著。目前加拿大工业行业缔结了 95 项自愿式协议，其中包括 30 项单边协议，2 项公共自愿项目和 63 项协商协议。缔结协议的行业包括制造行业、采矿行业、农业行业和服务行业等。另外，加拿大与欧洲、日本和美国相似，应用自愿协议式管理方法的主力是化工行业、包装行业和能源行业等。

表 2-10 其他 OECD 国家应用的自愿式协议（不包括环境管理证明）

国家	自愿式协议的数量
澳大利亚	关于水循环的 4 项协议
加拿大	30 项单边协议
	2 项公共自愿项目
	63 项协商协议
朝鲜	—
捷克	3 项协商协议
匈牙利	4 项框架协议
墨西哥	14 项协商协议
挪威	11 项协商协议
瑞典	8 项协商协议
	1 项公共自愿项目
土耳其	4 项协商协议

来源：OECD 国家，1998 年。

调查的案例具有以下主要特征：

（1）澳大利亚。关于工业废物减量的协议值得关注，因为这代表其已经缔结了国际的协商协议。事实上，澳大利亚的环境保护理事会（ANIECC）与报纸（包括纸浆和造纸的生产厂家和印刷厂家）、包装纸、铁罐（包括钢铁生产商和制罐商）和高密度聚乙烯 4 个行业磋商并制定了废物减排目标。总之，其追求的共同目标就是提高废物回收率。

（2）加拿大。自愿协议式管理方法在加拿大发挥着重要作用，加拿大应用了单边协议、公共自愿项目和协商协议三类自愿式协议，涵盖了该国的各个行业和各个领域（见表 2-11 和表 2-12）。

表 2-11　加拿大自愿式协议涵盖的行业（1998）

行业（领域）	数量
农业	6
制造业	4
纸浆和造纸	6
汽车	3
消费品	6
石油	8
化学品	23
采矿	6
节能（包括电）	17
运输	8
包装	10
服务	4
其他	1
自愿	7
服务	3
施工	3
生物多样性	1
非化学废物	2
能源	3

表 2-12 加拿大应用自愿式协议的环境领域（1998）

行业（领域）	数量
水	17
大气	34
固废	32
土壤	20
噪声	0
自然自愿开采	14
生物多样性	6
野生动物栖息地	12
非针对性（或非常广阔的领域）	9

1998 年加拿大有 30 项生效的单边协议，其中最著名的是责任关怀项目。加拿大也如其他国家一样采用自愿协议式管理方法来实现气候变化协议框架中的目标（也关注工业温室气体的排放）。另外，加拿大的工业节能方案（CIPEC）和自愿挑战及注册项目（VCR）等公共自愿项目也是加拿大主要政策的手段。这些项目并不要求企业实现具体的环境目标。事实上，这些项目采用效益报告体制，并不以具体目标为重点。1975 年的工业节能方案是在发生石油危机之后而制定的旨在促进和监督制造行业和采矿行业改善能源效益的协议，目前由加拿大资源管理部负责运行。该项目得到了 21 个专案组的支持，而这些专案组恰好也负责确定改善单位产品的能源效益和编撰从企业收集来的资料等。迄今，已经有占加拿大制造和采矿行业 85%～90%的 3 000 多家企业参与了该项目，但该项目的公众认知度却很有限。

1995 年发起的自愿挑战及注册项目，是加拿大气候变化国家行动项目的重要组成。该项目的目标是鼓励个人和政府部门自愿限制温室气体的净排放量。1997 年自愿挑战及注册项目从政府项目转换成公私部门之间的伙伴关系，项目资金有 2/3 来自私营企业，1/3 来自联邦政府和省政府。自愿挑战及注册项目要求参与项目的企业和组织定期向相关部门汇报，并依据基准年量化其目标减排量。最高级汇报制度意味着其提供了促进企业进一步提高效益的动机。迄今，参与该项目的 700 家企业所排放的温室气体已占加拿大总温室气体排放量的 70%。

1998 年有 63 项生效的协商协议。例如，制定国家级包装协议的目标是如果企业不能实现该目标，就采用政府监管。加拿大汽车制造行业发起污染防治项目的目标是提高汽车制造行业的环境效益，并努力超过现行监管要求。

（3）捷克。与石油行业签订协商协议的目的在于改善燃料质量，即减少燃料中芳烃、苯和硫的含量。最初缔结该协议的原因是：在不久的将来捷克将依附于欧盟的事实。因为欧洲委员会发出了在欧盟范围内制定汽车燃油统一标准的倡议，捷克为了保证其行业标准与欧盟一致而通过协商协议制定了相似的标准。

（4）挪威。本文中提到的三类自愿式协议（单边协议、公共自愿项目、协商协议）在挪威都有应用，但应用最多的是协商协议。1997 年 6 月与铝行业签订的减少二氧化碳排放的协商协议就是其中一项。该协商协议之所以能合法化的原因是：捷克的铝行业并不缴纳二氧化碳排放税。但有趣的是，即使是在这种情况下协商协议也仅仅是并不存在的政策的替代手段。另外，在挪威应用二氧化碳交易许可证制度也只是空想，原因是：如果挪威实行交易许可证制度，就没有应用协商协议的余地。应用协商协议最多的是废物管理部门（9 项），尤其是关于包装废物（5 项）。这些协议是由环保部和行业协会签订的，而行业协会必须每年向污染控制局汇报协议的实施和进展。这些协议并没有法律基础，而是依据监管和税收制度等其他现行政策运行的。如果企业违约，政府将强制包装行业实施由政府负责的单边监管或采用税收制度。这些协商协议都产生了明显的效果，如已经回收了 80%的瓦楞纸板、60%的饮料罐、95%的铅电池等。

（5）瑞典。能源 2 000 项目是个旨在通过与企业之间的合作来提高能源效率的国家级（也包括区域级和地方级）公共自愿项目，而且项目中也包括区域和地方监管。该项目最成功的案例是：若某市政府能证明其已经在管辖范围内制定了先进的能源政策，那么其就能申请“能源之城”等的称号。例如，德里西澳发起了关于轻型电动汽车的测试，布格多夫制定了关于发展“步行和骑单车之城”政策等。另外，也有许多行业参与了该项目，而水泥行业和电力供应行业仅是其中的两个而已。在相同的背景下也缔结了一项以 1990 年为基准年到 2010 年将二氧化碳排放减少 10%的协商协议。如果该目标没有实现，那么就将采用二氧化碳税收制度。这也是政府威胁如果协商协议失败就采用税收制度的一个典型案例。

1.6 结论

虽然并不是所有的国家都反馈了 OECD 的调查问卷，但收回的有效资料表明：自愿协议式管理方法在 OECD 国家的应用正不断增加。很明显，北美洲（加拿大、美国)、欧洲和日本都缔结了大量的各类自愿式协议。美国主要利用公共自愿项目，欧洲和日本主要利用协商协议。但不同国家应用自愿协议式管理方法的模式也存在很大差别。

例如，日本主要应用市政府与单独企业之间签订的地方级协商协议。其最初采用地方级协商协议的原因是：针对地方的具体情况缺乏有效的国家监管，另外国家法律也不允许地方制定更严格的监管制度。现在地方级协商协议在日本广泛接受的原因是：协商协议的制度障碍更少，其缔结并不需要通过当地立法机关的许可。且协议的执行是通过地方权力机关对购买新设备和扩大生产等许可证。

虽然欧盟成员国的制度多样性导致缔结协商协议的途径不同，但大多数协议是通过国家级监管部门和行业协议之间的磋商而缔结的，而且也是在寻找效益更高的环境政策的背景下逐渐发展而来的。另外，协议的执行是通过如果不能实现协议的目标就将引进新法律的威胁。

美国常用的是公共自愿项目。这类项目由美国国家环保局负责设计，而企业可以自由选择接受或离开。另外，项目中的协议是在环保部门和单独企业之间缔结的，而针对协议的实施却并没有明确的要求。由于企业参与这类项目的主要动机是提升公众形象，因此也可认为公共自愿项目是现行监管的补充，项目的终极目标是逐步改善环境。

这些国家采用的自愿式协议的共同特征是：对日益复杂、成本越来越高、不灵活又强制执行传统手段的回应。因此，这些协议都在设法增强行业内的企业之间的合作。但不同的体制环境和经济背景导致国家利用自愿协议式管理方法的模式存在差异。

例如，日本地方机关为解决地方污染问题，寻找在地理位置上更接近的企业之间展开合作。由于地方机关对监管地方环境问题缺乏立法权，导致地方机关必须通过其他方法监管企业的减排。地方机关可利用对购买新设备和扩大生产能力的许可证向企业施加压力，迫使其努力控制污染并尽力超过国家级法律的要求。

通过研究上述案例可以发现，欧洲许多协议都针对废物循环和气候变化。这表明权力机关在技术和经济等背景下应用自愿协议式管理方法的两个原因。首先是因为新生的环境问题具有不确定性。当监管部门最先意识到需要在废物管理(尤其是回收）等方面采取必要行动时，权力机关和行业协会或许并不了解其技术可行性。为了起草务实的监督条款，政府部门需通过与行业合作收集有关技术可行性的信息。其次是通过针对气候变化的协议详细阐述。关于二氧化碳减排并没有国际协议，故企业可能出于对竞争产生消极影响的考虑而不愿意参与单边行动。而在这种背景下，缔结自愿式协议就成为一种规避参与单边行动的途径。国家立法权迫使企业要采取高于法律要求的行动。对未缔结协议的企业，监管部门威胁称将采取更严格的监管。

美国特殊的体制环境导致公共自愿项目在美国处于主导地位，而且该类项目并没有为了促进企业参与而施加背景威胁。事实上，美国国家环保局作为监管部门也受制于议会，因此其制定的新监管制度也缺乏可信度。

不同成员国所采用的自愿式协议的模式不同也与负责监管协商协议的部门级别有关。日本的地方污染问题是通过地方机关和单独企业的磋商共同解决的，而欧洲解决国家级环境问题需要与行业协会进行协商。目前交易成本是个重要问题。虽然当政府部门已经与企业取得联系时地方级协议的成本较低，但对国家级协议而言这仍然是个重大的额外负担。

第 2 章　评价自愿式协议

企业期望通过缔结自愿式协议获得哪些收益？通过核查和分析有关于评价自愿式协议的资料发现：自愿式协议因其新颖性和由实践者创造等原因阻碍了研究人员对其进行评价。也就是说，由于该方法由实践者创造的事实，阻碍了有关其理论效益等资料的获得；而由于其新颖性限制了相关实证调查的进行。但目前关于欧洲应用的协商协议（如 Börkey 和 Glachant，1997，1999；科威公司，1997；欧洲环境署，1997；Liefferink 等，1997；Oko 协会，1998；Rennings 等，1997）及美国应用的公共自愿项目的资料正不断增加（如 Arora 和 Cason，1996；Davies 等，1997；Khanna 和 Damon，1998；Mazurke，1998），这就促进了对这两类自愿式协议进行初步评价。

本章的第一部分简单分析了评价自愿式协议的方法论问题，第二、第三部分则分别对协商协议和公共自愿项目进行了初步评价，第四部分列出了迄今为止关于单边协议效益的有限证据，最后一部分总结了关于自愿式协议效益评价研究的空白领域。

2.1 评价自愿式协议的方法论原则

2.1.1 评价标准

本部分评价自愿式协议的主要依据是 OECD 国家制定的 7 项评价标准。

2.1.2 环境效益

研究所有环境政策的宗旨发现：其主要目标都是进一步改善环境现状。因此，环境效益是评价自愿式协议的首要标准。评价自愿式协议，最重要的是辨别在协议草案中制定的环境目标（事前环境效益）和目标实现的程度（即事后环境效益）。关注这两点的主要原因是：影响事前效益和事后效益的体制基础之间存在着显著差异。一则自愿式协议制定的目标有“吃掉”相关规定的风险，另外，如果缔结的自愿式协议不具有约束力，那么也可能对协议目标的实现程度产生负面影响。

很多研究人员（EEA，1997；Hiley，2001）一致认为评估自愿式协议的环境效益应重点考虑以下两点：① 对比协议目标与企业环境行为的常规发展轨迹，判断自愿式协议中确定的目标是否宏伟，对比结果即为自愿式协议的“环境效率”；② 对比协议目标与最终结果，评估协议目标是否有实现的可能性，该对比结果即为自愿式协议的“环境改善”（EEA，1997：53）。Börkey（2001）在报告中指出“常规发展轨迹”就是指：因经济发展，旧技术逐渐被新技术取代，使得企业的环境行为发生自发改善，这并不是由企业采取的环境管理政策所导致的，而是经济发展的结果（Börkey，2001：20）。

为了更好地理解评估环境效益应重点考虑的两个要素，欧洲环境署在 1997 年的报告中利用图 2-7 分析的方法展示了这两个要素之间的内在联系。

图 2-7“*R*”点表示企业在签署协议时的污染物排放水平。“*B*”线表示污染物的排放趋势，根据前面所述即使企业环境效益的“常规发展轨迹”，假设该轨迹呈自动下降趋势。“*C*”点为监测或评估时企业污染物的排放水平。“*T*”点表示协议的既定目标，其既定目标可能出现以下三种情况：接近基线 *B*，低于基线 *B* 或高于基线 *B*。图 2-7 除 *B* 线之外的实线表示企业在签署环境协议之后污染物排放的实际发展趋势。比较协议的既定目标与基线（污染物排放常规发展轨迹），即得出协议的环境效率。对比协议的既定目标与当前的污染水平“*C*”点，即得出协议

的环境改善（EEA，1997：27）。如图 2-7 所示，协议既定目标的实现情况可能出现的结果是未实现（*C* 点）、已实现或超额实现（*C*′点）。

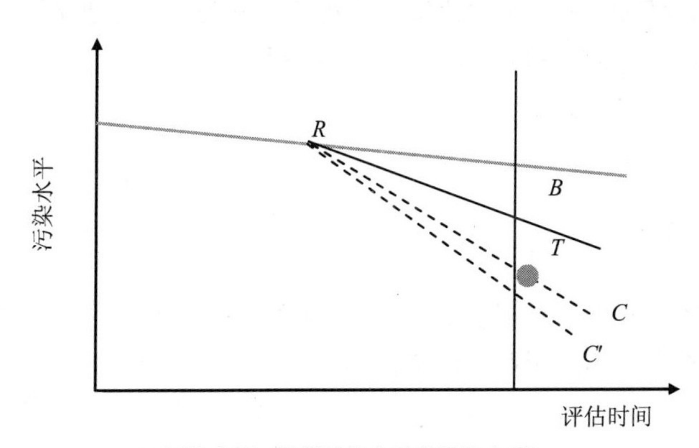

R=污染水平（签署协议之前的污染水平）
B=污染基线（常规发展轨迹）
C/*C*′=当前的污染水平
T=想要实现的目标水平

图 2-7　环境效益评估基线

来源：欧洲环境署，1997 年。

环境效益一般用减排量等物理术语衡量。虽然也可以将环境效益转换成货币量等经济术语，而在某种情况下这种转换也更可取，但这会显著增加评价任务的复杂性，例如需要再额外考虑数据的可用性、理论假设存在的争议、将减排量换算成具有社会效益的货币量等。

评价环境效益的最大困难是：区别产生的环境效益是因缔结自愿式协议而产生还是因行业的体制变革或生产工艺的自发改善等其他政策而产生。因此，评价环境效益最重要的前提是：确定常规发展轨迹（即没有采用自愿式协议而产生的环境效益）。

另外，评价自愿式协议并非仅比较其制定的环境目标与常规发展轨迹。因为自愿式协议通常与传统管理手段和补贴制度等其他环境政策手段组合应用，这就意味着自愿式协议仅仅是一揽子政策组合中的一部分。因此，为了评价自愿式协议的环境效益，必须对自愿式协议产生的效益与其他平行政策产生的效益进行有效的区分。

2.1.3 经济效益

由于实现既定的环境目标而招致的经济费用称为“减排成本”。另外，这笔费用也包括直接改变污染企业行为的费用。单凭这点从本质上看自愿式协议就具有经济效益，因为企业只会选择参与那些经济有效的项目。但该观点并没有得到具体案例等证据的支撑。

2.1.4 监管和服从成本

当评价自愿式协议的经济效益时，也必须考虑设计和执行协议的组织成本（这部分费用主要指政府部门因执行和监督协议而导致的）。然而，当依据企业的自我报告监督企业时，大部分费用应由被监管企业承担。另外，一些自愿式协议（如协商协议）通常将执行协议承诺的责任转移到企业，通过这一举措也将监管企业的负担转移给企业。从经济福利的角度出发，这种任务转移对参与双方而言是中立的。所以，针对这一任务转移的关键问题就变成：该任务由企业负责是否比由监管部门负责更有效。

2.1.5 对公平竞争的影响

通常怀疑自愿式协议为企业提供了在国内市场相互勾结和在国际市场建立非关税壁垒等反竞争机会，而这种怀疑主要是针对由行业缔结的行业自愿式协议（如组织相关企业或行业）。

2.1.6 柔性效益

柔性效益主要指由政策手段导致的行为变化。由于柔性效益只能通过长期观察获得，而且通常呈弥散状态，所以很难量化。但柔性效益对自愿式协议而言非常重要。因为许多自愿式协议的缔结目标都是提高企业的环境意识，而并不是在短期内改善环境。企业缔结自愿式协议的主要动机是：向消费者和市民展现其为改善环境做出的努力。企业希望通过这一信号为自身带来长期的荣誉收益。化工行业为了恢复其因帕博尔等意外事故而严重损坏的公众形象而发起的责任关怀项目就属于这种情况。行为准则、措施清单、多方利益相关者参与等都属于自愿式协议产生的柔性效益。

2.1.7 创新和教育效果

环境政策对创新的影响日益突出，尤其是在用清洁生产等创新技术和以源头治理代替已经实施几十年而且收益不断急剧下降的末端处理的特殊背景下。值得强调的是，创新不仅指本质上的新发明，也包括目前采用的渐进式改进和边做边学等方法，这些方法可以在显著降低成本的同时减少污染排放。另外，推广创新成果也是创新过程中至关重要的一步。这点很正确，因为利用减排的创新技术也可以解决其他问题。自愿式协议作为企业之间分享信息和经验的平台，也进一步促进了创新成果的推广。

2.1.8 可信性和可行性

这一标准是关于自愿式协议的政治和社会接受度。自愿式协议面临的重大政治威胁是：公众和非政府组织对其并不信任（Leveque，1997）和监管部门缺乏自由裁量权等，而这些制度障碍都影响了自愿式协议的执行。

2.1.9 证据类型

主要依据理论论据、事前分析和事后评价三类证据评价自愿式协议：

（1）理论论据是在经济理论模型中关于政策手段效益的描述。在这些模型中首先假设企业在制定限制自身行为的政策时，追求自身利益的最大化。所以评价企业经济效益的依据就是那些简化该模型的假设前提。理论模型相对于时刻变化的现实而言，只是对需要研究的现实领域的简化，因此理解和应用模型论据要特别谨慎。值得注意的是：一方面通过理论模型并不总能得出清晰的结果；另一方面即使得出了某结果也应该了解只有当完全满足假设条件时，这些理论结果才有效。例如，如果不同企业的减排成本不同或监管部门和被管制企业之间存在信息不对称的情况，那么征收排放税就会比传统的指令式管理方法更经济有效。而是否会发生这种情况主要取决于国家的体制背景。任何理论模型的有效性都有一定的适用领域，因此核查其实际应用领域对保证研究结果的可靠性和有效性至关重要。

（2）事前评估通常与理论论据密切相关，因为进行事前评估的依据是理论模型。事前评估包括通过相关环境问题和经济背景等资料事前量化某项政策选择的成本和潜在收益。另外，也可以把用于事前评估中各种模拟和预测研究进行分类。

（3）事后评价包括统计实施某项政策后的成本和收益等。事后评价与事前评估相比具有明显优势，因为不需要依据理论模型进行预测，也就是不需要以简化的假设为基础；事后评价以直接观察企业对政策的实际反应为基础。但事后评价也存在其他方法论难题，尤其是前面提到的“解决纠纷”等问题。

正如最近关于经济手段的争论一样，评价任何环境政策都存在证据有限这一限制（OECD，1997）。虽然证据有限的问题普遍存在，但由于以下特殊原因导致评价自愿式协议效益的证据更少。首先，正如自愿式协议不是理论发展的产物而是被实践者创造的这一事实所表明的，自愿式协议是实践先于理论的特殊政策手段。其次，关于自愿式协议效益的理论分析和理论论据也很少，这也限制了依据模型对其效益进行预测研究。事后评价的主要困难是：自愿协议式管理方法很新颖（迄今为止缔结的大部分自愿式协议仍在实施过程中）、监督制度不力、报道制度不力等。

不过，可喜的是目前欧洲和美国关于自愿式协议的文献正迅速增加，而这就可以尝试对自愿式协议的效益进行初步评价（如 Arora & Cason，1996；Börkey 等，1999；欧洲环境署，1997；Mazurek，1998；Oko Institut，1998；Rennings 等，1997）。

2.2 评价协商协议

2.2.1 环境效益

因为完整的事后评价需要对比协议的环境效益与常规发展轨迹，导致迄今为止并没有对协商协议的环境效益进行过完整的事后评价。文献调研发现：关于协商协议环境效益的唯一的正面案例是由欧洲环境署负责的部分研究(EEA, 1997)。欧盟环境署通过研究荷兰政府与化工行业协商缔结的协议得出了一些有意思的结论。1993 年荷兰政府与化工行业签订了协议，在协议中制定了针对 61 种污染物到 1994 年、1995 年、2000 年和 2010 年的定量减排目标。但遗憾的是，行业的常规发展轨迹只是通过简单地外推历史排放量而粗略估计的，而且还依据该轨迹评估了协议生效第三年（即 1995 年）的环境效益，并得出除 4 种污染物的减排目标未完成之外，其他污染物的减排目标都已圆满实现的结论。但难以理解的是，研究结论也指明：协议针对的 61 种污染物减排中仅有 33 种污染物的减排产生了环境效益。

另外，关于协议中制定的环境目标是否宏伟（即事前环境效益）及目标的实现程度等得到了其他证据的证明，而这些经验证据和理论论据将在下面阐述。

2.2.1.1 目标是否宏伟

公众通常怀疑在协商协议中制定的环境目标不够宏伟。公众产生这种怀疑的原因是：行业在协商协议的环境目标制定过程中处于主导地位，这与其他政策手段的制定过程存在很大差异。另外，协商协议与传统指令式管理方法相比，在制定环境目标时常忽略绿色组织、消费者协会等非工业利益相关者和非政府立法机关[①]所追求的利益。另外，企业自愿作出减排承诺的事实也暗示着协商协议对企业污染减排的要求更低。

关于协商协议的目标是否宏伟，文献调研能提供哪些信息？公众对协商协议目标不够宏伟的怀疑已经得到了一些研究结论的支撑。另外，德国的协商协议也曾经历过一些研究机构的分析评价（DIW，1995；Jochem & Eichhammer，1996）。研究发现：德国二氧化碳减排协议中制定的环境目标甚至还低于常规发展轨迹。德国解决环境问题的专家协会（Rat von Sachverstandigen fur Umweltfragen）也批评了德国汽车制造商在协议中制定的提高燃料平均效益这一环境目标，批评的原因是汽车制造商承诺在 15 年内减少 25%的燃料消耗，而该目标通过企业的自发改善就能基本实现（Scherp，1996）。Börkey 等在 1999 年比较法国与其他欧盟国家淘汰洗涤剂中磷酸盐使用的趋势后，也批评法国协商协议的目标不够宏伟。

但其他研究却得出了更乐观的结论。ERM（1996）的一项研究表明：荷兰政府与化工行业缔结的协商协议中制定了宏伟的目标。该协议本质上是执行导向的协商协议[①]，即协议中的环境目标并不是通过政府和行业之间的磋商制定的。实际上，荷兰所有协议的环境目标都是依据国家环境政策计划（NEPP）和国家环境政策附件（NEPP$^+$）（分别在 1989 年和 1990 年出版）中的定量目标而制定的。荷兰国会一般依据 NEPP 和 NEPP$^+$的框架目标来制定协议目标，而且协议的设计过程也不与行业磋商。另外，荷兰也利用协商协议实现欧盟指令中的目标。例如，荷兰政府在其与电力生产的企业协会和 4 个主要发电企业缔结的协议中要求大型燃烧厂制定二氧化碳和二氧化硫的定量减排目标的依据就是 88/609/EEC 指令（Scherp，1996）。当然，“执行导向的协商协议”也并非荷兰政府的专长。欧洲环境署通过研究（1997）发现：葡萄牙、瑞典和丹麦等也在应用执行导向的协商协议。因此，关于协商协议环境效益的一般结论是：并非只有执行导向的协商协议

---

① 荷兰议会对每项新缔结的协商协议持有一票否决权。

才被公众怀疑其环境效益差。

虽然资料证实缔结协商协议可能会“吃掉”相关规定，而“吃掉”相关规定会导致协商协议不能制定出宏伟的环境目标，但需要注意的是能证明该论点的证据仍非常有限。另外，也可以依据定量分析等论据剖析上述论点。如前所述，之所以怀疑协商协议不能制定宏伟目标，是因为行业在制定协议目标过程中的主导作用。但关于这点，在接下来的研究中有两点值得注意。

第一，协商协议制定的宏伟目标最终反映了政府部门和行业之间的谈判能力。关于这点需要注意的是：协商协议的缔结原因通常是监管部门威胁将对被监管企业采取其他政策手段。理论研究（Segerson & Micelli，1997；Chmelzer，1997）证实：在协商协议中制定目标的宏伟程度与监管部门威胁的可信度和苛刻性呈正相关。研究一些案例后发现：监管部门的威胁可信度基本是一定的。调查欧洲的16 项协商协议后发现：大约 80%的案例中监管威胁完全可信（Hansen，1998）。另外，调查也发现虽然企业对监管威胁的本质并没有清晰的理解，但企业却明白如果不同意政府部门的做法，政府部门肯定会采取其他措施，但并不确定政府部门将采取什么手段。所以，虽然存在监管威胁会促进企业改善环境，但由于监管威胁的不确定性，也可能导致协商协议并不能制定出宏伟的目标。

第二，怀疑日本的污染控制协议、美国 XL 项目中缔结的地方级协商协议目标不够宏伟的证据更少。这两项针对特殊设施的环境承诺与政府的监管义务密切相关。其实际是依据地方环境的具体情况而努力超过国家标准的协议。表 2-13 比较了英特尔公司参与 XL 项目时的政府要求和 1994 年排污许可证制度要求这两条基线，研究发现协议目标明显超过了现行监管的要求。

表 2-13　英特尔公司的 XL 承诺（大气排放）　单位：t/a

污染物	联邦针对小来源的要求	1994 年工厂大气许可证	XL 项目站点许可证
一氧化碳	＜100	59	49
氮氧化物	＜100	53	49
二氧化硫	＜250	10	5
PM_{10}	＜70	7.8	5
总挥发有机物	＜100	25	40
有害气体污染（HAPs）	合计＜25；任何一种有害气体污染物＜10	5.5	总有机物 10 总无机物 10

来源：美国国家环保局，1996 年。

2.2.1.2 协商协议中目标的实现程度

一旦协商协议的环境目标确定了，就需要额外关注行业是否自愿遵守该协议。需要额外关注的原因是：协商协议不具有法律约束力，这意味着不能通过法院判决而强制执行协议。关于这点，荷兰的协商协议[①]、美国的 XL 项目及法国和德国关于包装循环的项目等都属于例外情况，如果这些协议的目标没有按时保质实现，就必须依据赔偿责任制度强制执行。丹麦 1991 年颁布的环境保护法第 10 条明确规定：丹麦必须缔结有法律约束力的协议。但值得注意的是，迄今该规定仅在 1996 年关于铅电池的协议中生效过。这表明：企业并不情愿参与有法律约束力的项目。另外，制定有约束力的协议也会受到制度限制的阻碍。但在行业协议的情况下，行业协会并不能代表成员企业签订具有约束力的协议。法国之所以不能缔结具有法律约束力的协商协议，是由于政府部门的制度障碍。法国政府 1985 年与 P.U.K 签订的协商协议表明：缔结有约束力的协议在法国属于违法行为。法院宣称：政府部门不能通过缔结协议等形式赋予监管制度或政策手段以法律效益。

对协商协议的怀疑得到经验证据的支持了吗？这很难得出一般结论。先后已经有诸多研究，尝试评价 18 项协议能否具有法律约束力（EEA，1997; Oko Institut，1997；Börkey，1999；Renning，1996）。但仅依据荷兰政府与化工行业的协商协议、葡萄牙政府与造纸行业的协商协议（EEA，1997；Oko Institut，1997）、荷兰政府与基本金属行业的协商协议、法国关于减少洗涤剂中磷酸盐使用的协商协议（Börkey，1999）、德国逐步减少氟氯化碳使用的协商协议、法国和德国促进废物回收的协商协议（Renning，1996）6 个案例，得出的一般结论是：这些协议都产生了积极的环境效益，也实现了协议中的大部分目标；导致协议失败的原因通常是在缔结协议的行业中出现了始料未及的经济困难（如荷兰政府与基础金属行业的协商协议等）。这 6 个案例中只有法国关于减少洗涤剂中磷酸盐使用和德国逐步减少氟氯化碳使用等缔结的 2 项协议不具有法律约束力，但因其不具任何代表性也没有任何的研究价值。

另外，通过这些研究还发现：18 项协商协议中有 12 项由于缺乏证据而导致无法对其环境目标进行评价。而最近才尝试正确评价协商协议是导致这种现状的主要原因。也就是说，造成协议目标无法评价的其他问题也都源于协商协议本身存在的下列不足：

---

① 荷兰实际上并没有通过法院干预解决该类问题的先例。

（1）目标和监督结果的表述不明确，因此很难评价协议的目标。例如，协议制定的目标以减排百分率表示，但报道时却采用绝对减排量表示。

（2）根本没有关于监督结果的任何资料，原因可能是并没有对企业进行监督（如法国回收汽车材料的协议）或者监督结果严格保密。

（3）协议中没有制定过渡目标，也就不可能评价过渡目标。

这些极大地削弱了协商协议的可信度。另外，也反映出许多协商协议并没有向公众公开的事实。这将对协商协议的环境效益产生以下负面影响：削弱企业遵守协议的积极性，协议受到来自公众、非政府组织和其他利益相关者的外界压力等。

2.2.2 经济效益

成本变量比环境效益更难辨别，因此关于经济效益的经验证据几乎完全缺乏不足为奇。这导致的最终结果是：只能依靠分析论证评价经济效益。

协商协议的特点表明：协商协议虽然比传统指令式管理方法更经济有效，但却不如经济手段那样经济有效。

依据基本经济理论，总结出以下的经验：协议的经济效益取决于企业之间如何分配减排努力，也就是经济领域的分配效益。实际上，这需要依据企业的成本效益在参与的企业之间分化减排目标。依据成本最低原则为减排成本较高的企业分配较低的减排目标。而协商协议会依据成本效益在参与企业之间对整个行业的减排任务进行分化吗？

原则上，由于协商协议仅制定了行业的总目标，所以提供了在参与企业间之间分化减排目标的余地。但经验证据和理论都分析表明：企业并没有充分利用这些机会。因此，有必要区别行业缔结的协商协议和企业缔结的协商协议。

针对行业缔结的协商协议，一旦协议签订就必然出现上述问题。为了实现行业的总减排目标，行业中的所有企业必须共同分担减排任务。但行业协会很可能依据统一标准为企业分配减排任务（即采取“一刀切”的形式），而并没有依据企业减排成本的不同来更经济有效地分化企业应承担的减排任务。造成这一现象的原因是：分化会导致减排成本较低的企业被分配更大的减排任务，但减排成本较低的企业却不情愿接受这种任务分配。在这方面，协商协议就远不如指令式管理方法有效。

只有当成本较低的企业能够因多分配减排任务时，而得到来自其他企业的补偿的情况下，成本较低的企业才可能接受因分化而获得更高的减排目标，承担更多的减排任务。这种情况可能发生在包括若干污染物减排目标的协议中，因为在这类协议中企业可以通过承担某一污染物更多的减排任务来降低对其他污染物的减排任务。荷兰与基础金属行业签订的协商协议就是这种情况。根据 Börkey 等（1999）的观点，可以依据成本效益和最佳可用技术（BATNEEC）分化行业总目标。荷兰政府与基础金属行业缔结的协商协议最终实现目标分化的原因是：监管部门强势参与了协议的执行，而并非由于企业间的磋商。很少发生通过提高一种污染物的减排任务换取减少其他减排任务的情况，造成这种现象的主要原因是：多目标协商协议的应用并不广泛。

专题 2.14 评价荷兰与基础金属行业协商协议的分配效益（Börkey 等，1999）

1992 年荷兰的环保部门、省级机关和水务委员会与行业协会 SBM 签订了基础金属行业的协商协议，该协议是针对一系列污染物的多目标协议。另外，该协议还制定了行业到 1995 年、2000 年和 2010 年的定量减排目标。最近有一项关于行业目标如何转化为企业承诺的研究，也就是研究企业之间的负担分摊原则（Börkey 等，1999）。下面以一个包括 7 家企业的样本为例进行研究，研究发现企业关于某污染物的减排效益发生了明显分化。图 2-8 关于二氧化硫减排的目标分化也是这种情况。图 2-8 的柱形表示每家企业 1995 年实现的减排量。其中，企业 3、7 超过了行业的既定目标，而其他企业都低于行业目标（水平实线表示）。

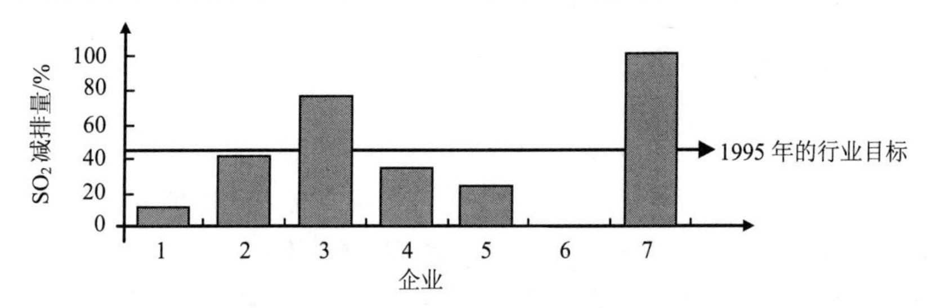

图 2-8 7 家企业二氧化硫减排目标分化情况

来源：公司环境计划-Fo-Induse 有毒物排放清单，1997。

这种减排任务的分化是经济有效的，因为它表现出每家企业边际减排成本的不同。而因为基础金属行业包括钢铁、铝和铅等不同企业，所以其边际减排成本的差异也很大。

协商协议允许企业制定“污染气泡”，它使企业能够自由分配对各个污染设备将进行的减排努力。这种内部交易的高效性毋庸置疑，但一些协商协议却限制在企业内部进行污染物交易。例如，在荷兰政府与化工行业的协商协议中明确规定：限制同类产品的生产企业之间进行污染物交易（Börkey & Glachant，1997）。为了避免同类企业之间发生竞争扭曲，行业协会声明：内部交易可能导致对不同产品进行交叉补贴。针对这方面的另一案例是：美国 XL 项目改变了整个工厂空气污染物的排放上限，因为 XL 项目允许用大气总排放限制取代单一限制。环保部门也希望参与 XL 项目的企业通过不同媒介寻找污染设备水平的污染物交易。但因为依据目前的法律制度环保部门缺乏授权跨媒介进行污染物交易的权力，所以参与企业并没有寻求这些项目的进一步发展。值得注意的是：“污染气泡”方法也并非自愿式协议的专长，其他政策手段同样也可以采用。

协商协议也通过让企业能灵活地选择实现目标的时间表等降低污染减排的成本。协商协议通常只制定终极目标，而企业可自由选择实现目标的途径。这使得企业可以更经济有效地调整针对减排污染的投资计划。除此之外，在协议的执行阶段也可以重新磋商实现目标的周期。关于这点 Hoogovens 案例值得注意。Hoogovens 是荷兰最大的钢铁生产企业，其参与了荷兰与基础金属行业缔结的协商协议。该企业因证明了自己拥有荷兰最大的生产设备及表明自己将在 2005—2010 年引进以旋风转炉为基础的污染水平更低的生产技术，而获得荷兰政府批准，将原定于 2005 年实现的目标推迟到 2010 年实现。

2.2.3 服从和监管成本

一般认为协商协议可以节约监管成本，但经验证据也支持这个观点吗？

荷兰的一些资料提供了因政府监管带来的巨大的花销清单（Baron，1995，Scherp 引用，1996）。荷兰对长期能源效率协议的年度预算在 1994 年达到了 14 亿荷兰盾（7 000 万美元），其中包括技术支持的成本、监督成本和投资补贴等。截至 1995 年，荷兰政府已经先后与 23 家行业协会和 600 家企业签订了协议，缔结的这些协议涵盖了荷兰 85%～95%的工业能源消耗。同时这也表明：协议的监管成本远不能忽略。

政府部门通过与行业和企业缔结协商协议，将监管成本部分转移给了企业和行业协会。另外，政府部门也将其负责监督企业和执行协议的任务转移给了行业协会和协会的成员企业。这样问题就变成：这种责任和成本的转移能否降低企业的监管成本和服从成本。换言之就是：监督由企业负责比由政府部门负责更有效吗？答案是肯定的。原因是：第一，企业比政府部门更了解自身的污染减排行动，所以降低了监督成本；第二，协商协议关于监督和报道的要求没有传统指令式管理方法那么复杂，所以也就节约了监督和报道成本。

对于像美国的 XL 项目等作为现行监管政策补充的协商协议，其最大的目标是：降低监管负担。英特尔参与 XL 项目的最大动机是：降低其服从大气许可证制度的成本。对于荷兰的环境协约而言，情况也是大同小异。吸引企业参与协商协议的最大优势是：服从协议目标的同时可以用更简单的许可证制度取代现行制度。另外，英特尔公司的案例也表明：虽然协商协议可以节约一些监管成本，但参与方之间达成一致观点可能会增加额外的行政成本。美国国家环保局允许至少 50 家企业参与 XL 项目，表明美国国家环保局并不担心该项目中参与企业的数量。自 1996 年以来仅执行了 7 项协商协议，这表明：通过缔结协商协议仅能在很小的程度上降低企业的监管负担。

专题 2.15　英特尔公司参与 XL 项目的监管成本和服从成本（Mazurek，1998a）

XL 项目是以个案监管为基础而进行的尝试。其项目目标是通过美国国家环保局和被监管企业之间的磋商而制定的，另外目标的制定还需要征得其他利益相关者同意。

英特尔公司通过参与 XL 项目获得了为期 5 年的可自由更换化工设备的特殊的大气许可证，这样该企业避免了依据许可证制度而导致的高昂的监管成本和服从成本。

整个 XL 项目仅制定相关规定就历时 9 个月（包括制定可强制执行的大气许可证），先后举办了 100 余次官方会议和数十次非正式会议才最终确定。美国国家环保局要求：英特尔公司必须组织来自 10 个不同政府部门的 23 名代表和 10 名当地社区代表共同磋商 XL 项目的协议。另外，每项协议至少需要 5 个员工努力工作 40～60 个工作日才能成形。

除了政府参与部门之外，至少有 4 个外地环保组织也指出 XL 项目缔结的协议中关于大气许可证的具体技术目标存在一些明显争议。

地方参与企业同意通过减免大气许可证制度的要求制定一系列具有约束力的自愿环境承诺，而且地方社区也对该计划表示支持。但 130 家外地环保组织和个人却提交了反对该计划的申请。前面已经表明因 XL 项目未邀请其参加为期 6 个月的官方磋商过程而否决了该计划。美国国家环保局未邀请国家级环保组织参与官方磋商的解释是：磋商过程只邀请受磋商结果直接影响的组织和部门参与。

所有证据都证实企业参与XL项目的主要动机是：通过降低修改许可证制度的频率来降低企业的服从成本。但项目的磋商过程既麻烦又明显提高了协商成本和行政成本。

综上所述，关于协商协议可以节约监管成本和服从成本很难得出一致结论。虽然自愿式协议可以降低执行和监管成本，但却又出现了其他成本（如在协议的磋商和执行阶段为在企业和监管部门之间、企业之间甚至企业与第三方之间达成一致观点而带来的交易谈判等费用）。

2.2.4 对公平竞争的影响

协商协议被怀疑促进了参与企业之间的串通，并且也可能因此导致竞争扭曲。产生这一怀疑的原因是：行业的协商协议创造了企业可以一致抵制反竞争规则的机会。根据Scherp（1996）的观点，这可能导致下列问题：

（1）拒绝某些企业（如外企）或第三方进入市场如DSD（德国一个垄断组织，主要负责实现协商协议中关于回收包装废物的目标）受到卡特尔德国办事处和欧洲委员会的持续监督。这一怀疑源于DSD垄断对可回收材料的要求及对限制收集和恢复等服务的竞争。DSD最近承诺将通过制定一系列制度来限制对市场竞争的潜在不利影响（EC Communication 97/C 100/04）。

（2）集体制定价格，即通过协议制定全行业的统一收费标准。关于这方面，VOTOB的案例值得注意。VOTOB是由荷兰6家提供散装液体储罐企业组成的协会。VOTOB在1989年参与了荷兰政府的一项协商协议，并接受了协议中要求企业显著降低可挥发性有机污染物（VOCs）排放的目标。为了筹集企业采取减排行动所需要的资金，该协会未经过欧盟委员会批准私自决定要消费者支付环境费，而且还制定了统一的收费标准。最终该标准被欧洲委员会废除了（Gyselen，1996）。

（3）逐步取代某一产品。当市场中关于某一特殊产品的竞争逐渐消失时，也会逐步发展成一大难题。

总之，缔结协商协议肯定存在企业之间相互串通的风险，但迄今并没有判断企业之间串通程度的依据。根据Dekeyser（1998）的观点，近年来负责处理竞争问题的欧洲委员会所调查的协商协议的数量正在逐年递增，1997年大约调查了20例。由于协商协议是最近才开始应用的政策手段，所以其能处理的问题也十分有限，这阻碍了对其解决问题能力进行评价。

由于国内企业很可能通过牺牲国外企业的利益而相互串通，所以其对国际竞争也存在潜在的不利影响。但因为缺乏证据，不能进行深入分析。

2.2.5 动态效益—创新

虽然缺乏证据证实，但还是可以认定协商协议不可能促进企业积极地进行创新。主要原因是：协议很少制定强制性的技术目标，即协议目标并没有迫使企业必须创新（Ashford，1997）。但协商协议可能导致参与企业通过发展创新技术而尝试制定强制要求。另外，协商协议也可以促进创新工艺传播，这就是下面将分析的柔性效益。

2.2.6 柔性效益—信息传播

柔性效益是指由于行业环境意识提高或信息传播而导致的企业行为变化。虽然这种效益很难量化，但成效显著。提高行业的环境意识是大多数协商协议的主要目标之一。

协商协议创造了企业之间交流污染减排技术等信息的平台，并因此促进企业进行集体学习。如法国 ELVs 协议针对不同的拆解技术建立了不同的工作组（Aggeri & Hatchuel，1997），合作向导计划由一些汽车制造厂和废料厂负责实施。这表明协商协议可以在很大程度上促进创新成果的传播。

2.2.7 可行性

协商协议与政治和社会接受度密切相关，这主要是由以下 3 个因素引起的：

（1）协商协议是行业普遍接受的解决方案，这导致公众认为协商协议的环境承诺仅是“表面的”。

（2）协商协议与传统指令式管理方法相比，其参与方除了行业之外，并没有其他利益相关者或政府立法机关。

（3）协商协议由于目标不明确和监督不力等导致其对公众等缺乏透明度。

关于社会各界对协商协议的接受程度，只能说由于其对公众缺乏透明度而受到了明确的威胁。为了解决这一问题，一些协议已经制定了相应的保障条款。如 XL 项目承诺：制定协议需要征得利益相关者的同意。但英特尔公司参与 XL 项目的案例表明：如果项目中有环保组织或地方协会等参与，将显著提高项目的行政成本。日本地方级污染控制协议中，虽然市民参与少，但市民参与呈逐渐增长的趋势（见表 2-14）。1990 年企业和公民组织之间已经缔结了 339 项协议，但应该在总计 30 000 多项协商协议的背景下看待这一结果。

表 2-14　日本公民参与的污染控制协议

协议类型	1982 年	1985 年	1988 年	1990 年
地方政府和企业之间缔结的协议				
公民作为参与方的协议	13	43	51	80
企业作为第三方的协议	47	40	87	110
公民独立与行业签订的协议	222	205	214	339

来源：环保部门，Imura，1998 年。

制度限制也会阻碍协商协议的应用。因为国会没有赋予环保部门依据现行法律和规定为企业提供补贴的权力，故美国的 XL 和 CSI 项目也受到了阻碍。另外，这些协商协议的合法性也不确定。在欧洲，这种立法机关和行政部门之间的体制性摩擦并不常见，因为欧洲的议会与美国相比更少实际参与环境法律的设计。荷兰国会对新协议持有的一票否决权值得关注，虽然迄今为止国会还没有利用过该权利。另一个难题是：反垄断法也会限制行业协商协议的发展。

2.2.8 初步结论

2.2.8.1 关于协商协议效益的特征总结

研究上述用于评价协商协议效益的证据发现协商协议具有以下不足和优点。

（1）不足：协商协议的大部分环境效益都未得到证实。该结论是依据有限的经验证据，虽然也得到分析论据的支撑，但经验证据不足的事实不能忽视。另外，还专门列出了限制协商协议环境效益的主要问题清单。第一，目标是否宏伟、证据证实行业在目标制定过程中处于主导地位、企业的“滥竽充数”行为和监管威胁不确定性等；第二，在协商协议的执行阶段，因为其制定的目标不具有法律约束力、监督不力和缺乏透明度等导致其效益不佳。但一些协议已经制定了能有效地克服上述不足的保障条款。随后将对这点继续深入讨论。

造成协商协议其他不足的原因是其对公众缺乏透明度。另外，行业协商协议中潜在的竞争扭曲也值得关注。

（2）优点：证实了协商协议具有良好的经济效益。但值得注意的是：在行业协商协议中，参与企业出于对公平性的考虑而采取的负担平摊原则牺牲了经济效益。另外，协商协议并不依靠价格机制引导企业减排，因此远不如经济手段有效。但协商协议很容易产生像集体学习、传播信息和达成共识等积极的柔性效益，甚至可以认为追求“柔性效益”是许多协商协议的核心目标。

最后，关于协商协议可以降低监管负担的论点，既没有得到经验证据的证实也没有得到论据分析的支撑。协商协议与其他政策手段相比的主要特征是：将监管任务转移给了行业（企业或行业协会）。这样就通过更灵活的、要求更低的报道和监督制度降低了企业的监管和服从成本。但协商协议也会产生其他成本，如为达成一致意见而增加的交易和谈判成本等。总之，协商协议的监管效益值得进一步研究，并最终需要依据个案研究回答其是否能产生监管效益。

2.2.8.2 应用保障条款

通过利用可以克服协商协议不足的保证条款，能进一步完善上述总结。关于保障条款，不同 OECD 国家采用下述不同机制：

（1）要求第三方参与协议目标的制定过程（美国 XL 项目和日本协议），甚至由政府部门负责制定协议目标，而不与行业磋商（荷兰协商协议和欧洲其他的过程导向的协商协议，协议目标是由政府部门负责制定的）。所有的利益相关者共同参与自愿式协议的目标制定过程是决定其效益的关键因素。

（2）由独立的部门负责监督和报道（如德国二氧化碳项目由 RWI 负责监督）。

（3）处罚违约企业的可信制度。荷兰协商协议和美国 XL 项目都可以通过许可证制度强制执行；法国和德国关于包装废物回收的协议以法令为依据，特别是当协商协议失败时，法令将自动生效的规则。

（4）制定针对自愿式协议设计过程的指南，尤其是关于报道制度和监督制度的要求。

（5）国会对协商协议持有一票否决权（如荷兰）。

但保障条款也并非万全之策，制定保障条款也会带来许多困难。在协商协议中增加保障条款等内容需要经过行业同意，而行业却并不情愿接受这些保障条款。欧盟已有 4 个国家在尽力制定协商协议的正式框架（见表 2-15）。但由于企业拒绝，上述这两种尝试都失败了。这表明协商协议从本质上讲就是灵活又简单的解决方案。任何制定保证条款的尝试都增加了其复杂性，而且这样也会最终导致其与传统立法等解决方案更相似。另外，如果协商协议中的确增加了保障条款等内容，那么其对企业的吸引力也将越来越小。

表 2-15 协商协议有正式框架的欧盟成员国（COWI，1997）

领域	比利时	丹麦	荷兰	葡萄牙
名称	关于环境协约的弗兰芒法令	丹麦环境保护法的第 10 条（1991）	国家环保政策的目标组计划（1990 年，1993 年修订）	行业自愿式协议的草案结论（1995）
目标	制定自愿式协议的法律框架	确立处罚滥竽充数者的法律依据	将自愿式协议作为执行环境政策的主要手段	目标是迫使行业服从现行的环境法律
限制	自愿式协议的规定和条件，尤其是关于透明度、监督、报道的规定及处罚违约企业等	签署的行业必须代表市场中的大部分行业，即使有些行业没有签署协议，但也应该服从协议的规定	自愿式协议只有在大量法律无效的情况下才能应用。“行为守则”提供了采用自愿式协议程序和内容指南	要求未签署的企业服从环境监管，与签署行业的授权推迟和经济支持等不同
依据该框架缔结的协约	3	1	42	8
签署行业	任何行业协会（行业、地理区域、常见问题）	仅行业协会，约束力可延伸到未参与行业的企业	任何行业或行业协会	任何行业或行业协会
承诺	由于法律而导致的沉重的官僚要求，企业选择不加入自愿式协议。对违约企业的处罚太苛刻	行业不喜欢针对滥竽充数的规定。实际上，只有包括强制性规定（即传统监管）的协商协议才能强制执行	自愿协议式管理方法的成功或失败都导致政府和行业制定关于自愿式协议内容和过程的标准	大部分行业并不服从环境监管，这需要资金成本，如果能获得经济支持，该自愿协议就有效

2.2.8.3 在政策组合中应用协商协议

为协商协议提供保障的途径之一是：与其他手段联合应用，这种采用政策组合的决定似乎会影响其各自效益。在日本、荷兰和美国的案例中这种情况尤为常见。

例如，荷兰广泛应用的协商协议就与以下两项政策密切相关：

（1）荷兰国家环保计划中制定的定量的环境目标；

（2）由省级机关管辖并可强制执行协议承诺的许可证制度。

如前所述，这些政策提供了应对协约潜在不足的保证条款，同时也增加了监管制度的灵活性，减少了一揽子政策的监管负担。协商协议也正因为这点，才可以作为其他不完美政策手段的补充。另外，协商协议也可能与传统指令式管理方法进行其他组合。例如，美国 XL 项目中的现行监管制度就是制定 XL 项目承诺的基准。欧洲依据国家指令、国家法律等制定目标的协议就属于这种情况。

协商协议与经济手段很少组合应用。文献调研发现：法国和德国促进包装废物回收的协商协议是唯一一个协商协议与经济手段相结合的案例。该废物收集和回收项目（即 DSD 或生态标杆项目）由包装行业协会负责组织，而且通过收费、补贴等制度筹集项目资金。回收企业需要为投放到市场的每单位包装物付费，这笔费用将会用于补贴建立独立的收集体系。但值得注意的是，这笔资金由包装行业协会负责征收和管理。在荷兰政府与化工行业的协商协议中，VNCI 行业协会为了实现协约中 NO_x 的减排目标，同样也在考察建立可交易许可证制度的可行性。另外，应对气候变化的协议也越来越需要与其他政策组合应用。在后京都议定书的背景下，许多国家都期望能够通过利用协商协议与国际交易许可证制度相结合的方法处理温室气体的减排问题。

2.3 评价公共自愿项目

2.3.1 经济效益

美国有一些关于公共自愿项目的经验证据。更准确地说是，公共自愿项目的证据主要是针对某一种或某一类污染物的协议，如在 1993 年应对气候变化行动计划下发起的项目和处理有毒污染物排放的 33/50 项目。

关于包含多个环境问题的多目标项目并没有可用资料，这导致评价公共自愿项目的效益毫无价值，如欧洲 EMAS 项目制定了一系列环境监管标准。评价这些项目的综合效益受到了方法论难题的阻碍：区分项目的特殊作用和其他一般作用的必要性，尤其是区分其相较于传统监管制度的作用。

关于应对气候变化协议的环境效益引起了激烈争论。2000 年美国国家环保局在针对协议的减排效益进行了综合的事前评估，估计了常规发展轨迹下的净排放量，并据此制定了公共自愿项目的环境目标。但 1997 年再审核却明显降低了该公共自愿项目的环境目标，而这导致该项目毫无价值（见表 2-16）。美国国家环保局把 1997 年降低公共自愿项目目标的原因归结为：燃料价格比预期更低、经济的急剧增长、政府财政对公共自愿项目的预算降低了 40%等。

表 2-16 环保部门减少温室气体排放的行动

	1993 年行动计划评价[a]	1997 年行动计划评价[a]
绿灯+能源之星建筑	3.6	3.4
能源之星产品	5.0	4.3
能源之星变压器	0.8	0.5
天然气明星	3.0	3.4
填埋场甲烷推广	1.1	1.9
煤层气甲烷推广	2.2	2.6
HFC-23 减排	5.0	5.0
银星	1.5	0.3
反刍家禽计划	1.8	1.0
环境管理计划	新	6.5
气候明智	未制定	1.8
国家和地方的外展计划	未制定	1.9
控制季节性气体 N_2O	2.8	0
废物最小化	4.2	2.1
铝行业的自愿伙伴关系	1.8	2.2

a 等价于百万吨碳，MMTCE 2000。
来源：美国国务院，1997 年。

另外，审计局也批评美国国家环保局过高估计了公共自愿项目的效益（GAO，1997）。GAO 通过调查 4 个公共自愿项目发现：迄今，只有煤甲烷推广计划经历相似过程，其也在 1997 年降低了项目目标。

GAO 的报告批评了美国国家环保局对绿灯项目的评价，而且也不认同“绿灯项目负责决定 1/4 参与企业所采用工艺”的论点，原因是：既有证据表明绿灯项目产生的大部分环境效益是在该项目顺利实施之前，在环保部门负责绿灯项目时就已经产生的。另外，GAO 发现绿灯项目的 2 308 家参与企业中除 593 家之外，其他企业都最先采用了节能照明，因为这些企业都是出售、制造或安装照明设备的企业。

与此相反，Morgenstern 和 Al Jurf 对节能照明推广进行的一般评价表明：绿灯项目等旨在促进信息传播的项目也产生了显著的环境效益。

目前仅获得了关于 33/50 项目这一非能源项目的证据。33/50 项目的目标是到 1993 年将有毒物质的排放量减少 33%，到 1995 年减少 50%，这是美国国家环保局发起的所有项目中的重大成功。根据美国国家环保局的报告：过渡目标和终极目标都提前一年完成。该项目与其他自愿式协议不同，其经历了专题 2.16 中罗列的许多有趣评价。评价结果表明：项目总体有效，即该协议实现的有毒物质减排量高于其常规发展轨迹。

专题 2.16　评价 33/50 项目的环境效益（Mazurek，1998a）

评价 33/50 项目的依据是以下比较：① 参与企业与未参与企业的效益；② 33/50 项目中的化学物质的减排与其他化学物质的减排等。评价结果表明：33/50 项目实现的总有毒物质减排量高于常规发展轨迹（见表 2-17 和表 2-18）。

表 2-17　参与企业与未参与企业实现的排放量和转移量

年份	33/50 项目参与者	未参与者
1991—1994	−49%	−30%

来源：美国国家环保局（1996b）。

表 2-18　33/50 项目化学物质和非项目化学物质的减排率

年份	33/50 项目参与企业	未参与企业
1991—1994	−1%	9%

来源：美国国家环保局（1996b）。

然而，美国国家环保局的评价遭受批评是由于如下的原因：

第一，总审计局认为基准年定为 1988 年并不合适，因为在 1988—1991 年（即 33/50 项目开始之前）就已实现了有毒物质的大量减排。表 2-19 表明了选取基准年的不同对 33/50 项目结果的影响。

表 2-19　基准年的选择对 33/50 项目结果的影响

减少目标/年	1994 年结果（1998 年为基准年）	1994 年结果（1991 年为基准年）
33%到 1992 年	40%	12%
50%到 1995 年	51%	28%

来源：Davies 等改编（1996）。

第二，参与企业与未参与企业之间的效益差异也可能是由企业自我选择的偏差而造成的：企业选择参与该项目是因为其认为自身的常规发展轨迹足以实现项目目标，而未参与企业则认为其不能。另外，考虑到企业的自我选择偏差，最近一项经济研究表明：33/50 项目实现的减排量与 1991—1993 年相比下降了 28%（Khanna，Damon，1998）。

第三，Arora 和 Cason 也研究了所有参与 33/50 项目的企业所提交的文件。研究发现：有毒物质排放量大（不管该化学物质是否为 33/50 项目的目标污染物）的企业和更接近终端市场的企业更倾向参与该项目（见表 2-20）。这表明企业参与该项目的主要动机是：提高企业的公众认知度。

表 2-20 可能参与 33/50 项目企业的特征

企业介绍	参与项目的可能性
高的顾客接触	20%
高 R&D 强度	12%
大量员工	44%
非 33/50 项目化学物质高排放	99%
33/50 项目化学物质高排放	22%

来源：Arora 和 Cason（1995）。

忽视美国国家环保局的评价所遭受的批评，评价结果也表明：应对气候变化项目和 33/50 项目都是总体有效的。如果硬说这些项目产生了环境效益，那么环境效益显著吗？需要正确看待美国国家环保局的减排成果，因为虽然环保部门声称气候变化项目减少了 2 470 万 kg 的二氧化碳排放量，而这也仅是年度总排放量（13.5×10^6 kg）的 1.9%。依据这些数字很难判断该项目的环境效益。另外，也可以采用分析论证的方法判断这些公共自愿项目的环境效益。但通过分析论证发现这些项目所产生的环境效益非常有限，因为项目的自愿性本质意味着企业只关注行业中的部分污染减排。另外，环保部门也仅把投资“无遗憾”行动看做是企业的奋斗目标，而认为其与环保部门自身无关。改编自 Worrell 的图 2-9 阐明了这个观点。

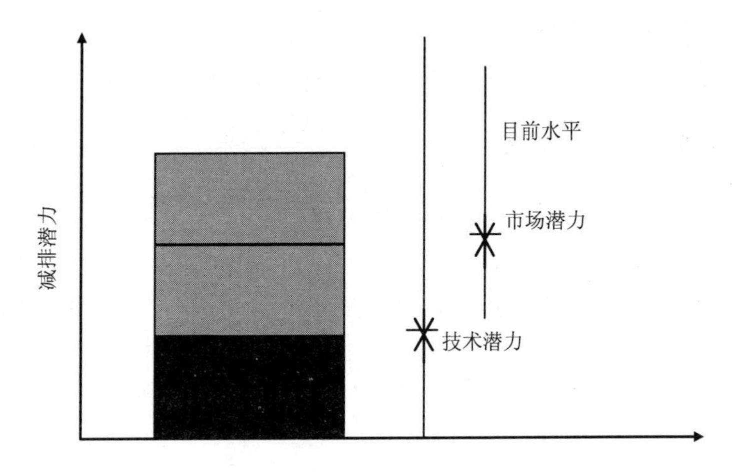

图 2-9　不同手段的减排潜力（Worrell，1994）

技术潜力是在调查阶段发现企业为实现减排目标可自由选择的最技术有效的组合方案。市场潜力反映在优势市场环境中对企业有利或至少无害的污染减排努力。市场的目前水平和市场潜力之间的差距就代表着公共自愿项目的潜力，而这些信息主要通过企业之间的交流渠道才能获得。

2.3.2 经济效益

关于公共自愿项目的效益缺乏经验证据，导致只能依据分析论证对其进行评价。从公共自愿项目的本质来看，其效益应该相当不错，原因是公共自愿项目的目标是政府部门事先制定的，在目标制定之后才邀请符合具体标准的企业自由选择是否参与。公共自愿项目与传统监管制度相比具有经济效益，因为企业选择参与的必然是成本更低的项目。换言之，企业自愿参与促进了企业自由选择成本最低的解决方案这一过程的出现，从经济角度出发这是公共自愿项目最显著的优势。

另外，通常公共自愿项目对企业的制度要求也很灵活，即企业可以自由选择最经济有效的减排方法。如 33/50 项目仅制定了 17 种有毒物质的减排总目标，并没有制定每家企业需要承担具体的减排目标，而是让企业依据自身情况确定最适宜的减排量。绿灯项目的目标之一是：帮助企业划定适宜采用节能照明且有经济效益或至少与常规照明成本相当的区域，作为回报参与企业必须至少将被划定区域中至少 90%的常规照明换成节能照明。1994 年美国能源部发起的应对气候变化的项目也要求行业作出承诺，而行业同样也可以自由确定减排量。

最后，通过向企业传播关于污染减排的技术信息也可以提高项目的经济效益。因为这些信息可以帮助企业选择和实施最经济有效的减排方案。

2.3.3 监管成本和服从成本

一方面，由于公共自愿项目的监管成本低，所以其与传统的监管制度相比成本也低。公共自愿项目监督企业的依据是企业的自我报告（Davies 等，1996；Kappas，1997）。由于公共自愿项目中缔结的协议并不具有法律约束力，所以不能强制企业执行。另一方面，公共自愿项目的主要特征是为企业提供技术支持和信息支持等，但这会显著增加政府在项目中的开支，例如绿灯项目的监管成本达 2 000 万美元/a（见表 2-21）。

表 2-21 CCAP 项目的参与企业、资金及其他细节

名称	绿灯	源头减量和回收	煤层气推广	国家和地方推广
目标气体	二氧化碳	二氧化碳和甲烷	甲烷	多种
参与者类型	企业和政府	企业和地方政府	煤炭公司	国家、州和地方政府
参与者数量	2 308	513	13	29 个州、波多黎各、42 个城市
1996 年资金*	20.1	2.9	1.7	5.3
通过 1995 年 MMTCE 减少的温室气体**	0.6	0.9～2.4	2.7	0.8
通过 2000 年 MMTCE 减少的温室气体**	3.9	4.1～8.9	6.1	1.7

注：* 百万美元 **等价于百万吨碳。

来源：美国总审计局，1997。

2.3.4 柔性效益

公共自愿项目可以产生非常显著的柔性效益。虽然量化柔性效益是个大难题，但却不能因此就低估柔性效益与其他效益之间的关系。公共自愿项目可能会产生不同的柔性效益。首先，公共自愿项目一般包括技术支持、决策支持工具、最佳实践指南、评价工具和培训会议等，通过这些可以提高参与企业的专业知识水平。除此之外，公共自愿项目通过使用某标签或推广技术支持等发挥其指示功能（如美国的能源之星项目和生态标杆项目）。通过这些举措提高了公众对企业为绿色商业政策所付出努力的认可。而反过来，这种声誉收益也将促进企业在今后长期致

力于发展环境友好产品等。

2.3.5 可行性

为了提高社会对协商协议和公共自愿项目的接受程度，处理好透明度问题至关重要。然而，提高透明度的各种努力都没有取得成功。如环保部门在 33/50 项目曾尝试通过增加额外检查和控制来加强监督，但最终由于参与该项目的企业不接受而失败了（Davies 等，1996）。支持该观点的另一案例是比较 ISO 14000 与欧洲 EMAS 项目，虽然这两个公共自愿项目都制定了环境监管标准，但不同的是：EMAS 要求项目的环保声明必须公开。除此之外，EMAS 项目的企业参与要求由通过官方正式认可的“环保审核机构”负责。

2.3.6 其他标准

由于证据缺乏而被迫考虑采用其他标准进行评价。首先，值得注意的是：公共自愿项目与行业协商协议不同，该类项目的目标并不是通过与参与行业的磋商而制定的。因此不可能导致企业之间串通，也不可能对竞争产生不利影响。证明协商协议能产生创新效益的论据同样也可以用于评价公共自愿项目。另外，公共自愿项目对企业污染减排的要求并不苛刻，所以企业仅依靠目前的技术就可以严格恪守协议承诺和实现减排目标。公共自愿项目的最终结果是：虽然其推广创新成果和最佳可行技术的效果非常显著，但却并没有促进企业尽力创新。

2.3.7 初步结论

2.3.7.1 关于公共自愿项目效益的特征总结

评价公共自愿项目的证据虽然与评价协商协议的不同，但却有相似的特征总结。

关于公共自愿项目环境效益的有限证据证实：公共自愿项目能产生积极的环境效益，但却很有限。得出这一结论的主要原因是：其缺乏监管威胁，即缺乏能促进企业尽力减排和超过现行监管制度要求的机制。企业参与公共自愿项目的主要动机是：通过参与“无遗憾”的减排污染物行动改善企业的公众形象。而企业的这种动机通常不能促使其显著地改善环境，原因是污染减排行动一般都成本高昂。由于这个原因，公共自愿项目产生的环境效益可能低于协商协议。从成本效益的角度出发，公共自愿项目比传统指令式管理方法更经济有效，主要原因是企业可以自由制定“无遗憾”行动目标和灵活选择实现目标的途径。至于监管成本，由监督制度和执行制度的要求低而节省的成本与向参与企业提供技术支持和其他信息支持而增加的成本几乎抵消了。另外，公共自愿项目因其能在行业内推广减排技术，而被认为其具有发挥柔性效益的巨大潜能。

2.3.7.2 在政策组合中应用公共自愿项目

公共自愿项目与协商协议一样也可以与其他政策手段组合应用。然而，这种组合并不多见。以下两个原因促成美国发起了 33/50 项目这一特殊案例：① 如果企业排放有毒物就需向公开的有毒物质排放清单汇报；② 修订了清洁空气法案的第Ⅲ章，即大气污染物排放的标准（NESHAP）。大气污染物排放的标准中包括 189 种有毒化学物质的排放标准（包括 33/50 项目针对的化学物质），而且到 2000 年还将修订为更严格的技术标准。这使企业清晰地认识到今后将面临的环境监管制度的可信（Khanna & Damon，1998）。但在美国这种可信的监管威胁并不常见，原因是美国的环保部门没有执行监管的权力。

另一有趣的案例是丹麦关于温室气体减排的项目。该项目与 1996 年针对企业制定的二氧化碳税收制度密切相关。参与企业通过获得大量二氧化碳退税而获益（大约 30%）。该项目的一揽子计划由规避公共自愿项目缺点的保障条款和由税收制度做保障的宏伟的二氧化碳减排目标两部分组成。除此之外，该项目的另一个目标是减轻能源集中行业的经济负担。

2.4 评价单边协议

缺乏经验证据导致评价这类自愿式协议尤为困难。

随着责任关怀项目等单边协议的广泛应用（Mazurek，1998b；UIC，1995），行业也逐渐发布了有关单边协议对改善环境的许多资料。但据我们所知，目前并没有将单边协议的效益与常规发展轨迹或平行的强制监管制度相分离的研究。研究发现：由于单边协议的目标由行业负责制定，故其产生的环境效益非常有限。另外，协议的目标一般都是定性且不明确的。但证据也表明：由于缔结单边协议的企业一般都是异质的，所以很难得出一般结论。关于这点的最佳案例是法国和加拿大通过责任关怀项目期望得到不同的环境效益。由专家组成的独立咨询组建议的 6 项行为准则，在加拿大是强制执行的，而在法国却只是建议执行。另外，法国监督责任关怀项目的依据是企业的自我报告，而加拿大监督每家企业则是通过由 4 人小组进行，其中 2 人来自该行业（但与被监督企业无关），另外 2 人不属于该行业（其中 1 人来自当地社区）。国际化学理事会每年出版关于责任关怀项的年度执行报告。

关于单边协议的核心目标——产生“柔性效益”，存在很多证据。实际上，单边协议产生的柔性效益是：期待公众改变对行业的态度。美国针对责任关怀项目的民意调查表明：公众对化工行业的态度并没有得到积极的改观，相反却在持续恶化（见表 2-22）。但从行业调查表明，化工行业支持率有所提高（见图 2-10）。

表 2-22　公众对十个行业的支持率，1990—1995 年

行业	1990 年	1991 年	1992 年	1993 年	1994 年	1995 年
计算机		78	78	79	83	82
食品		73	72	73	57	69
纸浆和造纸		61	57	60	44	52
航空公司		68	62	62	44	52
手机		59	51	42	42	50
制药		58	51	42	42	50
石油		36	39	41	35	44
核		33	35	38	25	26
化工	28	27	25	26	20	21
烟草		15	12	14	12	11

来源：NFO 调查，1989—1993 年. 对化工行业协会、阿灵顿、弗吉尼亚的国家民意调查：CMA。市场指导：1994—1995 年。态度和感知研究.阿灵顿、弗吉尼亚：CMA 在 Kappas，1997 年。

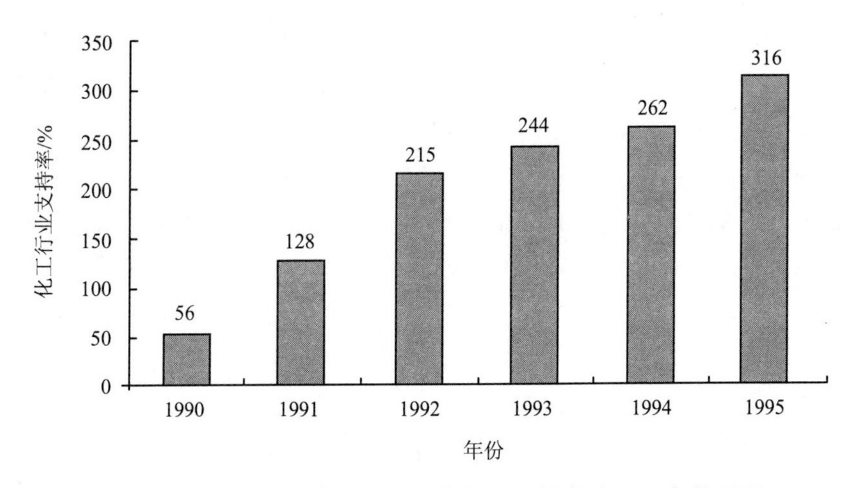

图 2-10　化工行业支持率从 1990 年的 44%提高到 1995 年的 80%

然而，美国化工行业缔结协议主要针对的是：在化工厂附近居住的当地居民。关于这点，通过成立社区咨询小组（CAAPs），建立了能促进企业管理者与当地社区进行正式交流的渠道。关于建立这类交流渠道的传播值得关注，截至1995年已经成立315个类似的咨询小组。通常认为美国责任关怀项目的最大成就是在交流渠道方面所取得的创新。

单边协议产生的最重要的柔性效益是：通过国际单边协议在全球范围内广泛推广最佳可行性技术。如国际金属和环境理事会（ICME）是一批先进的西部矿业公司，其已经制定了开采行业的环境宪章，而且正在与环保部门合编和推广最佳环境实践指南。

但最终由于考虑到可行性，导致化工行业的单边协议受到了阻碍。化工行业的公众形象很糟，而该行业内的协议都是集体的单边协议，这导致其对竞争的潜在不利影响正在接受严格调查。根据 Mazurek（1998）的调查，这种假设也对美国责任关怀项目的设计造成了不利影响。反垄断法限制了行业协会能够采用的执行机制，结果化工行业最多也只能采取游说的方法。化工行业也代表成员企业制定了将歧视降至最低的行为准则。如果不存在上述限制，那么化工行业制定的准则就可以不那么宏伟，也就可以更透明。另外，也可以像加拿大政府的案例那样，通过起草项目计划指南提高单边协议的透明度和可信性（1998）。

2.5 关于自愿式协议效益研究的空白领域

近些年来，研究和调查了OECD国家的一些自愿式协议个案，通过研究清晰地了解了自愿式协议在这些国家的应用情况。但需要记住的是由于关于自愿式协议经济分析的经验和理论仍不完善，故关于其效益的研究十分有限。从这点出发，有两个研究空白值得注意：第一，关于柔性效益需进行进一步研究。虽然自愿式协议相对于指令式管理方法和市场手段有着很大优势，但关于柔性效益的理论仍需进一步完善。另外，为了抓住产生柔性效应的本质原因，也需要进行经验和理论研究。第二，很有必要研究市场手段与自愿式协议这一政策组合应用的效益。这些分析对正在研究的应对气候变化的政策等尤为重要。其他协议是在后京都议定书的背景下，许多OECD国家将自愿式协议作为降低能源集中行业二氧化碳排放的第一步，而且今后也可能通过将自愿式协议与交易许可证制度或税收制度组合应用来建立国际的二氧化碳排放权交易。

需要特别强调的是：关于自愿式协议的监管效益缺乏评价。这是个亟待解决的问题，因为监管效益对监管层决定是否采用自愿协议式管理方法有决定性影响。关于这方面最重要的问题是：比较自愿协议式管理方法与市场手段和法规手段的监管效益，但需要明白的是关于其他手段监管效益的了解几乎为零。为了将监管成本和行政成本融入对环境政策的评价中，也需要对监管现象的本质进行深入研究。

关于单边协议也缺乏相关的经验评价，所以关于其环境效益很难得出一般性结论。针对协商协议和公共自愿项目，仍需要通过大量研究来全面了解其优缺点。关于自愿式协议是由实践者创造的这一事实需要再次强调，因为这导致其效益缺乏的理论分析。另外，由于自愿式协议是最近才采用的新方法，故也没有展开相关的经验调查。然而，关于自愿式协议的研究日新月异，希望在不久的将来可以获得其他新见解，尤其是在自愿式协议与其他政策组合应用所产生的经济效益与环境效益等领域。

第 3 章　结论和建议

3.1 经验总结

本文依据经济分析和经验实例主要回答了本篇最初提出的两个问题：

（1）自愿式协议在 OECD 国家应用情况如何？

（2）自愿协议式管理方法能产生什么效益和适用条件是什么？

3.1.1 自愿协议式管理方法在 OECD 国家的应用情况如何

虽然每个 OECD 国家都同时应用上述三类自愿式协议，但每个国家都有其独特的应用模式。这表明自愿式协议与政治制度和经济背景等密切相关。

日本应用最广泛的是地方级协商协议，如市政府与单独企业缔结的协议。日本广泛应用协商协议的原因是：地方级协商协议弥补了国家制度要求和地方实际需求之间的空白，而且在日本制定协商协议不需要经过当地立法机关的许可。正是由于其制度障碍更少，所以才更被企业青睐和接受。另外，日本的协商协议通过政府为新设备和扩大生产发放或收回许可证等方法执行。

如果忽略欧盟成员国之间的政治体制差异，就能得出应用自愿式协议的一般代表模式。该模式是大多数欧盟成员国所采用的政府与行业协会缔结的国家级协商协议。而且协商协议已逐步发展成为提高环境政策效率等制度改革的一部分。另外，如果通过执行协商协议最终没有实现协议目标，那么就将通过引进新法律来强制执行。

美国应用最广泛的是公共自愿项目。该类项目中缔结的协议是在环保部门和单独企业之间签订，但协议中并不包含任何强制执行的规定。企业参与该类项目的最主要动机是：提高企业的公众形象。所以，美国公共自愿项目的主要目标就是逐步提升环境改善的效果。另外，虽然单边协议在美国受到了反垄断法的阻碍，但也取得了长足发展。

在加拿大协商协议占主导地位，同时也存在大量的单边协议。

3.1.2 自愿式协议能产生什么效益和适合应用条件是什么

过去几年里，关于自愿协议式管理方法对环境政策效益的潜在贡献在企业家、决策者、学者和环保利益组织之间展开了日益激烈的争论。但迄今仅获得了一些关于协商协议和公共自愿项目效益的证据。

3.1.2.1 协商协议

通过分析一些经验实例发现协商协议的最大不足是：协商协议所产生的环境效益有限。其存在的主要问题如下：第一，关于宏伟的目标：案例证实行业在目标制定过程中处于主导地位，导致企业存在“滥竽充数”的机会和制度威胁不确定等缺陷；第二，在执行协商协议的阶段，由于协议不具有法律约束力、监督不力和缺乏透明度等导致其执行不力。值得注意的是，已经有一些协议制定了能有效地克服上述不足的保障条款。

协商协议的其他不足与其在公众中缺乏可信度有关。另外，行业协商协议中潜在的竞争扭曲也值得关注。

协商协议具有良好的经济效益的优势已经得到了证实。但行业协商协议中为了追求企业之间的公平而采用的负担分摊原则，会牺牲项目的经济效益故毫无价值。另外，政府部门也并不依靠价格机制引导企业减排，因此行业协商协议远不如经济手段有效。最后，协商协议很容易产生像集体学习、传播信息和达成共识等柔性效益。甚至也可以说产生“柔性效益”是很多协商协议的主要目标和主要优势。

最后，关于协商协议可以降低监管负担的观点既没有在实践中得到证实，也没有得到分析论据的支撑。协商协议与其他政策手段相比的主要特点是：其将监管任务转移给了行业。这样，行业就能通过更灵活的、要求更低的汇报和监督制度降低监管和服从成本。但同时也产生了为达成共识而带来的行政和磋商成本等其他类型的成本。总之，协商协议能否降低监管成本仍需进一步研究，但迄今却仅能依据个案研究来回答这个问题。

3.1.2.2 公共自愿项目

公共自愿项目与协商协议虽然有一些不同，但却有相似的特征。

依据公共自愿项目的有限证据，证实其的确可以产生环境效益，但效益比较有限。导致环境效益比较有限的主要原因是：缺乏制度约束，即企业缺乏自愿减排并超过现行法律要求的动机。企业参与该类项目的主要动机是：通过参与“无遗憾”污染减排行动提高企业的公众形象。因为污染减排行动成本高，而这种动机并不足以促进企业极大地改善环境。所以，公共自愿项目可能比协商协议的环境效益更差。从成本效益的角度出发，公共自愿项目比传统指令式管理方法的效益更高，原因是：参与“无遗憾”行动的企业能灵活地制定目标和自由地选择实现目标的手段。关于公共自愿项目的监管成本，监督和执行所节省的成本与项目需要为参与企业提供技术支持和信息支持的新增成本基本相互抵消了。因此，公共自愿项目的最大优势是：因其能在行业内促进污染减排技术的推广而产生极大柔性效益的潜力。

3.2 对设计和执行自愿式协议的建议

本部分给出设计自愿式协议的建议、自愿式协议的适用条件及进一步研究自愿式协议时需要关注的领域。提出这些建议的依据是：本章的研究结果、CEC（1996b）和 EEA（1997）、Leveque（1997）和消费者事务办公室（1997）等研究报告。

应用协商协议和公共自愿项目。通过前面的分析发现：自愿式协议并不是完美的政策选择。但其他政策手段也同样存在缺点和不足，也同样不完美，例如，传统指令式管理方法的经济效益差、生态税收制度存在潜在经济负担等。

通过分析关于自愿式协议效益的现有证据，发现了有效应用自愿式协议的两种途径：

（1）在政策组合中应用；

（2）在探索新政策领域中的应用。

3.2.1 在政策组合中应用协商协议和公共自愿项目

自愿式协议提高了政策组合的灵活性和成本效益，而且也有进一步节约监管成本的潜力。法规部分则可以有效地克服自愿式协议的环境目标有限、执行条款不力、缺乏有效且可信的监督和报道制度等不足。

最简单的政策组合是自愿协议式管理方法与传统指令式管理方法相结合，关于这点有大量实践案例。例如，这是荷兰、美国、加拿大和日本利用协商协议的主要途径。协商协议可以作为传统指令式管理方法的补充，如美国 XL 项目和荷兰协商协议与许可证制度组合应用，日本污染控制协议与一系列国家和地方标准组合应用等。协商协议提高了政策组合的灵活性和成本效益，并有节约监管成本的潜力。而法规部分可以有效地克服协商协议的环境目标有限、执行条款不力、缺乏有效且可信的监督和汇报要求等主要不足，原因是：第一，协商协议的环境目标是由政府部门事先制定的（如荷兰的国家环保政策规划）或依据法规标准作为协商协议中制定目标的起点；第二，监管制度强化了企业执行协商协议的动机及可靠有效地监督和汇报等要求，但却很少将公共自愿项目与其他政策手段组合应用。原因是：公共自愿项目主要在美国应用，但依据美国的法律体制，环保部门缺乏自由裁量权，这些原因导致该组合在美国的应用受到了限制。

自愿协议式管理方法也可以与经济手段组合，但这种组合的整体效益迄今仍未知。事实上，迄今还没有关于自愿协议式管理方法与经济手段结合的任何研究。丹麦二氧化碳项目是排放税收制度与公共自愿项目结合应用的最早案例。瑞士关于二氧化碳减排的协商协议也同样与征收二氧化碳税的潜在威胁有关。如果将自愿式协议认真设计后融入政策组合，其就可以在政策组合中扮演发挥提高灵活性的“润滑剂”作用。自愿式协议这一“润滑剂”角色的潜在贡献包括：政策组合不严格执行也能为新条款的制定铺平道路、引导企业研发创新方法、填补执行协议的赤字、确保利益相关者参与、制定行为规范和指南等。

但由于不同类型的自愿式协议有产生复杂的、不透明的自愿项目的风险，而从长远考虑这些很难得到系统地控制。所以有必要针对自愿式协议制定清晰的政策框架和指南等。

3.2.2 在探索新的政策领域中的应用

协商协议和公共自愿项目通常是探索现行法律还未覆盖的环境问题的解决方法的第一步。现有资料表明：大量的自愿式协议正在发挥这方面作用。实际上，自愿协议式管理方法主要用于处理在 20 世纪 90 年代之后才逐渐提上政治议程的气候变化和废物回收等热点环境问题。也正是由于这个原因，才把自愿协议式管理方法看做是过渡性政策工具，即协议一直有效直到新法规生效。因为协商协议和公共自愿项目可以产生显著的柔性效益，所以其也特别适合这一角色，除此之外，其还可以为企业和决策层等提供值得其学习的经验。另外，它们还有助于在今后进一步完善传统的指令式管理方法。

第三篇
评估荷兰自愿式协议的环境效益

根据第二篇的分析和研究发现：荷兰在欧盟成员中应用自愿协议式环境管理方法的领域最广泛，缔结的自愿式协议数量最多，而且其在自愿式协议的应用方面处于领先地位。至 1996 年，荷兰已经成功地实施了 100 多项环境协议。迄今，自愿式协议是该国重要的环境政策的手段之一（Börkey，2001：12）。另外，荷兰拥有完善的、详细的相关文献资料。

第二篇分别针对各类自愿式协议进行了环境效益、经济效益以及社会效益等评估，本篇将从荷兰这一国家政府的角度，评价该国典型自愿式协议的环境效益。以期对自愿协议式管理方法进行多角度评价，获得更全面的知识和经验。

第 1 章　概　述

1.1 本篇简介

本篇着重分析、评估荷兰自愿式协议的环境效益。具体研究目的包括以下四个方面：① 阐述荷兰自愿式协议的理论依据；② 评估自愿式协议的环境效益；③ 找出影响自愿式协议环境效益的因素；④ 指出中国将自愿协议式管理方法引入城市环境管理的优势与劣势。

通过研究发现：荷兰从 1985 年出现第一自愿式协议起，截至 2003 年已经成功地实施了 136 项。其中，气候变化是荷兰自愿式协议重点关注的领域。此外，荷兰的自愿式协议可以分为产品协议、能源效益协议和目标组协议三类。政府、行业协会（或大型企业）及独立的环境机构是荷兰环境协约的重要参与方。荷兰自愿式协议与环境许可证制度密切相关。荷兰自愿式协议的主要特征包括以执行为导向、责任明确、具有法律效力和接受第三方监督等。

本篇主要通过“环境改善”和“环境效率”两个方面评估荷兰自愿式协议的环境效益进行评估。通过对自愿式协议的分析得出“荷兰的自愿式协议在环境改善方面具有很好的效果，在环境效益方面也有出色的表现”等结论。但因缺乏关于“常规发展轨迹”的充足数据，因此以上结论还有待进一步得到实例支撑。

荷兰自愿式协议取得成功的因素：包括明确的量化目标、详细的执行计划、完善的监督程序、相关方之间良好的沟通与交流机制、企业之间有效的分工与合作、独立环境机构的参与及严格的处罚条款等。但是，荷兰自愿式协议还存在：① 某些企业消极对待协议目标，存在“滥竽充数”的现象；② 需要长时间的论证，处罚违约企业耗时冗长、效率较低两方面的不足。

最后，研究表明在中国实施自愿协议式管理方法切实可行。针对在中国实施自愿协议式管理方法，中国不仅做好了充分的准备而且还有很好的实施条件。但是，在实施自愿协议式管理方法之前，还需要政府部门做好充分的准备以应对各种挑战。

1.2 研究范围

本篇重点分析荷兰自愿式协议的效益。确定该研究范围的原因包括：

第一，本研究是在欧盟亚洲生态项目“在中国工业环境管理中实施自愿式协议示范项目”的框架下展开的，而该项目的目的是吸取欧盟自愿协议式管理方法的实施经验并将其引入中国的工业环境管理中，重点是促进政府部门和企业展开环境对话（Wuppertal，2005：8）[①]。荷兰的自愿式协议在欧盟具有典型性。希望本研究成果能为中国决策层将自愿协议式管理方法引入中国的环境政策领域提供帮助。

① 更多关于该项目的信息，请登录项目网站 www.va-china.com。

第二，大量的事实表明：荷兰在自愿协议式管理方法的应用方面在欧盟各国中处于领先地位。截至1996年，荷兰已经成功地实施了100多项自愿式协议。目前，自愿式协议管理方法已经是该国一项重要的环境政策（Börkey，2001：12）。

第三，荷兰实施了大量的自愿式协议，拥有完善的、详细的文献资料。荷兰从20世纪90年代开始广泛应用自愿式协议管理方法以来，其政府部门、行业协会以及环境机构每年都会公开发表大量针对协议实施的报告和政策等资料。

第四，研究所需的相关资料和主要信息等应该公开、透明，本研究可通过相关学术研究、科学期刊、网络等多种渠道获取与荷兰自愿式协议相关的资料和信息。

1.3 研究目的

Börkey（2001）曾说过“从本质上说，任何环境政策手段的首要目的都是改善环境。环境效益是评估自愿协议式管理方法的首要标准”（Börkey，2001：66）。很多研究人员都评估过欧盟缔结的自愿式协议的环境效益，但这些研究不是着眼于宏观分析，就是只关注某一类自愿式协议，而在专门针对某个国家缔结的自愿式协议的研究是个空白。因此，本研究着眼于评估荷兰自愿式协议的效益。

本研究包括：① 全面了解荷兰自愿式协议从1985—2003年的发展与实施情况；② 评估荷兰自愿式协议的环境效益，即评估自愿式协议的环境效率（将自愿式协议目标与常规发展轨迹进行对比）和环境改善（将自愿式协议目标与目前的排放标准进行对比）；③ 找出影响荷兰的自愿式协议环境效益的有利和不利因素；④ 指出中国采用自愿协议式管理方法的有利和不利条件等目标。

根据上述研究目标，主要研究四个问题及相关的若干子问题：

（1）自愿式协议的环境效益怎样？

——自愿式协议的突出特征有哪些？

——自愿式协议的协商、执行和监督过程是怎样的？

——自愿式协议取得了哪些成效？

（2）影响荷兰自愿式协议的环境效益的有利与不利因素有哪些？

（3）将自愿协议式管理方法引入中国的环境管理领域有哪些有利和不利条件？

1.4 研究内容

在过去的十几年中，涌现出大量评估自愿式协议的实施及其环境效益和经济效益的文章（Krarup，1999：11）。在这些文章中，评价自愿式协议效益的标准五花八门。欧洲环境署（1997）、经济合作与发展组织（1997）和很多研究人员（如Börkey，2001 等）认为以下七项评估标准最重要，如表 3-1 所示。

表 3-1　评估自愿式协议效益的标准

标 准	解 释
环境效益	环境效益分为两个方面：① 最初协商的环境目标以及目标最终的实现情况；② 假如没有签署自愿式协议，污染物排放的常规发展轨迹
经济效益	为实现环境目标发生的成本，通常称为“减排成本”
监管和服从成本	起草和实施环境政策产生的管理成本
妨碍公平竞争	自愿式协议有可能引发企业出现反公平竞争的行为，在国内市场中暗中勾结，在国际市场中建立非贸易壁垒
柔性效益	政策手段的绩效变化
创新和教育影响	环境政策对清洁生产技术创新和降低污染源头控制的影响
可信性和可行性	自愿式协议在法律和社会方面的接受度

来源：摘自 Börkey，2001：评估自愿协议式管理方法作为环境政策在经济合作与发展组织国家的应用。

很多研究人员（EEA，1997；OECD，1997；Börkey，2001）一致认为表 3-2 中的前三项标准是评估环境政策价值的最重要标准。其他四个标准当然也很重要，但这些标准很难考量，因为其需要经过长期监督才能评估出结果（Börkey，2001：67）。另外，监督任何环境政策都会受到相关证据缺乏或不全面等条件的限制。表 3-2 罗列上述评估标准的重要性及相关数据的可获得性。

总之，环境效益、经济效益、管理和实施成本三项标准是评估一项环境政策的最重要准则。研究荷兰的自愿式可通过各种渠道获得大量关于其环境效益的数据，因为政府部门、各级环境机构和各种环保组织都会发布大量与自愿式协议监督和实施相关的数据和信息。但是，相对于有关环境方面的资料而言，有关协议的费用和成本等资料就更难获得，因为政府部门和企业都对财务信息更敏感。另外，尽管其他四项评估标准也很重要，但与其相关的数据很难界定。正如 Börkey（2001）在报告中指出：这四项评价标准需要经过长期积累才能获得，到目前为止公开的这类数据极少。

表 3-2 环境政策评估标准的重要性和相关数据的可得性

标准	重要性*	数据的可得性*
环境效益	++	++
经济效益	++	+
监管和服从成本	+	+
妨碍公平竞争	+	+/-
柔性效益	++	--
创新和教育影响	+	--
可信性和可行性	+	+/-

来源：整理自 Börkey，2001：评估自愿式协议在经济合作与发展组织国家的应用。

* 重要性

++ = 非常重要

\+ = 重要

+/- = 一般

\- = 不重要

-- = 一点也不重要

* 数据的可获得性

++ = 非常容易获得

\+ = 容易获得

+/- = 一般

\- = 不容易获得

-- = 很难获得

因此，本篇经过综合考虑决定重点评估荷兰自愿式协议的环境效益。表 3-3 是评价荷兰自愿式协议效益的标准。

表 3-3 评价荷兰自愿式协议环境效益的标准

<table>
<tr><th></th><th>内容</th></tr>
<tr><td rowspan="8">协议的评价标准</td><td>在签署协议之前是否确定了企业污染物排放的常规发展轨迹</td></tr>
<tr><td>明确的量化目标和执行时间表</td></tr>
<tr><td>合同方之间的交流机制</td></tr>
<tr><td>具有监督机制和强制执行机制</td></tr>
<tr><td>明确每一个企业的量化目标</td></tr>
<tr><td>第三方的参与</td></tr>
<tr><td>未实现协议目标的处罚条款</td></tr>
<tr><td>法规制约</td></tr>
<tr><td rowspan="2">环境效益的评估标准</td><td>环境改善</td></tr>
<tr><td>环境效益</td></tr>
</table>

第2章　荷兰自愿式协议的发展史

荷兰第一例“自愿式协议”出现于1985年[①]。截至1996年，荷兰自愿式协议的总量达到了107项，占欧洲协商协议总数的1/3。为了实现本次研究的目的，有必要详细回顾一下荷兰自愿式协议的发展史。因此，本章将重点介绍荷兰自愿式协议的发展历程和主要类型，以及探讨荷兰《国家环境政策规划》对自愿式协议的重要影响。

2.1 荷兰自愿式协议的发展史

欧洲环境署（1997）的一项调查报告指出：自愿协议式管理方法通常出现在环境政策体系较为成熟的、非集权的、具有高度舆论自由的、决策通常采取协商形式的国家（EEA，1997：25）。荷兰正是这样的一个国家，通过协商解决各种问题是该国的传统。各种社会团体之间的“权利差异”较小，因此，企业可以与政府部门平等协商。政府部门与企业之间建立了平等互信的关系（www.senternovem.nl）。这样的社会条件和政治背景为将自愿协议式管理方法纳入其环境管理领域奠定了良好的基础。根据荷兰审计署的调查，在1980—1994年荷兰政府与企业缔结了154项协约，其中有85项专门针对环境问题（Mol，1998：12）。

根据Brand（2000）的报告，荷兰采用自愿协议式管理方法作为一种环境政策手段分为原始阶段（君子协定）、协议合法性的探讨阶段和快速发展阶段三个阶段。

第一阶段从20世纪80年代中期到90年代，这段时间内荷兰首次出现自愿式协议。这个时期的自愿式协议具有两个主要特征：① 每个自愿式协议仅关注一种环境问题，如包装废弃物、禁止使用某种化学品、防止镉污染等（Mol，1998：8）；② 由于自愿式协议中没有关于违约的处罚条款，因此，自愿式协议的合法性不确定（Brand，2000：4）。在该阶段缔结的绝大多数自愿式协议都属于“君子协定”，即不具备法律约束力。

---

① 根据欧洲环境署1997年的调查，荷兰第一例环境协约出现于1987年，但荷兰审计署的一份调查指出荷兰第一例环境协约于1985年签署。本研究采用荷兰审计署的数据。

探讨自愿式协议作为政策手段的合法性是荷兰自愿式协议发展的第二个阶段。探讨的重点是如何使自愿式协议成为环境法规之外的一种有效的管理手段和一种具有民事法律责任的合同。“荷兰的许可证制度已经成为一项重要的管理手段：如果没有许可证，任何可能破坏环境的行为都将被严格禁止，而许可证由市级和省级相关政府部门负责发放。依据许可证制度，政府部门将制定的环境目标分配到各个企业。另外，许可证的发放程序也纳入了法规，并且还由专门的部门负责”（Brand，2000：4）。但针对自愿式协议却没有制定这种标准程序。探讨的最终结论是：自愿式协议绝不能与法律体系相抵触。另外，自愿式协议可用于替代暂时还未出台的相关法规，也可以用作现行法规的补充，但协约绝不能替代任何一项已经颁布的法规或条例（Brand，2000：4）。

第三个阶段是快速发展阶段。该阶段的核心是缔结“目标组协议”。“目标组协议”一词最早是在荷兰1989年颁布的第一个《国家环境政策规划》（NEPP）和1990年《国家环境政策规划》补充条例中正式出现的。《国家环境政策规划》的基本原则是：通过缔结目标组协议实现国家制定的大部分环境目标（Brand，2000：5）。

2.2 《国家环境政策规划》的重要性

荷兰公众的环保意识远远超过其他国家。荷兰早在20世纪80年代就出现了要在环境政策中采用综合方法以实现可持续发展的需求，荷兰政府因此于1989年制定了第一个《国家环境政策规划》[①]，并于1990年颁布了《国家环境政策规划》补充条例。《国家环境政策规划》的战略目标是：到2010年实现可持续发展。《国家环境政策规划》中的综合环境政策规划涵盖了200多个明确的量化目标（Börkey，2001：35）。

政府部门随后发现传统指令式管理方法很难实现《国家环境政策规划》中制定的总目标。政府部门一致认为：只有企业能够自觉地降低其环境影响才可能实现《国家环境政策规划》中制定的目标（（Börkey，2001：35）。政府部门也因此提出了“目标组协议”，并期望据此将实现《国家环境政策规划》中所制定的目标责任落实到各个行业。《国家环境政策规划》中规定了农业、工业、制造业、运输

---

① 自从1989年荷兰政府制定了第一个《国家环境政策规划》以来，每隔四年政府制定一个新的规划取代前一个规划。至2005年，荷兰正在实施第五个《国家环境政策规划》。

业、建筑业、能源行业和消费者七个目标组，工业行业是最重要的目标组。除此之外，《国家环境政策规划》还计划与 13 个重度污染行业分别签署自愿式协议（Brand，2000：6）。这些行业共包括 12 000 多家企业，其污染物排放量占荷兰污染物排放总量的 90%以上（Brand，2000：6）。经过三四年的磋商，荷兰环境部同上述 13 个行业协会签署了一系列的环境保护协议。

从 1989 年开始自愿式协议逐步成为荷兰环境政策手段的重要组成部分。而带有单方面处罚性质的政府行政手段不再是解决所有问题的最佳措施（Bastmeijer，1999）。

2.3 自愿式协议的种类与特征

截至 1996 年，荷兰共签署了 107 项自愿式协议（EEA，1997）。依据 Brand（2000）的研究，这些协议可以分为以下三类（见表 3-4）：

（1）产品协议。该类协议的目的是降低某产品的环境影响。通常一项协议只针对一种环境问题，产品协议的参与方通常是荷兰环境部与某家企业或某个行业协会。

（2）能源效益协议。该类协议的目的是提高工业企业的能源效益，也称为“长期能效协议”。该类协议的签署和实施主要有荷兰经济部负责。

（3）目标组协议。这类协议是在《国家环境政策规划》的框架中签署和实施的。目标组协议主要指在荷兰环境部与《国家环境政策规划》中指出的重点环境污染企业或行业协会所签署的自愿式协议。该类协议的特点是：几乎涵盖了某行业或企业涉及的所有环境问题（提高能效除外）。

表 3-4　荷兰不同类型自愿式协议的主要区别

类型	定义	环境问题	签署协议的政府部门
产品协议	降低产品对环境的影响	一项协议仅关注一种环境问题（水污染、包装废弃物、禁止使用某种化学品、防止镉污染等）	环境部
能源效益协议	提高工业生产的长期能源效益	气候变化	经济部
目标组协议	在《国家环境政策规划》的框架下签署的协议	针对一系列环境问题（提高能源利用率除外）	环境部

来源：自愿式协议案例分析，Brand，2000。

根据 Brand（2000）的研究，荷兰的自愿式协议除了上述区别之处，还有以下的共同点：

（1）具有法律约束力和民事法律责任。

（2）在自愿式协议中包括对未能实现该协议目标企业的详细处罚条款。如果企业没有履行协约，政府部门有权在其许可证上增加其必须遵守的其他附加条件。

（3）在自愿式协议中通常包括修改和终止该协议的条款。

2.4 小结

荷兰自愿式协议的发展史可以分为三个阶段。第一个阶段从 1985—1990 年，该阶段自愿式协议的主要特点是不具有法律约束力，属于"君子协定"的范畴；第二个阶段主要探讨自愿式协议作为一种政策手段是否具有合法性，讨论的核心是如何使自愿式协议成为既能与法规相结合又具有法律约束力的合同，探讨的结果是自愿式协议绝不能与现有的法律法规相抵触，仅可作为尚未颁布的相关法规的替代；第三个阶段是自愿式协议的快速发展阶段，"目标组协议"是这个阶段的代名词。旨在实现可持续发展的《国家环境政策规划》促进了自愿协议式管理方法作为一种政策手段而发展。由《国家环境政策规划》制定的"目标组协议"涵盖了荷兰超过 90%的工业污染。《国家环境政策规划》的出台可以视为荷兰自愿式协议发展的里程碑。此外，荷兰自愿式协议大致分为产品协议、能源效率协议和目标组协议三类。

第 3 章　荷兰自愿式协议的实施情况

1985 年荷兰出现了第一个针对环境保护的自愿式协议，它是荷兰环境部和一家电池生产企业之间签署的，目的是取消电池中的氧化汞的使用（Bastmijer，1999）。从此，荷兰自愿式协议的数量开始大幅增加，尤其是在 1989 年荷兰政府颁布了第一个《国家环境政策规划》及其补充条例之后。通过文献调查和实地调研得知：在 1985—2003 年荷兰共签署了 136 项不同类型的自愿式协议。

本章将从以下几个方面详细介绍荷兰的自愿式协议：第 3.1 节介绍 1985—

2003 年签署的自愿式协议及其所涉及的环境问题；第 3.2～3.4 节详细介绍了不同类型的自愿式协议；第 3.5 节介绍自愿式协议中各参与方的作用；第 3.6 节介绍荷兰自愿式协议的主要特征；最后为本章小结。

3.1 自愿式协议的数量及涉及的环境问题

通过文献调查和实地调研获得的数据得知：1985—2003 年，荷兰共签署了约 136 项自愿式协议。其中 46 项是在 1997 年之后签署的。图 3-1 显示的是荷兰在 1985 —2003 年每年所签署的协议数量，图 3-2 显示的是协议的类型。

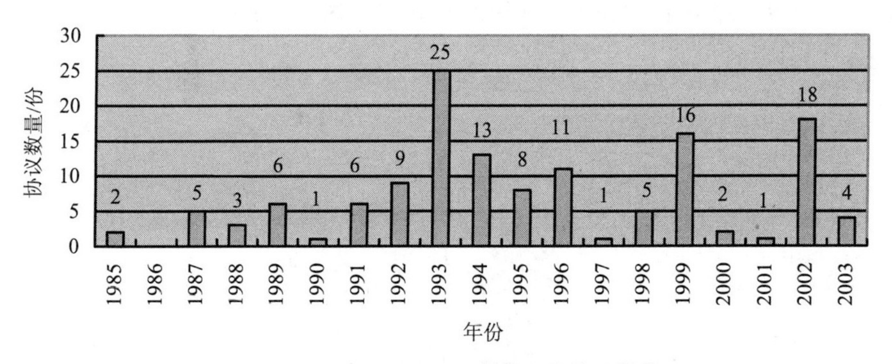

图 3-1　1985—2003 年签署的协议数量

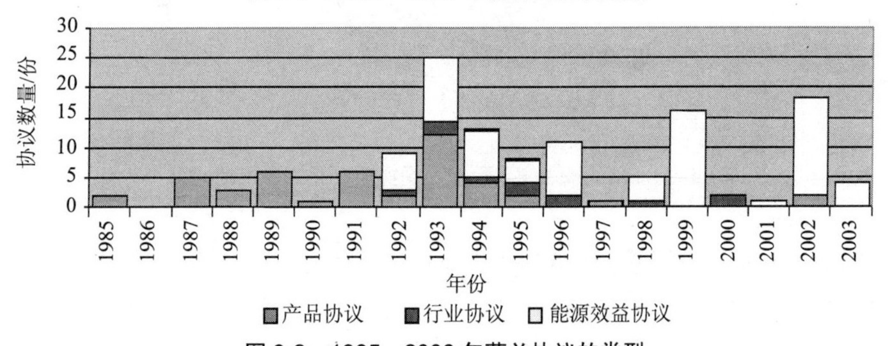

图 3-2　1985—2003 年荷兰协议的类型

来源：—政府部门与企业或行业协会签署的自愿式协议调查报告（荷兰语），Algemene Rekenkamer，1995.

—工业自愿式协议的效益，K.F.van der Woerd et al.，2002.

—荷兰环境部网站（www.vrom.nl）.

—荷兰经济部网站（www.ez.nl）.

—荷兰交通与水利部网站（www.minivenw.nl）.

—荷兰农业、自然资源和渔业部网站.

分析图 3-1 可以发现荷兰自愿式协议的签署共有三个高峰期。第一个高峰期1991—1996 年，大约 53%的协议是在这 6 年期间签署的。这个高峰期的出现主要有两方面原因：①《国家环境政策规划》及其附加条例规定的协议，经过三年的磋商后陆续签署；② 政府部门在此期间启动了一项旨在降低二氧化碳排放的“长期能效协议”。第二和第三个高峰期分别出现在 1999 年和 2002 年，其出现原因是：这两年分别启动了第二次和第三次能效项目（即第二次长期能效协议和能效标杆管理协议）。从图 3-2 可以发现 1991 年以前签署的自愿式协议都是产品协议，从1992 年才开始同时出现三类协议。

从图 3-3 中可以看出，荷兰 58%（79 项）的自愿式协议为能效协议，占绝大多数；34%（46 项）的协约为产品协议，属第二大类；其余 11 项协议为目标组协议，占协议总数的 8%。

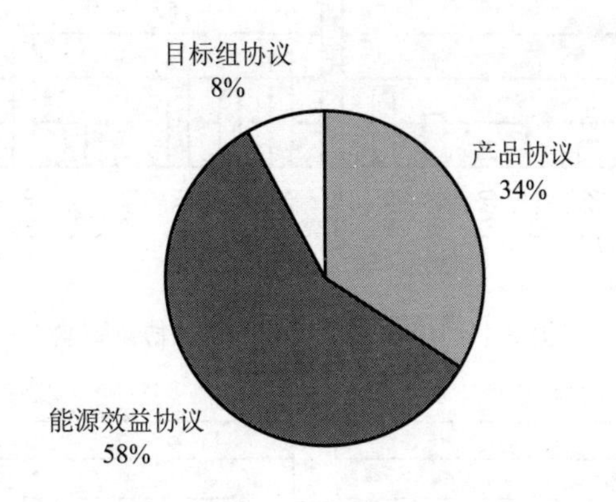

图 3-3 1985—2003 年荷兰不同类型自愿式协议的比例

图 3-4 显示的是荷兰自愿式协议涉及的环境问题。荷兰是个在控制温室气体排放方面积极性很高的国家。截至 2003 年，荷兰政府部门与企业或行业协会共签署了 79 项旨在降低二氧化碳排放的能效协议。如前所述，目标组协议涵盖了整个行业所涉及的所有环境问题。因此，每个目标组协议至少涉及 5～6 个不同的环境问题。产品协议首先关注的是废物管理这一环境问题，其次还关注水体质量、空气污染、土壤质量等环境问题。

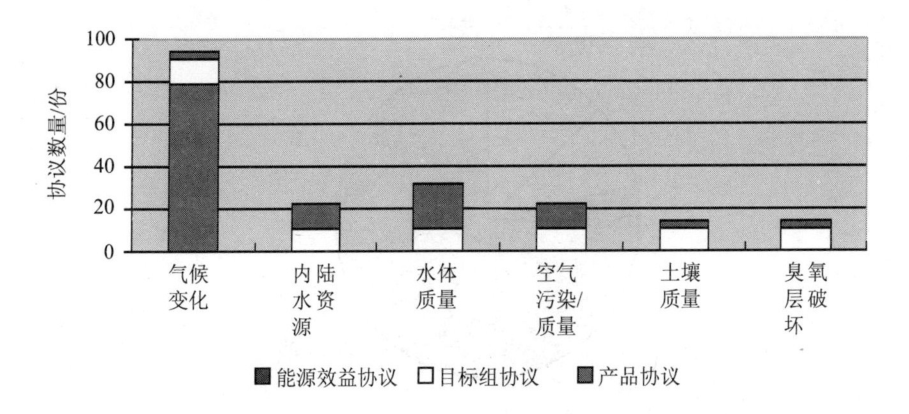

图 3-4　1985—2003 年荷兰自愿式协议涉及的环境问题

3.2 产品协议

荷兰在初始阶段所缔结协议（产品协议）的显著特点是其不具有法律约束力，属于“君子协定”的范畴。但荷兰这类协议的数量不超过 20 个（Algemene Rekenkamer，1995）。其他阶段缔结的协议都是具有民事法律效力的正式合同。根据实地调研获得的资料显示：荷兰环境部（VROM）是与企业或行业协会签署产品协议的主要政府部门。农业部（EZ）、经济部（LNV）和交通水利部（VW）三个政府部门也都曾与企业或行业协会签署产品协议（来源：荷兰屯特大学）。

如图 3-5 所示，统计资料表明：截至 2003 年荷兰环境部签署了大约 34 项产品协议。除此之外，还有 12 项产品协议是由荷兰经济部、农业部和交通水利部牵头与企业或行业协会签署的。

根据 2003 年屯特大学的一项调查显示：17 项产品协议已于 2003 年前正式结束，18 项协议仍在实施中，而且其中有 5 项协议是 1990 年以前签署的，也就意味着这 5 项协议已经实施了 20 年，其余 11 项协议的执行情况不明（见图 3-6）。以上每项产品协议只关注某一种环境问题，关于这类协议究竟承担了多少环境负荷仍有待进一步调查。

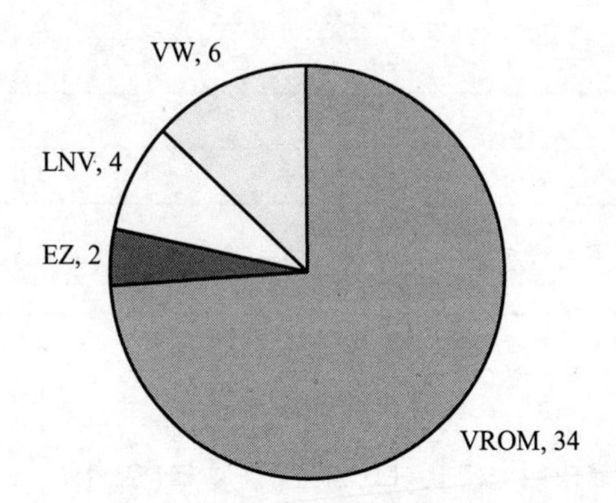

图 3-5 1985—2003 年荷兰政府部门签订的协议数量

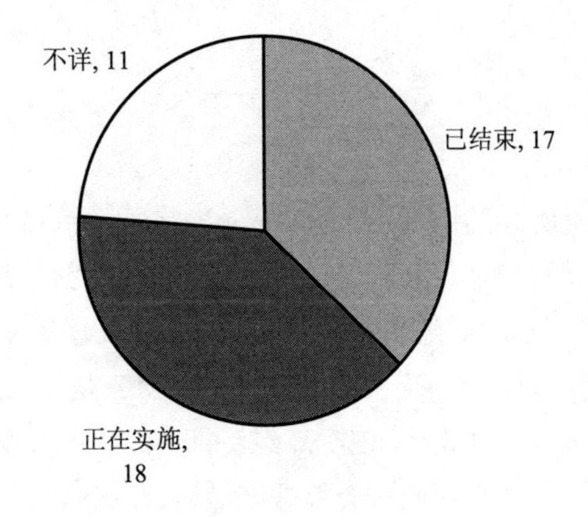

图 3-6 1985—2003 年荷兰产品协议的执行情况

3.3 能源效益协议

提高能效有助于荷兰实现其在《京都议定书》中承诺的目标。荷兰作为一个积极响应《京都议定书》的国家，其减排目标是：以 1990 年的温室气体排放量为基准，在 2008—2012 年实现 6%的温室气体减排（www.senternovem.nl）。该目标不久便被纳入了荷兰的第二个《国家环境政策规划》，即以 1990 年的温室气体排放量为基准，至 2000 年将二氧化碳排放总量降低 3%（NEPP3，1998：134）。显然，提高企业的能源效率有助于这一目标的实现。为了切合第二个《国家环境政策规划》的主旨，荷兰经济部很快就启动了一项旨在提高工业能源效益的项目，即第一次“长期能效协议”（LTA1）。为了确保长期能效协议能够顺利实施，荷兰政府部门还制定了相关的监督机制、补贴政策、免税政策、信息服务等一系列的政策保障措施（Krarup，2002：119）。

3.3.1 第一次“长期能效协议”

第一次“长期能效协议”的总目标是：以1989年企业的能效水平为基准，至2000年将企业的能效水平提高20%（www.senternovem.nl）。参与长期能效协议的每家企业都必须依据其自身的具体条件制定最合适的能效目标，如大型化工行业的目标是：以1989年企业的能效水平为基准，至2000年将企业的能效水平提高20%；而小型有色金属行业的目标是将能效水平提高15%（Farla，2002：167）。尽管每个行业制定的目标不尽相同，但协议总目标保持不变。荷兰经济部负责与各个行业协会签署行业总协议，行业协会中的每家企业都需要尽最大的人力、物力、财力提高其能源效率以实现其所属行业的总目标。参与协议的企业每年都要向行业协会和荷兰经济事务部荷兰局提交能效计划书和年度执行报告。荷兰经济事务部荷兰局虽然由荷兰经济部出资成立，但其属于独立的环境机构，专门负责监督长期能效协议的实施（Krarup，2002：111）。政府部门承诺在长期能效协议的实施期间不会再颁布新的节能条例（Krarup，2002：111）。在20世纪90年代，共有31个行业协会代表及其下属1 250多家企业，同荷兰经济部签署了长期能效协议，这些参与企业的能源消耗量占荷兰工业总能源消耗量的90%以上。

3.3.2 标杆管理协约

1999年也就是第一期长期能效协议即将结束之际，政府部门决定启动“第二期长期能效协议”。但此时一些大型企业认为：如果让其在第二期长期能效协议中再将能源效益提高20%，对其而言是不公平的。因为这将使其在市场竞争中处于不利地位。原因是：大型企业要实现能效水平再提高20%的目标，就必须采用更先进的工艺，而这将导致产品的生产成本和价格大幅提高。针对这种情况，大型企业认为其在“第二期长期能效协议”中能作出的最大承诺是：努力成为世界同类行业中在能效方面排名前10%的能效最佳企业。

根据大型企业的要求，政府部门同意能源消耗量超过0.5 PJ/a的企业可以参与“标杆管理协议”的项目。参与企业必须承诺在2012年之前成为世界上同行业中能效排名前10%的最佳企业（www.senternovem.nl）。

针对大型企业的能效标杆协约是在独立咨询机构的协助和权威部门的监督下而启动的。专家向与荷兰大型企业耗能相似的其他国家的企业发出调查问卷。根据调查问卷所反馈的信息，专家计算出全球同类企业的能效发展趋势标准，即单位能耗（SEC）。进而，荷兰的企业需要自行检测其与世界能效前10%的最佳企业之间的差距。如果参与该项目的企业，通过对比发现其能效水平高于世界前10%的单位能耗水平，其只需保持现状。如果低于该单位能耗水平，企业就需要采取措施以减小差距。该标准每四年更新一次（www.senternovem.nl）。图3-7显示的是荷兰啤酒生产企业2000年和2004年与世界能效前10%最佳企业进行能效标杆对比的结果。

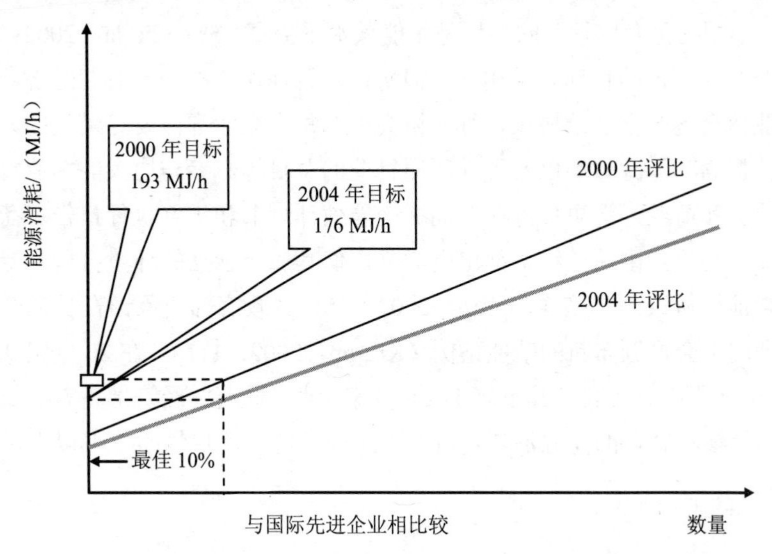

图3-7 荷兰啤酒生产企业2000年和2004年的能效标杆评比结果

来源：荷兰环境与能源署网站（www.senternovem.nl）。

截至2004年，共有来自13个行业的190家大型企业参与了“能效标杆管理协约”。

3.3.3 第二期长期能效协议

针对中小型能耗企业的第二期长期能效协议（LTA2）在2000年正式启动，该协议的执行期是2002—2012年。第二期长期协议建立在第一次长期协议的基础上，其内容上与第一期长期能效协议类似。第二期长期协议的总目标是：能效平均每年提高 2.2%（Krarup，2002：116）。截至 2004 年，共有来自 22 个行业的 988 家企业签署了该协议（www.senternovem.nl）。表 3-5 为两期能效协议和能效标杆管理协议的主要内容。

表 3-5　第一、第二期长期能效协议和标杆管理协议的主要内容

	第一次长期能效协议	标杆管理协议	第二次长期能效协议
协议总目标	在 1989 年的能源效益水平基础上提高 20%	成为世界上前 10%的能源效益最佳企业	每年能源效益提高 2.2%
执行期	1990—2000 年	2000—2012 年	2002—2012 年
适用性	能源消耗大于 1 PJ 的行业	能源密集型企业（能源消耗大于 0.5 PJ）	中小型能源消耗企业
参与企业数量	31 个工业行业共 1 250 多家企业及 13 个非工业行业参与	至 2004 年，13 个工业行业共 190 家企业参与	至 2004 年 22 个行业共 988 家企业参与

3.4 目标组协议

目标组协议既是荷兰自愿式协议发展的一个重要标志，也是荷兰一项重要的环境政策，还是保证《国家环境政策规划》顺利实施的重要措施。在《国家环境政策规划》中共制定了针对 200 多种污染物的苛刻的定量减排目标（Börkey，2001：35）。“目标组协议”是实现这些目标的重要手段。该类协议是由行业协会代表其会员企业与政府部门签署的，但在该类协议中制定的目标则由各会员企业负责实现（EEA，1997）。作为回报，政府部门承诺参与该类协议的企业可以更简便地获得更灵活的生产许可证，而没有参与该类协议的企业则必须遵守现有的许可证制度（EEA，1997）。除了二氧化碳减排专门由能效协议负责之外，目标组协议涵盖了整个行业中所涉及的全部污染问题（Brand，2002：7）。

荷兰环境部在 1992 年与冶金行业签署了第一个目标组协议（Van der Woerd，2002：2）。截至 2000 年荷兰共签署了 11 项目标组协议。这 11 个协议涵盖了超过 80%的荷兰工业污染（FO-Industries，2003）。签署目标组协议的行业、签署时间及行业的状况详见表 3-6。

目标组协议具有以下三个共同点（Börkey，2001：35；Van der Woerd，2002：2）：

（1）每个协议中都有截至 1994 年、1995 年和 2000 年的明确的行业总目标以及至 2010 年的总指导目标。

表 3-6 签署目标组协议的行业及其详细信息

行业	签署时间	参与企业数量	企业状况
冶金行业	1992	30	大型、异类
化工行业	1993	120	大型、异类
印刷行业	1993	>1 000	小型、同类
乳制品行业	1994	40	大型、同类
电力行业	1995	>1 000	小型、异类
石油天然气生产行业	1995	不详	大型、异类
纺织行业	1996	40	小型、异类
造纸行业	1996	27	大型、同类
化肥生产行业	2000	7	大型、同类
建筑材料行业	2000	>100	形式多样
塑料生产行业	2000	不详	形式多样

来源：行业自愿式协议的效益，2002 及 FO-Industry，2005。

（2）签署目标组协议的每个行业或会员企业必须制定一个为期四年的环境规划（CEP），并需要每年向环保部提交协议的年度执行报告。如果该行业内的会员企业之间差异较大，那么每家参与企业都需要制定企业环境规划；如果该行业内企业之间的差别不大，那么行业内的所有企业就可以共同起草一份行业环境规划。另外，规划中必须包含具体的污染物减排目标、协议实施计划和协议实施方案等内容。企业制定的环境规划与许可证制度紧密结合，而且企业制定的环境规划由负责发放许可证的相关政府部门负责评估和批准。需要注意的是：企业或行业制定的环境规划需四年更新一次。

（3）协约的监督和处罚同许可证制度紧密结合。如果企业的环境规划屡次不能通过负责发放许可证的政府部门的审核与评估，那么企业将必须服从更苛刻的许可证制度要求。

环境部是负责目标组协议的主要政府部门。企业需每年向环境部提交协议的年度进展报告，环境部根据这些报告来监督协议的进展情况（van der Woerd，2002：11）。同时，荷兰经济部和交通水利部也参与目标组协议。此外，目标组协议的实施由荷兰水务联合会（Water Board）、省政府和市政府的相关部门三个政府部门负责，其主要职责是发放许可证和评估企业的环境规划等。另外，由一个特殊的独立机构“工业协助组织”（FO-Industry，该组织于 1993 年由相关政府部门组织成立隶属于环境部）全权负责监督目标组协议的实施（www.fo-industry.nl）。该组织在目标组协议的实施过程中还发挥咨询委员会的作用，其主要使命是确保这类环境协议能够顺利实施（www.fo-industry.nl）。此外，还有一些非政府组织和环境机构也参与了目标组协议的协商过程和实施过程。

3.5 参与方的作用

荷兰共有：① 国家和地方级政府部门（如环境部、经济部、交通水利部和省级、市级相关政府部门）；② 各种行业协会和企业；③ 各种独立的环境机构（如工业协助组织、荷兰经济事务部荷兰局等）三种参与方参与了自愿式协议。下面分析各参与方在自愿式协议中的作用。

3.5.1 政府部门

表 3-7 显示的是参与自愿式协议的政府部门及其所参与的协议数量，政府部门包括国家级政府部门和地方级政府部门。

表 3-7　参与自愿式协议的政府部门及参与协议的数量

	产品协议	目标组协议	长期能效协议	主要负责的协议数量	参与负责的协议数量
国家级政府部门					
环境部	34	11	1	46	41
经济部	2		78	80	13
农林渔业部	4			4	35
交通水利部	6			6	20
劳工部					2
卫生部					2
财政部					2
国防部					1
地方级政府部门					
水务联合会					24
省级政府部门					48
市级政府部门					35
合计	46	11	79	136	

来源：相关国家政府部门网站。

从表 3-7 可以看出，荷兰目前共有 8 个国家级政府部门参与了自愿式协议，其中有 4 个部门是协议的主要发起方。环境部和经济部是负责协议的两个主要政府部门，超过 90%的协议都由这两个部门发起和负责。同时，这两个部门也是其他部门所签署协议的重要参与方。

另外，荷兰水务联合会、省级政府部门和市级政府部门三个政府部门也都参与了协议。如前所述，荷兰任何一家企业的环境行为都与许可证制度密切相关，而协议也与许可证制度紧密相关。省级政府部门负责向大型企业发放环境许可证，市级政府部门负责向中小型企业发放环境许可证（EEA，1997）。荷兰的水务联合会是一个历史悠久的民间机构，目前其与交通水利部共同负责水体质量。水务联合会的传统职责是防洪和水量监控，目前其还负责监控水体污染和改善地表水质量等。另外，从 1970 年开始，水务联合会和交通水利部共同负责为直接向地表或排水系统排放污水的企业发放排污许可证。

国家政府部门属于决策机构，而地方政府部门属于执行机构，"有效的政策需要在决策部门和执行部门之间保持良好的合作关系"（Van der Woerd，2002：11）。行业协会代表所有会员企业与政府部门签署协议，但协议的实施及违约责任的承担等都由会员企业独自承担。图 3-8 显示的是各参与方之间的关系及作用：

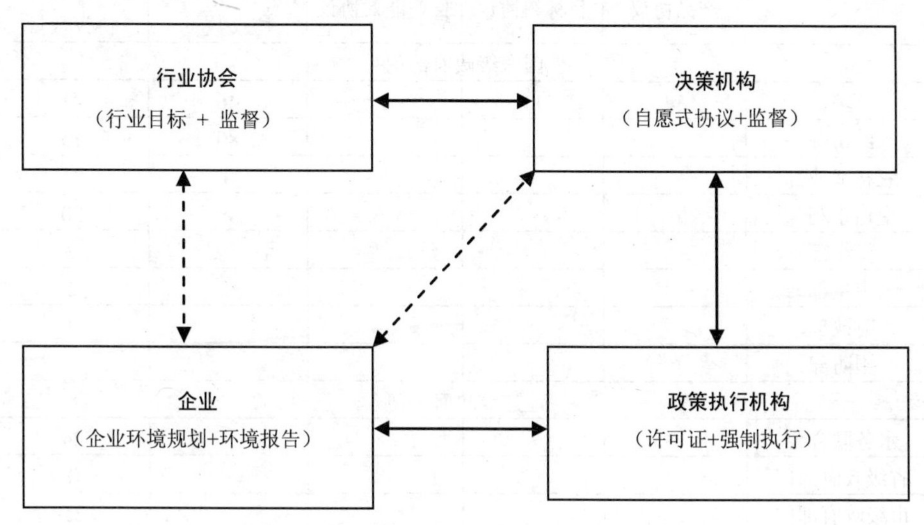

图 3-8　协议中各参与方之间的关系及其作用

来源：行业自愿式协议的效益，Van der Woerd，2002。

根据 Van der Woerd（2002）的报告，在传统指令式管理方法中参与方之间的关系是单向的。但在自愿协议式管理方法中却并非如此，其相互的关系都是双向的。例如，协议的目标由企业和决策机构共同磋商制定。同时，企业还需从省级或市级政府部门获得环境许可证，从水务联合会获得用水和排水许可证。

3.5.2 独立的环境机构

独立的环境机构作为自愿式协议的第三方，其并不需要在协议上签字，而是专门负责监督和实施协议。这些特殊的环境机构由政府部门出资成立，但却属于独立机构范畴，究其原因在于：一方面它不受协议最终结果的影响，另一方面它享有充分的言论自由。工业协助组织（FO-industry）和荷兰经济事务部荷兰局（SenterNoven）就是两个典型的由政府出资成立的独立第三方环境机构。图 3-9 显示的是独立环境机构和其他参与方之间的关系，图 3-10 显示的是荷兰经济事务部荷兰局在长期能效协议中的作用。

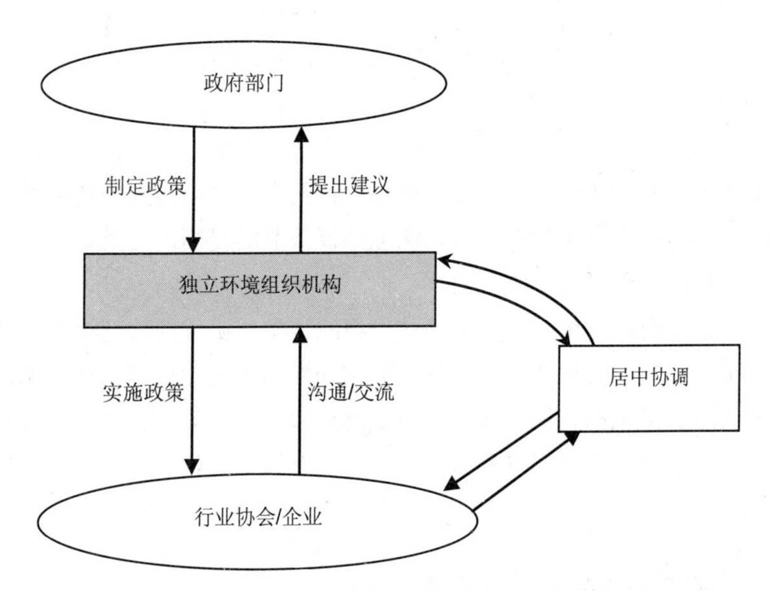

图 3-9 独立环境机构在协议中的作用及与其他参与方之间的关系

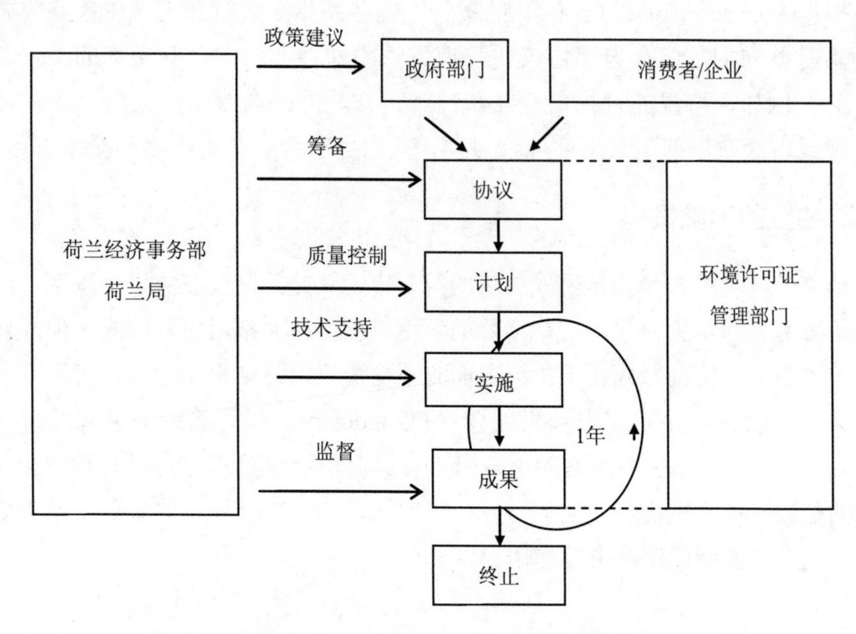

图 3-10　荷兰经济事务部荷兰局在长期能效协议中的作用

来源：荷兰经济事务部荷兰局，2004。

从图 3-9、图 3-10 可以看出独立的环境机构在协议的实施中始终发挥着积极而重要的作用。这类组织的参与可以保证协议效益的提高，而且还能有效地防止企业出现“吃掉”相关法规的意图。

此外，很多消费者协会和环境非政府组织也参与协议的协商过程，并在监督协议的实施方面发挥着重要作用。这类机构的参与大大地提高了协议的透明度和可信度。例如，每年都有很多非政府组织拜访签署了协议的行业协会和独立环境机构，之后这些非政府组织将向政府部门提交开诚布公的报告来陈述其对协议的看法和意见。

3.5.3 行业协会与企业

图 3-11 显示的是各行业缔结的协议所占的比例。除了工业行业之外，农业、能源行业和其他行业（如非工业行业、保险业、卫生行业和教育行业等）也参与了长期能效协议。从图 3-11 可以看出，工业行业是缔结协议的主要行业，原因在于其是产生环境污染的主要行业（Börkey，2001：35）。这也是荷兰《国家环境政

策规划》将工业行业作为应用自愿协议式管理方法的首要目标群体的主要原因。

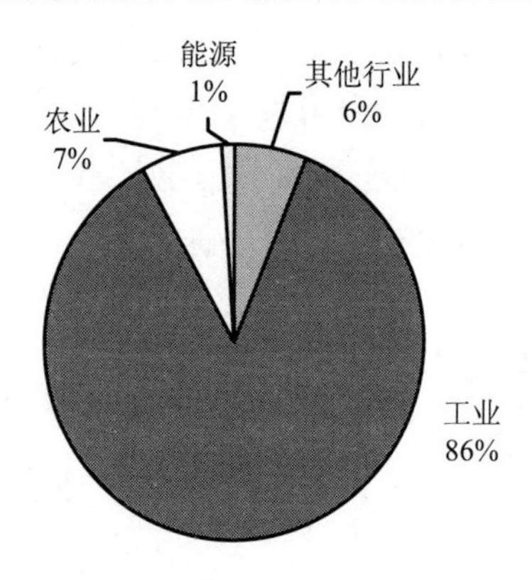

图 3-11　1985—2003 年荷兰参与自愿式协议的行业类型及比重

进而，有必要依据行业的生产工艺将其分为同质或异质行业。如果缔结协议的企业其主要生产工艺不同，那么每家参与企业都需要起草企业环境规划。相反，如果参与协议的企业采用相似生产工艺，那么参与企业就可以共同起草一份行业环境规划。究其原因是：大量事实证明异质行业在实现协议目标方面远逊于同质行业（Van der Woerd，2002：12）。

此外，还可以根据缔结协议的企业规模，将其分为大型企业和中小型企业。表 3-8 显示的是这两类企业在环境绩效方面的差异。

表 3-8　大型企业和中小型企业在环境绩效方面的差异

	大型企业	中小型企业
特征	拥有环境管理体系	很少拥环境管理体系
	拥有环境专业人员	很少/无环境专业人员
	制定年度/季度环境报告	很少制定环境报告
效果	与法规互动	无法与法规互动
	通用许可证	无通用许可证
	采用自愿协议式管理方法的效果显著	采用自愿协议式管理方法的效果不显著

来源：行业自愿式协议的效益，Van de Woerd，2002。

大量资料显示:大型企业与中小型企业相比,其能更有效地实现协议目标(Van der Woerd,2002:12)。Van der Woerd 在 2002 年的一项调查报告中指出:造纸行业和化肥生产行业的目标组协议中的总目标都是由大型企业带头实现的。而针对像纺织品后期加工等中小型企业的目标组协议,其目标则很难按期实现。关于中小型企业所缔结协议的效益还有待进一步研究。

3.6 荷兰自愿式协议的主要特点

3.6.1 与法律紧密结合

大量资料显示:荷兰除了 20 世纪 80 年代签署的自愿式协议不具有法律约束力以外,90 年代之后签署的都属于具有民事法律责任的正式合同,而且在所有的自愿式协议中都包含对违约的处罚条款。

总之,荷兰缔结的自愿式协议可分为具有法律效力的合同和不具有法律效力的"君子协定"两种类型。Börkey(2001)和 Higley(2001)调查发现:具有法律效力的自愿式协议与不具有法律效力的自愿式协议相比,前者更有效。两者之间的区别在于协议目标的不同,一种属于既定目标(保证完成),而一种属于自愿声明(努力完成)(Van der Woerd,2002)。

专题 3.1　合同、谅解备忘录和"君子协定"之间的差别

从理论上说,根据是否具有法律效力,协议可以分为合同、谅解备忘录和"君子协定"三种类型:

(1)合同是一方对另一方的承诺,如果违约要依法予以纠正,是协议中最正式的一种形式;

(2)谅解备忘录是双方或几方就一项协议达成的正式文件,比"君子协定"正式一些,但远逊于合同;

(3)"君子协定"是双方或几方之间达成的一种非正式的协议。

来源:www.free-dictionary.com。

3.6.2 以执行为导向的自愿式协议

荷兰是世界上最关注环境保护的国家之一，而且也为实现可持续发展投入了巨大的人力、物力和财力。荷兰《国家环境政策规划》在实现经济和环境的可持续发展方面制定了明确的定量目标（Börkey，2001：35）。荷兰的《国家环境政策规划》每四年更新一次，届时荷兰政府部门会将欧盟委员会颁布的最新条例和各种国际条约的目标纳入新编制的《国家环境政策规划》中。政府部门将自愿式协议看做实现《国家环境政策规划》中所制定目标的最佳手段。另外，绝大多数自愿式协议都是依据《国家环境政策规划》来制定其目标的（www.senternovem.nl）。政府部门和企业进行磋商的主要目的是：采用哪些措施实现《国家环境政策规划》中制定的目标以及确定自愿式协议的执行期。

3.6.3 第三方的参与

第三方的参与对提高自愿协议式管理方法的效率、效果、透明度和可信度都十分重要。荷兰的自愿式协议中有很多第三方组织的参与。最典型的是由荷兰经济部成立的经济事务部荷兰局，其是长期能效协议中的第三方；另外，荷兰环境部成立的工业协助组织（FO-Industry）专门负责监督和实施目标组协议。此外，每年还有大量的非政府组织和消费者协会参与协议的磋商过程，以及监督协议的签署和实施。

3.6.4 独立责任制

荷兰自愿式协议属于独立责任制。绝大多数的自愿式协议都是在政府部门和行业协会之间缔结的，即虽然协议是由行业协会签署的，但违约责任由违约企业独自承担。每家参与企业都要起草实现协议目标的企业环境规划或行业环境规划。如果企业环境规划没能通过政府部门的审核或不能保证按时实现协议目标，那么企业将被迫退出协议，并将面临更严格的环境许可证制度或处罚。

3.6.5 国家级协议

由于荷兰自愿式协议都是由国家级政府部门与行业协会或企业签署的，因此荷兰的自愿式协议都属于国家级协议。

3.7 小结

在1985—2003年荷兰共签署了约136项自愿式协议。气候变化是荷兰自愿式协议最关注的环境问题，其中大部分是由荷兰经济部与能源集中行业或企业签署的提高能效的协议。荷兰从1990年开始，共执行了三项提高能源效益的自愿式协议，覆盖了荷兰超过90%的工业能源消耗量。在《国家环境政策规划》的框架下，荷兰环境部与环境污染的重点行业共签署了11项“目标组协议”，这些协议涵盖了荷兰80%的工业污染。

参与自愿式协议的主要政府部门包括制定环境政策的国家部委、负责发放环境许可证和负责实施环境政策的地方级政府部门。对于参与自愿式协议的工业行业，根据其行业内的生产工艺分为同质行业和异质行业。现有证据表明：同质行业能更有效地实现协议目标。依据企业规模的大小，可分为大型企业和中小型企业。大量事实表明：中小型企业在实现协议目标方面存在一定困难。荷兰经济事务部荷兰局（Senter Novem）和工业协作组织（FO-Industry）是由国家政府部门出资成立的独立环境机构，其主要职责是：监督和实施协议。协议中包括这些第三方组织的参与，对提高协议的可信度和透明度等至关重要。另外，荷兰自愿式协议属于国家级协议，是具有法律效力的正式合同，其以实施为导向，在其缔结过程中有独立的环境机构作为第三方参与，另外违约责任由违约企业独自承担等。

第4章 荷兰自愿式协议的环境效益评估

本章的主要目的是从环境效率和环境改善两方面评估荷兰自愿式协议的环境效益，但由于评估环境效益需要耗费大量时间收集相关数据，因此不可能对每项协议都进行评估。所以，本章采用案例分析的方法来评估其的环境效益。

本章的第4.1节介绍案例的选择标准；第4.2～4.4节介绍案例的背景、参与方、环境目标、监督程序、目标污染物的常规发展轨迹及环境效益的评价结果等；最后总结案例分析的结果。

4.1 选择案例的标准

选择恰当的案例对于研究结果来说至关重要，因此在开始分析自愿式协议的环境效益之前需要认真考虑两个问题：案例分析的数量和案例的执行状况。

“对于分析案例的数量，4～10 个案例就可充分证明一般性的规律”（Van der Woerd，2002：4）。考虑到荷兰自愿式协议不同的类型，选出的案例应涵盖每一类自愿式协议。

关于自愿式协议的执行状况，研究人员 Higley 认为“要想评估自愿协议式管理方法的效益，就必须等到协议结束”（Higley，2001：27）。因此，入选的案例必须已经结束或至少实施了五年以上。

同时，选择案例的时候还要考虑是否可以获得所需的数据。根据以上标准，作者从每类自愿式协议中各选取了一个典型案例（见表 3-9）。

表 3-9　入选案例名称

	案例类型	案例名称
1	能效协议	第一期长期能效协议
2	产品协议	包装物协议
3	目标组协议	化工行业的自愿环境声明

具体介绍三个案例的环境效益分析，每个案例分析都包括以下四个方面：

- 案例分析概要；
- 案例的目标、实施过程、实施成本及监督系统；
- 案例所针对污染物的常规发展轨迹和终极目标的实现情况；
- 环境效益分析。

4.2 案例分析一：第一期长期能效协议（见表 3-10）

4.2.1 案例分析概要

表 3-10 第一期长期能效协议概要

名称	第一期长期能效协议
环境问题	气候变化
目标	协议总目标是以 1989 年的能效水平为基础，到 2000 年将能效提高 20%
协议执行时间	1990—2000 年
甲方	— 荷兰经济部 — 荷兰工业和雇主联盟
乙方	— 31 家工业行业协会（包括 1 250 家企业） — 13 家非工业行业协会
第三方	荷兰经济事务部荷兰局
处罚条款	未完成目标的企业必须遵守更严格的二氧化碳排放许可证制度
是否颁布新的法规	如果协议的总目标没有实现，政府将颁布新的能源节约法规

4.2.2 第一期长期能效协议

荷兰政府采取长期能效协议作为二氧化碳减排的主要措施。该协议的主要参与方包括荷兰经济部和各类工业行业协会。荷兰经济事务部荷兰局是该协议的第三方，主要负责监督该协议的实施情况及协助企业寻找降低能源消耗的方法。最终，共有 31 家工业行业协会和 13 家非工业行业协会于 1990 年与经济部签署了该协议。本章关注的重点是签署了该协议的工业行业协会，因为其作为长期能效协议的主要参与方，其能源消耗量占荷兰工业能源消耗总量的 90%以上（www.senternovem.nl）。

4.2.2.1 实施过程

根据荷兰经济事务部荷兰局的年度报告和 Farla（2002）的一项研究显示：长期能效协议的实施过程共分为以下六个步骤：

步骤 1：荷兰经济部同荷兰经济事务部荷兰局共同协商启动长期能效协议项目。提高能源效率可以有效地减少二氧化碳的排放量。制定长期能效协议总目标的依据是《国家环境政策规划》中减少二氧化碳排放目标（SenterNovem，2004）。通过步骤 1 取得的成果包括：明确了长期能效协议的总目标及确定了参与长期能效协议的行业应满足的条件。满足以下条件的行业才有资格与经济部签署长期能效协议（Farla，2002：167）：

（1）行业内企业在生产工艺方面属于同质行业；

（2）整个行业的能源消耗量超过 1 PJ/a；

（3）行业内同意参与该类协议的企业的能源消耗总量至少占该行业能源消耗总量的80%以上；

（4）行业协会组织有序；

（5）行业协会愿意代表会员企业签署协议，并积极协助企业实现行业长期能效协议的总目标。

步骤 2：企业起草意愿书。根据参与长期能效协议的企业应该满足的条件，荷兰经济事务部荷兰局负责联系符合条件的企业和向其介绍长期能效协议。有意向签署协议的行业可以起草并提交意愿书（www.senternovem.nl）。

步骤 3：仔细衡量行业提高能效的潜力。在签署长期能效协议之前，荷兰经济事务部荷兰局负责仔细衡量每个行业提高的能效潜力。依据衡量结果和协议的总目标，制定每个行业的能效目标。因此，"每个行业的长期能效协议都是根据行业的实际情况而量身打造的"（Farla，2002：167）。

步骤 4：签署长期能效协议。将荷兰经济事务部荷兰局确定的实际结果落实到每个行业提高能效的长期规划中（Farla，2002：167）。截至1998年，荷兰经济部共与31家工业行业和13家非工业行业签署了长期能效协议，签署该协议的所有行业在1989年的能源消耗量共计653PJ（www.senternovem.nl；www.ez.nl）。

步骤 5：每家参与企业都需要制订节能计划。在行业长期能效协议的框架下，行业内的每家企业都要制订出各自的节能计划。节能计划包括企业以1989年的能效水平为基准，制定能效提高目标和提高能效的具体方法（Farla，2002：167）。

步骤 6：年度监测。签署长期能效协议之后，就正式进入了协议的实施阶段。监督长期能效协议的主要依据是企业的节能计划和年度执行报告。荷兰经济事务部荷兰局将各个行业的数据汇总后上报经济部，经济部负责掌控能源消耗总量。图3-12显示的是长期能效协议的实施步骤。

4.2.2.2 实施成本

长期能效协议的筹备、实施和监测工作统一由荷兰经济事务部荷兰局负责。根据该项目总负责人 Johan Flint 先生提供的数据，长期能效协议的总成本为约1.5亿欧元，每年的运行成本约为1 500万欧元。31家行业共计1 250家企业参与了长期能效协议，其中大约200家企业的能源消耗量大于0.5 PJ/a。荷兰经济事务部荷兰局约有30人专门负责长期能效协议，他们负责了荷兰超过80%的工业能源消耗量的节能工作。通过长期能效协议累计可以节约至少价值5亿欧元的能源，因此，长期能效协议是一项经济效益较高的自愿式协议。

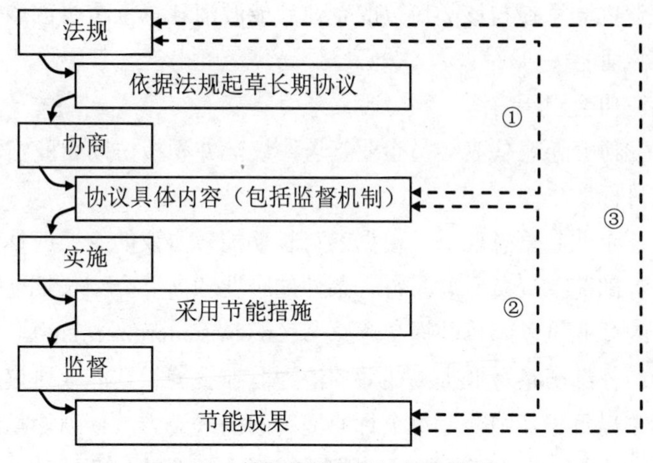

图 3-12 长期能效协议的实施步骤

来源：荷兰工业能源效率长期协议，J.C.M.Farla 和 Blok，2002。

① 政策目标和长期能效协议之间的关系。

② 提高能效和实现长期能效协议目标之间的关系。

③ 政策目标和具体提高能效之间的关系。

4.2.2.3 监督过程

第一期长期能效协议的总目标是：以 1989 年的能效水平为基准，到 2000 年将能效提高 20%。Farla 在 2002 年的报告中指出长期能效协议的评价指标是能效指数，其具体计算方法如下：能效指数（EEI）=全年生产某产品所需的能源/以基准年（1989 年）的能效生产该产品所需的能源。

专题 3.2 如何计算能源效率（EEI）

基准年（1989）	计算年
产量：200 t	产量：250 t
能源消耗：500 GJ	能源消耗：600 GJ
SECr：2.5 GJ/t	SECa: 2.4GJ/t
（基准年实际能源消耗量）	（计算年实际能源消耗量）

能源效率指数（EEI）= 600/（2.5 × 250）=0.96⇒ 96%（=SECa/SECr）

与基准年 1989 年相比，计算年的能源效率提高了 4%

来源：荷兰经济事务部荷兰局，2004。

整个行业的能效指数是该行业中所有参与长期能效协议的企业能效指数的平均值。参与长期能效协议的每家企业都要提交年度报告，其中包括当年能源实际的消耗量和基准年能源的消耗量，还要采用基准年的能效与计算年实际能源消耗量对比的方法算出能效指数。企业需要将年终报告分别提交给荷兰经济事务部荷兰局和其隶属的行业协会。荷兰经济事务部荷兰局负责将企业提交的相关数据汇总，并计算出整个行业的情况。企业提交的资料将由专门为长期能效协议而成立的顾问委员会负责核实和批准。顾问委员会的成员包括参与长期能效协议的各方代表和荷兰经济事务部荷兰局的工作人员代表等。顾问委员会负责向经济部汇报各个工业行业的能效指数和监测某些企业能效提高方法的合理性。最终由顾问委员会将审核结果上报荷兰经济部（Farla，2002：169）。图 3-13 显示的是长期能效协议的监督流程。

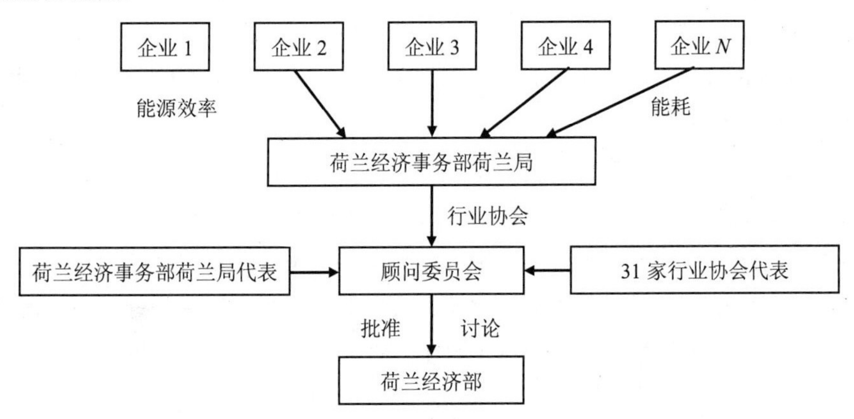

图 3-13　长期能效协议的监督流程

4.2.3 能效的常规发展轨迹和第一期长期能效协议的最终成效

4.2.3.1 能效的常规发展轨迹

Higley（2002）指出：能效的常规发展轨迹是指在没有政策手段干预的情况下，由于技术和生产工艺进步等因素，企业能效在某种程度上的自发提高（Higley，2001：54）。目前，很多研究人员（如 Farla，2002；Brand，1998；等）都开发出计算能效常规发展轨迹的计算模型。这些计算模型采用的都是 de Beer 等开发的 ICARUS-3 技术数据库。ICARUS 是一个包含荷兰所有经济体在提高能效方面的潜力及大量能源消耗方和能源供应方所采用的相关技术的数据库。通过 ICARUS

数据库可以计算出某工业行业的节能潜力。依据该模型显示：荷兰工业行业能效的常规发展轨迹是在1990—2000年提高9%～15%。随后，能效可平均每年提高0.9%～1.6%。同时，研究人员Grubb计算出世界能效的常规发展轨迹是平均每年提高1%（Rietbergen，2001：12）。此外，荷兰经济事务部荷兰局也开展了一项关于工业节能可行性的调查研究。研究结果显示：按常规发展轨迹，荷兰制造业的能效可每年提高0.7%～1%（www.senternovem.nl）。

根据以上研究人员的计算，可以得出荷兰工业企业能效的常规发展轨迹为：至少每年提高0.7%～1%。

4.2.3.2 第一期长期能效协议的最终成效

根据荷兰经济事务部荷兰局的统计，第一期长期能效协议的总目标：以1989年的能效水平为基准，到2000年将能效水平提高20%，该目标已经在1999年提前实现。截至2000年，荷兰工业行业的能效共提高了约22.3%（www.senternovem.nl）。附录一是31家行业协会在第一期长期能效协议中制定的行业目标及截至1999年各行业的能效情况。

尽管第一期长期能效协议的总目标提前实现，但并不是参与长期能效协议的所有行业都成功地实现了其制定的目标。2004年荷兰经济事务部荷兰局的一项调查显示：有13家工业行业实现了其协议目标，这13家行业的能源消耗约占荷兰工业能源消耗总量的77%；18个行业没有实现其协议目标，这些行业的能源消耗约占工业行业能源消耗总量的13%。另外，研究还发现：没有实现协议目标都是以中小型企业占主导的行业。然而，根据荷兰经济事务部荷兰局项目负责人Johan Flint先生提供的信息，这些没有实现既定目标的企业并没有受到任何处罚。Johan Flint先生强调说：这是因为长期能效协议的目标不仅是要求企业实现其制定的目标，更重要的是要求企业采取节能措施、接受审计和监督。只要企业付出了努力，即使没有按时实现既定目标，其暂时也不会受到处罚。

4.2.4 环境效益评估

第一期长期能效协议相较于工业行业能效的常规发展轨迹相比，取得的最终成果，如图3-14所示。

如前所述，按照能效的常规发展轨迹估计，荷兰工业企业的能效可每年提高0.7%～1.0%，即在1990—2000年能效的常规发展轨迹提高7.7%～11%。第一期长期能效协议的总目标是到2000年将能效水平在1989年的基础上提高

20%。当项目执行期结束时，第一期长期能效协议的能效水平比 1989 年的能效水平提高了 22.3%。

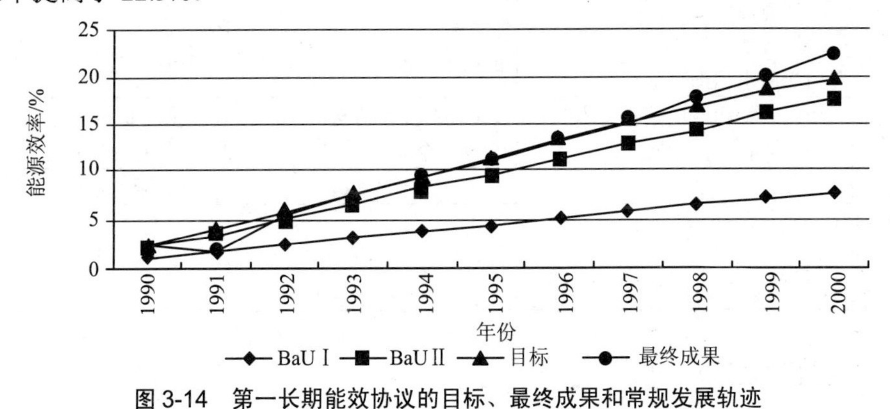

图 3-14　第一长期能效协议的目标、最终成果和常规发展轨迹

来源：荷兰经济事务部荷兰局，2004，荷兰经济部，1999，Rietbergen（2002）和 Farla（2001）。

根据第一期长期能效协议取得的成效，其与荷兰能效常规发展轨迹相比较得出以下结论：

（1）第一期长期能效协议制定的目标具有一定挑战性，其高于能效的常规发展轨迹，即该协议的环境效率较高；

（2）该案例超额完成了既定目标，在能效方面实现了环境的改善。

4.3 案例分析二：包装物协议

4.3.1 案例分析概要（见表 3-11）

表 3-11　包装物协议概要

协议名称	包装物协议 I	包装物协议 II	包装物协议 III
环境问题	废物管理	废物管理	废物管理
目标	至 2000 年，将包装物的总量降低至 1986 年的水平 至 2000 年，至少回收 60%（重量）包装废物	至 2001 年，卫生填埋和焚烧的包装物总量不超过 94 万 t 至 2001 年，至少回收 65%（重量）的包装废物	至 2005 年，卫生填埋和焚烧的包装物总量不超过 85 万 t 至 2005 年，至少回收 70%（重量）的包装废物
执行期	1991—2000 年（1997 年被迫终止）	1998—2001 年	2002—2005 年

协议名称	包装物协议 I	包装物协议 II	包装物协议 III
环境问题	废物管理	废物管理	废物管理
甲方	环境部 经济部 交通水利部	环境部 市级政府部门	环境部 市级政府部门
乙方	包装物和环境基金会 250 家大型企业	包装物产业链协会 25 万家企业	包装物产业链协会 25 万家企业
处罚条款	无	企业承担	企业承担
政府部门是否将颁布新法规	否	否	否

4.3.2 包装物协议

包装物协议是荷兰著名的产品协议之一，其目标是减少包装物的使用量，提高包装物的回收比例以及确保国内商品市场的正常运行（www.svm-pak.nl）。荷兰在 1991—2003 年共实施了三期包装物协议。第一期包装物协议签署于 1991 年 6 月，执行期为 1991—2000 年。但由于欧洲委员会于 1994 年 12 月 20 日颁布新的《包装和包装废物管理条例》(94/62/EC)，该协议在 1997 年被迫终止。经过一年的磋商，第二期包装物协议于 1998 年开始生效。新缔结的包装物协议是依据荷兰新的《国家废物法规》(该法规是根据欧洲委员会新颁布的条例而制定的) 的要求而制定的。荷兰从 2005 年开始实施第三期包装物协议。本案例分析将详细介绍这三期包装物协议的发展史、相同和不同之处、各期目标和最终成效。最后评价包装物协议的环境效益。

4.3.2.1 第一期包装物协议

经济合作与发展组织（1998）的一份报告中指出：荷兰第一期包装物协议是企业和政府部门经过长时间磋商而缔结的。荷兰政府部门在 20 世纪 80 年代建立了一个关于包装废物的产生和管理的数据库，然后邀请使用和生产包装物的大型企业共同探讨如何制定出一个具有挑战性的发展战略。

经过几年的磋商和筹备，荷兰环境部和包装物与环境基金会（FPE）在 1991 年共同签署了第一期包装物协议。该基金会的成员包括包装物生产企业、包装废弃物填埋部门和废物管理部门等约 250 家大型企业和公共事业单位(OECD, 1998: 15)。第一期包装物协议的目标是：到 2000 年将包装物总量降至 1986 年的水平，另外至少回收 60%（重量）的包装物。

为了实现该协议的目标，政府部门与包装物和环境基金会共同制定了一系列措施，其中包括通过扩大包装物生产者的责任范围、采用生命循环分析法、市场经济分析法等方法尽量降低由于包装废物而造成的环境污染（OECD，1998：13）。包装物产业链协会的经济师 Robert Jan ter Morsche 先生告诉作者“在第一期包装物协议的实施期间，政府部门除了采用物质循环分析法和生命循环分析法之外，还向消费者发放了大量关于废物分类意愿及垃圾分类种类的调查问卷”。这些调查的结果为包装物协议的签署提供了宝贵信息。

1994 年欧洲委员会颁布新的《包装和包装废物管理条例》对荷兰包装物的政策产生了以下两方面的重要影响：① 它要求荷兰政府出台具有法律效力的更严格的相关法规；② 将欧洲委员会的管理条例纳入国家法规需要在各部门之间进行大量的协商与协调，尤其是在环境部和经济部之间。因此，严重影响了包装物协议的实施（OECD，1998：15）。

欧洲委员会发布的条例要求：各成员国至少回收 50%～65%的包装物，而且还将依据各成员国的实际条件适当提高回收比例。

按照欧洲委员会条例（94/62/EC）的要求，1997 年荷兰签署的包装物协议提高了包装物的回收再利用比例。例如，第一期包装物协议制定到 1994 年的过渡目标是回收 40%的包装物。因此，该协议的各参与方决定提前终止第一期包装物协议，然后再依据欧洲委员会颁布的《包装和包装废物管理条例》重新缔结新的包装物协议。

4.3.2.2 第二、第三期包装物协议

1997 年荷兰依据欧洲委员会的相关条例而颁布新的《国家废物法规》正式生效。《国家废物法规》规定：截至 2001 年 6 月 20 日，至少要回收 65%的包装废物（www.vrom.nl）。为了实现该目标，所有相关企业和部门都需要付出巨大的努力。《国家废物法规》还明确规定了包装物生产和进口企业应承担的责任。企业若遵守这些规定，就必须要投入大量的时间和资金。但《国家废物法规》同时规定企业可选择同政府部门签署自愿式协议，以共同探讨采取哪些措施来达到《国家废物法规》要求。在这种情况下，企业可暂时不受法规条例的约束。因此，绝大多数企业采取了缔结协议的方式。

1997 年 12 月 15 日第二期包装物协议由荷兰环保部、市级相关政府部门和 1997 年成立的包装物产业链协会三方共同签署。参与本协议的企业总数达 25 万家。市级政府部门在协议中的主要责任是：确保包装废物回收和废物处理设施处

于良好的运行状态，这与其在长期能效协议中的作用不同。Robert Jan ter Morsche 先生强调造成这种差异的原因是：① 包装废物的终极来源是居民，市级政府部门负责与市民进行交流和教育公众，确保他们能够将包装废物进行正确分类；② 市级政府部门还负责采用适当的方法来运输、回收、处理包装废物。

第二期包装物协议主要针对塑料、纸板/纸张、玻璃、有色金属和铝制品五种包装物。协议的总目标是：截至 2001 年，卫生填埋和焚烧的包装废物总量不超过 94 万 t，另外，至少回收 65%的包装废物（www.vrom.nl）。

2002 年 12 月 14 日第三期包装物协议正式生效。与前两期协议不同，第三期包装物协议更关注降低包装废物的总量，协议的总目标是：截至 2005 年，卫生填埋和焚烧的包装废物总量不超过 85 万 t，另外至少回收 70%的包装废物（包装物委员会，2004）。

4.3.2.3 实施成本

包装物产业链协会负责监督协议的实施，其与荷兰经济事务部荷兰局的差别在于：其是由各个行业协会和企业共同出资成立的。首先，企业将相关费用作为会员费交给行业协会，行业协会再转交给包装物产业链协会。Robert Jan ter Morsche 先生告诉作者由于很多工作是由行业协会和参与协议的企业共同承担的，因此包装物协议的总成本很难计算。例如，投入了多少人力、人工成本等都很难确定。唯一确定的成本是包装物产业链协会每年用于监督、沟通、交流和管理的费用大约为 300 万欧元以及包装物调研项目的总耗资约为 1 000 万欧元。

4.3.2.4 监督程序

包装物协议采取行业内部监督。参与协议的每家企业和包装物产业链协会都有义务确保协议总目标顺利实现。企业需要向包装物产业链协会提交年度报告。根据 Robert Jan ter Morsche 先生提供的资料，荷兰 80%的包装废物来自 60～70 家大型连锁企业，这些企业需每年直接向包装物产业链协会提交年度报告。另外 20%的包装废物来自上万家中小型企业，这些中小型企业主要分属于 77 家行业协会，每年由其所属行业协会向包装物产业链协会提交行业年度报告。

另外，包装物产业链协会还需要起草关于包装物产业链（包括包装物生产商、零售商等）为实施协议而采取的各种措施的评价报告。之后，包装物产业链协会将这份综合报告上交给包装物委员会。该包装委员会是在协议的框架下而设立的包括 5 名成员的独立组织，其中环境部和包装物产业链协会各两名成员，委员会主席由企业任命。包装物委员会的主要职责是评估企业所采取的措施是否符合协议要求以及审核包装物产业链协会提交的年度报告。包装物委员会需要依据企业提交的报告评估企业为实现协议目标所进行的努力，另外，所有相关方需要提交一份包括协议目标的实现情况和通过采取哪些措施来实现下一个阶段目标等内容的报告（www.svm-pact.nl；包装委员会，2004：19）。

此外，一家会计事务所作为项目的顾问公司，主要负责测量相关“输入数据”。荷兰国家公共卫生和环境研究所（RIVM）负责测量相关的“产出数据”。“输入数据”指投入市场的包装物的总量，“产出数据”指包装废物的产出量（包括进口产品的包装废物量）。会计师事务所所需的数据来自大型连锁企业和各个行业协会；国家公共卫生和环境研究所所需的数据来自环境部、市级相关政府部门和废物回收公司等。这两家咨询机构依据测得的数据，共同计算得出全国包装废物的回收率及焚烧和土地填埋处理的垃圾量。包装物委员会依据以上资料每年起草一份实现协议目标情况的年度总报告（经济合作组织，1998：17；包装物委员会，2004：9）。结合上述信息，将监督荷兰包装物协议的流程总结如下。

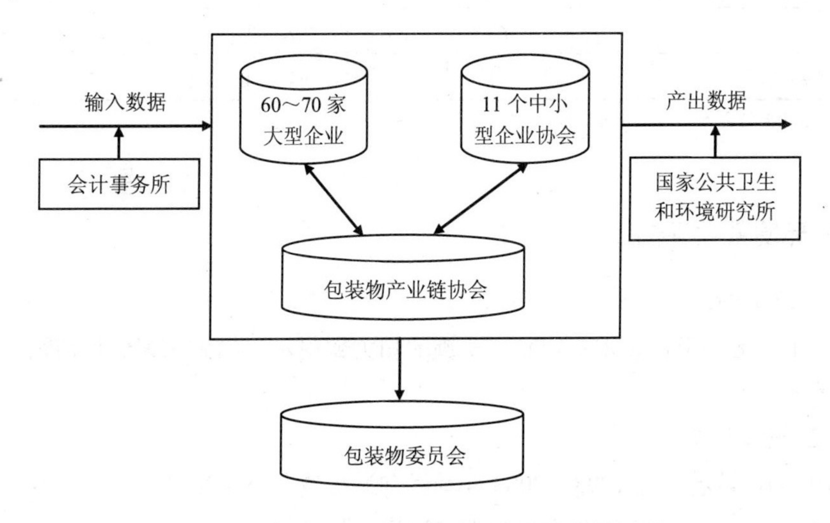

图 3-15　监督荷兰包装物协议的流程

4.3.3 包装物的常规发展轨迹和包装物协议的最终成效

4.3.3.1 包装物的常规发展轨迹

由于缺少相关信息，因此，荷兰包装物的常规发展轨迹无法推测。正如 Robert

Jan ter Morsche 先生所述，荷兰包装物协议的总目标是依据欧洲委员会 1994 年颁布的《包装和包装废物管理条例》而制定的，所以政府部门和企业事先也并没有估计包装物的常规发展轨迹。

4.3.3.2 包装物协议的最终成效

接下来分析第二、第三期包装物协议的目标实现情况和环境效益。表 3-12 是 1998—2003 年荷兰包装废物产生量及回收率，数据来自包装物委员会的年度报告。

表 3-12 1998—2003 年荷兰包装废物产生量及回收率

项目	1998 年	1999 年	2000 年	2001 年	2002 年	2003 年
进入市场的包装物总量/万 t	254.7	261.7	275.8	278.5	271.9	270.2
回收的包装物总量/万 t	157.4	165.8	170.8	169.6	167.1	170.9
循环再利用的包装物总量/万 t	0	18	46	92	98	95
处理的包装物废物总量/万 t	973	941	1 004	997	950	898
回收率/%	62	63	62	61	61	63
再利用率/%	62	64	64	64	65	67

来源：包装物委员会 2003 年的年度报告。

4.3.4 环境效益评估

4.3.4.1 环境效率

由于缺乏关于包装物常规发展轨迹的相关数据，因此无法评估包装物协议的环境效率。

4.3.4.2 环境改善

图 3-16 显示的是 1998—2003 年荷兰包装废物焚烧和填埋的总量。灰色表示的是第二期和第三期包装物协议中的包装废物处理目标。

图 3-17 显示的是 1998—2003 年包装物的回收率及协议目标。

从图 3-16、图 3-17 可以看出第二期包装物协议的废物处理和包装物回收率两个目标均没有按期实现。虽然第二期包装物协议的目标没有实现，但实施效果与目标差距较小。第三期包装物协议在作者结稿时还在实施中。

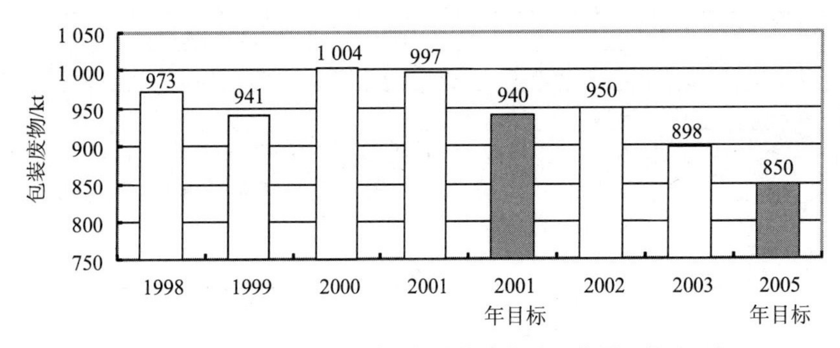

图 3-16　1998—2003 年荷兰包装物废物处理总量及协议目标

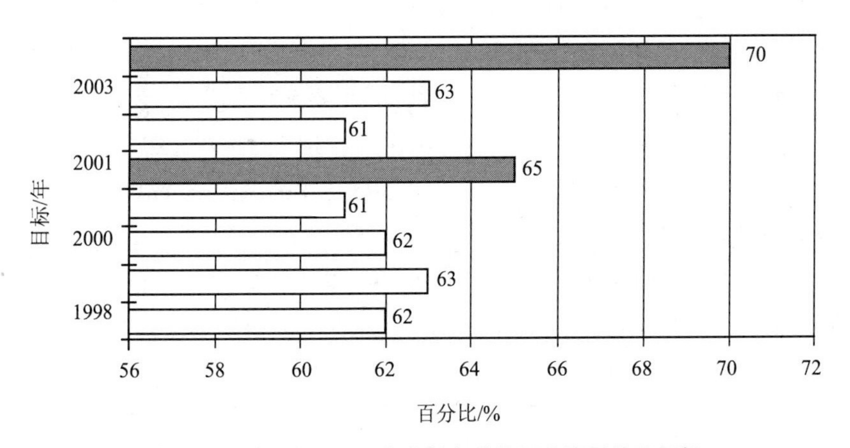

图 3-17　1998—2003 年荷兰包装物回收率及协议目标

来源：包装物委员会 2003 年的年度报告。

4.4 案例分析三：化工行业的自愿环境声明

4.4.1 案例分析概要（见表 3-13）

表 3-13　化工行业自愿环境声明概要

环境问题	化工行业涉及的所有环境问题
目标	71 项减排目标，包括：气候变化（4 项）、酸雨（4 项）、空气污染（29 项）、水污染（32 项）、水体富营养化（2 项）
协议时间	1994 年、1995 年、2000 年和 2010 年
甲方	环境部　　市级政府部门 水务联合会　　省级政府部门

环境问题	化工行业涉及的所有环境问题
乙方	化工行业协会　103 家企业
第三方	工业协助组织
处罚条款	不参加自愿环境声明的企业或未能实现既定目标的企业需严格遵守现行的许可证制度；政府部门为参与自愿环境声明的企业提供简便、灵活的许可证发放方式
是否颁布新的法规	否

4.4.2 化工行业的自愿环境声明

1993 年荷兰环保部和地方级政府部门与化工行业协会达成了一项旨在降低化学污染物对环境影响的协约——化工行业的环境自愿声明。

该自愿环境声明的目标是：以 1985 年化工行业的污染物排放量为基准，分别制定了到 1994 年、1995 年、2000 年和 2010 年化学物品减排率(欧洲环境署，1997：69)。根据化工行业对环境的影响，确定了气候变化、酸雨、大气污染、水污染和水体富营养化五类环境问题中的共 71 项污染物减排目标。表 3-14 简要列出其中几项最具代表性的减排目标。

表 3-14　化工行业自愿环境声明的减排目标（部分）

污染物	2000 年目标	2010 年目标
气候变化（共 4 项）		
氟化物	－100%	—
卤素	－100%	—
酸雨（共 4 项）		
二氧化硫	−78%	−90%
氮氧化物	−60%	−90%
大气污染（共 29 项）		
苯	−75%	−98%
二氧杂环乙烷	−70%	−90%
水污染（共 32 项）		
铜	−50%	−80%
氯酚	−99%	−99%
水体富营养化（共 2 项）		
氮	−70%	−75%
磷	−75%	−90%

来源：工业协助组织，2004。

政府部门承诺采用简便、灵活的方式为参与自愿环境声明的企业发放环境许可证。而不参与自愿环境声明的企业或没有实现自愿环境声明减排目标的企业则需要严格遵守现行的许可证制度。荷兰的化工行业协会共有 120 家大型企业。化工行业是拥有超大型企业的异质行业，因此，每家企业都需要制定企业环境规划，并将其提交给许可证管理部门。根据 Börkey（2001）的调查，1993 年共有 114 家企业制定了企业环境规划，最终有 103 家企业制定的环境规划通过了许可证管理部门的审核，而企业环境规划被否决的几乎都是由中小型企业提交的。允许参与自愿环境声明的 103 家企业的污染物排放量约占荷兰化工行业污染物排放总量的 97%（欧洲环境署，1997：69）。

自愿环境声明的监督程序从企业开始。参与该声明的企业必须每年向化工行业协会提交年度污染物减排报告。报告包括企业当年各项污染物排放量以及与基准年 1985 年相比的减排率等内容。之后，化工行业协会负责将所有企业的年度报告汇总、整理，最终编制出整个化工行业的污染物减排年度报告，另外，再对整个化工行业在过去一年内所采用的措施进行评估，统计各种污染物的减排总量。化工行业协会将行业报告连同企业的年度报告一并提交给由荷兰环境部成立的工业协助组织（FO-Industry）。该组织的主要任务是：评估参与自愿环境声明的企业是否尽力实现其在企业环境规划中依据自身条件所确定的环境目标及审核化工行业协会提交的年度报告。同样，工业协助组织也需向环境部和许可证管理部门提交年度评审报告。如果企业没有实现其在企业环境规划中承诺的目标，那么许可证管理部门有权决定是否终止与其缔结的协议。化工行业自愿环境声明的监督流程见图 3-18。

4.4.3 污染物排放常规发展轨迹和自愿环境声明的最终成效

4.4.3.1 污染物常规发展轨迹

化工行业的自愿环境声明源自荷兰《国家环境政策规划》中的“目标组方法”。自愿环境声明的目标都是依照《国家环境政策规划》的要求而制定的，即为了实现可持续发展，化工行业需要降低约 200 多种化学污染物的排放总量。但值得注意的是：《国家环境政策规划》中制定的目标是否高于污染物减排的常规发展轨迹还不得而知。虽然欧洲环境署在 1997 年的一项名为《环境协议与环境效益》的调查中曾提到了荷兰化工行业污染物减排的常规发展轨迹，但其也指出化工行业的污染物减排的常规发展轨迹很难评估，因为：① 要想评估污染物减排的常规发展轨迹需要首先评估现有的法规，否则就需对行业的环境问题和环境污染进行更大范围的评估；② 没有足够的数据评估现行法规可能产生的环境改善。

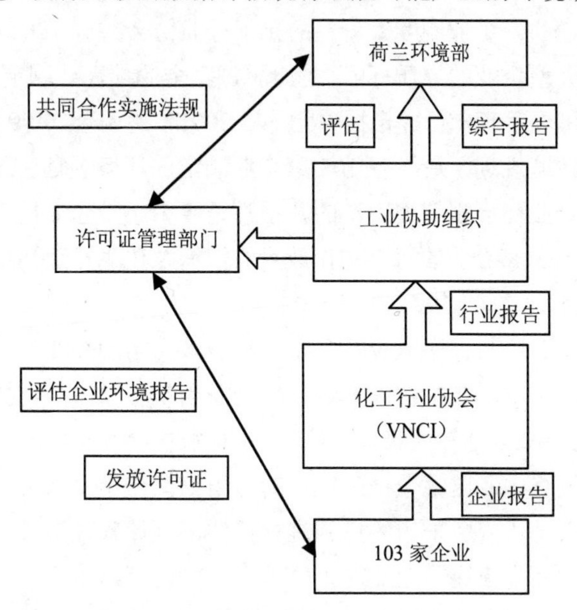

图 3-18 化工行业自愿环境声明的监督流程

最后，该研究在 1985—1992 年（企业发表自愿环境声明之前）的数据基础上给出了一个大概的污染物减排的常规发展轨迹作为评价污染物排放量变化的指标。因此，评估本案例的环境效率将比较其在自愿环境声明中制定的 2010 年的实现目标与欧洲环境署给出的污染物减排的常规发展轨迹。根据工业协助组织和化工行业协会的统计，比对结果是 34 项污染物减排目标高于其常规发展轨迹；12 项污染物的减排目标与其常规发展轨迹基本相同；其余 25 项污染物的减排目标低于其常规发展轨迹。由于 1/3 的目标污染物的减排目标低于其常规发展轨迹，因此该案例的环境效率并不理想。

4.4.3.2 化工行业自愿环境声明的最终成效

如前所述，化工行业自愿环境声明的目标是：以 1985 年的污染物排放水平为基准，分别制定了截至 1994 年、1995 年、2000 年和 2010 年要实现的化学污染物减排目标，声明中共包括 5 种环境问题共 71 项污染物的减排目标。根据化工行业协会的年度报告，其中 55 种化学污染物计划于 2010 年实现的减排目标但已于 2003 年提前实现。化工行业协会在报告中也指出：由于缺少适当的减排技术和措施，降低焚烧过程中产生的乙烯基氯、氮氧化物和一氧化碳等14项污染物的减排目标很难实现。

4.4.4 环境效益评估

由于只有半数的污染物的减排目标高于其常规发展轨迹，因此本案例的环境效率一般；绝大多数的减排目标都提前实现了，但是由于缺少适当的减排技术，14种污染物的减排目标难以实现。

4.5 对比三个案例的环境效益

表3-15中的评估标准来自其他评估自愿协议式管理方法效果与效率的各类研究报告，本节根据这些评估标准对比上述三个案例的环境效益。

表3-15 对比上述三个案例的环境效益

项目	第一期长期能效协议	包装物协议	化工企业环境自愿声明
协议管理			
在协议签署之前是否分析了“常规发展轨迹”	是	否	未知
具体的量化目标和时间表	++	++	++
参与方之间良好的沟通渠道	+	+	+
有效地监督和执行机制	++	++	++
企业实现协议目标的分工合作机制	++	+	++
第三方参与	是	否	是
对未能实现协议目标的惩罚机制	+/−	+	++
颁布新的相关法规	是	否	否
环境效益评估结果			
环境改善	++	+/−	+
环境效率	++	?	+/−

注：++ = 很好　+ = 好　+/− = 一般
　　− = 差　− − = 较差　? = 未知

通过对比发现：三个案例都制订了具体的量化目标和实施计划，每个案例都有从企业年度报告到提交给环境部的行业年度报告的一整套监督机制，都能确保协议顺利实施。参与方之间良好的沟通渠道可以促进企业交流信息和分享经验。

在第一期长期能效协议和化工行业环境自愿声明两个案例中，协议的总目标需要通过企业的努力实现，每个参与企业都依据自身具体条件制定了企业目标。这两个案例中都有独立的第三方组织参与，这对于协议的顺利实施和提高透明度等有着重要的意义。

如果没有实现协议目标，政府部门可能会制定新的法规，而这一规定仅出现于长期能效协议中。处罚未能实现协议目标的规定在荷兰自愿式协议的实施过程中起着举足轻重的作用，这种规定有助于实现协议目标。

在上述三个案例中，仅长期能效协议在签署之前，分析了“常规发展轨迹”，该案例的环境效率也是上述三个案例中最高的。

基于对上述三个案例的分析，可以得出这样的结论：荷兰的自愿式协议是一种能够实现既定环境目标的政策手段，而且其环境效益较为理想。但由于某些案例缺少常规发展轨迹等数据及案例分析数量的限制，该研究结论还需得到进一步的论证。

总而言之，荷兰自愿式协议的环境效益较为理想。

第 5 章　将自愿协议式管理方法引入中国的环境管理

在详细地了解和分析了荷兰自愿式协议的特点、协议程序和环境效益之后，本章的目的是探讨将自愿协议式管理方法引入中国环境管理领域的可行性。

5.1 中国环境政策的简要介绍

目前，中国主要的环境管理政策是“指令式管理方法”。这种管理方法已经在中国应用了 30 多年（南京市环保局，2005）。在这 30 多年中，指令式管理方法的确在解决环境问题和污染物减排等方面取得了很大成果。截至目前，就经济发展和环境保护相比，各级政府依旧更注重经济发展，这也就导致了乡村和城镇的环境退化以及各种复杂的新生的环境问题不断出现。

目前，政府部门已经意识到要想改善环境、解决复杂的环境问题，仅靠强制性指令式管理方法已不足够。这为将自愿协议式管理方法引入中国环境政策领域创造了良好的契机。尽管很多欧洲国家，尤其是荷兰，通过采用自愿协议式管理方法在节能和工业污染物减排方面取得了很大的成效，但并不能简单地将该方法复制并移植到中国，因为每个国家都有各自特殊的政治和文化背景。自愿协议式管理方法需要适应中国的国情。表3-16对比了中国和荷兰两国在地理、人口、经济和政策等方面的差异。

表3-16 中国与荷兰的差异

名称	中国	荷兰
面积	9.60万 km^2	4.15万 km^2
人口	13.6亿	1 600万
国家体制	社会主义国家	资本主义国家
经济状况	发展中国家（东部和西部地区在经济发展和经济状况方面存在着较大的差异）	发达国家
发展重点	经济	可持续发展
主要政策措施	指令式管理方法	指令式管理方法、经济手段、自愿协议式管理方法

5.2 将自愿协议式管理方法引入中国的重要意义

毫无疑问，指令式管理方法在中国的环境管理领域发挥了至关重要的作用。但由于经济和社会的高速发展，这种环境管理措施在灵活性和机动性等方面的不足日益明显，而且仅凭指令式管理方法也很难解决日益复杂的环境问题。自愿协议式管理方法作为传统政策手段的补充措施在很多国家广泛应用。实施自愿协议式管理方法可以在以下几个方面弥补指令式管理方法的不足：

第一，通过自愿协议式管理方法可以降低收集数据的成本。为了有效地控制污染物排放，政府部门需要收集与上万种产品和污染企业相关的数据。由于数据的需求量过于庞大，费用非常可观，导致指令式管理方法的成本效率在很大程度上受到影响。

第二，自愿协议式管理方法可以避免法规的不公平性。在中国，不同地区的经济和社会发展不均衡，而实施统一的法规对不同地区的企业并不公平。正因为这个原因，导致指令式管理方法效率不高，而且也造成了资源浪费。

第三，自愿协议式管理方法可以提高工业企业改善环境的意识。通常，指令式管理方法不具备促使企业超过法规要求而自愿减排的机制。

第四，自愿协议式管理方法可以解决采用指令式管理方法很难解决的环境问题。例如，由面源污染带来的环境问题（废水和固废）。而且政府部门已经逐渐意识到了指令式管理方法的不足之处（南京市环保局，2005）。

5.3 中国引进自愿协议式管理方法的有利条件

经济条件是影响自愿协议式管理方法引进中国的环境管理领域的重要因素之一。绝大多数欧盟国家都是经济发达国家，而且广泛采用的是市场经济机制（SenterNovem，2005）。中国和欧盟国家在经济发展和经济机制方面存在较大的差异。中国在过去很长一段时间里实施的都是计划经济。而随着经济发展和改革开放，中国目前处在计划经济和市场经济的转型时期（南京市环保局，2005）。经过30 多年的经济发展和资本积累[①]，中国和欧盟国家在经济机制和经济强度等方面的差距正在不断缩小。中国良好的经济发展趋势为将自愿协议式管理方法引入中国的环境管理奠定了坚实的基础。在中国引进自愿协议式管理方法存在以下 4 个有利条件：

（1）可首先在大型企业、先进企业中引进自愿协议式管理方法。2004 年 8 月，欧盟亚洲生态项目“将自愿协议式管理方法引入中国的工业环境管理项目”的启动会在南京正式召开。该项目的目的是：分析欧洲自愿协议式管理方法的经验，并将之引入中国（WI，2005）。项目的最终成果是：根据试点南京的经验开发出适合中国国情的自愿式协议模式，并将其推广至全国其他地区（南京环保局，2005）。南京位于中国的东南部，是经济发达地区。南京市 29 家重点污染企业（南京市 80%的工业污染物排放均来自这 29 家企业）作为首批签订自愿式协议目标企业（南京市环保局，2005）。经过一年的努力，以及与当地政府部门和企业协商，一共签署了 5 项关于提高能源效益和污染物减排的谅解备忘录。表 3-17 显示的是这 5 家与南京市环保局达成谅解备忘录的企业名称和企业概况。

① 从 1979 年开始，政府部门将工作重点从政治运动转向经济发展。

表 3-17　5 家签署谅解备忘录的南京企业

企业名称	企业特征	企业人数
上海梅山钢铁公司	国有钢铁企业	5 357
中国水泥制造有限公司	国有企业、中国水泥制造龙头企业	1 648
中国石油公司扬子石化有限公司	大型石化企业、德国合资公司	8 731
华飞彩色显像系统有限公司	国有企业、大型电子企业	6 334
南京汽车制造厂	国有企业、大型汽车和卡车生产企业	20 000 多

来源：荷兰经济事务部荷兰局，2005。

从表 3-17 可以看出，签署谅解备忘录的企业都是大型国有企业或合资企业、拥有大量的员工且每年的盈利过亿元。这些企业有充足的资金和人力资源来实施自愿式协议。因此，根据上表提供的信息，可以得出以下结论：在将自愿协议式管理方法引入中国的初始阶段，推广重点应是大型企业。显然，在初始阶段，政府部门很难与中小型企业签署自愿式协议，尤其是那些还不能达到国家排放标准或环境法规要求的企业。

（2）政府部门的转变。发展自愿协议式管理方法的必要条件之一是：政府和企业之间相互信任、达成共识。例如，荷兰是欧盟成员国中缔结自愿式协议数量最多的国家。因为该国有通过协商解决问题的传统以及政府和企业之间的“权利差距”很小。但中国政府与荷兰政府相比，其更像一个“全能”政府，也就是说中国的政府部门掌控着中国社会的各个方面，而且中国社会的任何事情都得依靠政府部门解决，但对政府部门的行为却缺乏有效的监督和限制。幸运的是，从 20 世纪 80 年代开始，这种状况正在逐步改变，中国正在进行从政府全面负责制向适应市场经济和全球化需求的转变（南京环境保护研究所，2005）。

（3）中国公众的环境意识正在逐步提高。西方国家的公众有较高的环保意识并追求可持续发展。中国的环境保护运动是 30 多年前由政府部门发起的（南京环境保护研究所，2005）。在此之前，公众的环保意识很低，环境保护主要依靠政府部门主导。公众关于环境保护的知识知之甚少，几乎从不主动参与环境保护。经过 30 多年的时间，政府部门在推行环保教育和宣传环保知识上投入了大量的精力。环保部的一项调查显示，中国青少年的环保意识要高于成年人（南京环境保护研究所，2005）。

目前，公众对环境问题的关注度正在逐步提高，越来越多的人愿意参与环境保护，促使企业提高其环境行为及生产更多的绿色产品。

（4）政府部门对于引进自愿协议式管理方法持开放和接受的态度。中国的改革开放始于 1979 年，中国政府大力学习国外的先进经验、知识和技术。目前，已经同很多国家展开了引进技术、开展国际合作项目和开发合资企业等合作交流。

自 1992 年联合国环境与发展大会召开以来，中国同很多国家开展了环境管理合作项目（南京环境保护研究所，2005）。自愿协议式管理方法对于中国政府部门和管理者来说是新鲜的事物。但当指令式管理方法无法解决某些特殊的环境问题时，政府也采取了协商与对话等类似自愿式协议的方法。中国环保部非常重视欧盟亚洲生态项目，并计划将项目成果适合中国国情的自愿协议式管理方法逐步推广至全国。

5.4 中国引进自愿协议式管理方法面临的挑战

5.4.1 企业的环境意识有待提高

尽管公众和企业的环境意识已经有了很大提高，但还有很多企业注重经济效益而轻视环境保护。这些企业的环境保护目标仅仅是达到国家或地方环境法规要求或排放标准，系统的环境管理方法、节能、改善企业环境行为等概念还没有进入企业管理的计划和日程当中。

自愿协议式管理方法的特征之一是参与企业应当力争实现超出法规要求的环境保护目标。如果企业的目标仅仅是符合指令式管理方法的要求，甚至有些企业很难实现法规的要求，那么这些企业肯定无法与政府部门达成自愿式协议。

5.4.2 企业的重要性有待提高

如前所述，荷兰企业在自愿式协议的筹备、实施和监督过程中都发挥着很重要的作用。但中国企业的重要性和作用都比较有限。计划经济时期，几乎所有企业都是国有，直接受政府领导。企业的领导者由政府部门指派并由政府部门全权负责。因此，同西方国家的企业相比，中国企业在某些方面缺少责任感。

如果没有行业协会牵头，政府部门就只能与企业磋商和签署自愿式协议，其效果和效率可能要低于与行业协会签署的自愿式协议。

5.4.3 缺少企业之间进行信息沟通的渠道

自愿协议式管理方法带给参与企业的好处之一是：能为整个行业建立信息交流平台。参与企业可以分享节能减排的经验，也可以分摊整个行业在协议中确定的目标。从目前欧盟亚洲生态项目取得的成果（共有 5 家企业签署了谅解备忘录）来看，在中国实现行业内部的信息分享和协议目标分化还需要一段时间，这将影响到自愿式协议的效果，也可能对自愿式协议目标的成功实现造成影响。

5.5 小结

中国进行环境管理的主要措施是指令式管理方法，其在中国的环境管理中起着至关重要的作用。随着经济和社会的快速发展，传统环境管理手段逐渐变得缺乏灵活性和机动性。另外，一些复杂的环境问题仅依靠指令式管理方法也无法得到解决。因此，中国政府决心将自愿协议式管理方法引入中国的工业环境管理。在中国引入自愿协议式管理方法，存在良好的经济发展基础、大型企业有改善其环境效益的意识、政府部门的民主意识、公众的环境意识等有利条件，这些条件为引进自愿协议式管理方法打下了坚实的基础。但政府部门和企业同时也面临着整个工业企业的环境意识还比较薄弱、企业的地位较低和缺少信息沟通与交流平台等挑战。

第 6 章　结论与建议

本章将简单总结本篇的研究成果，包括荷兰自愿式协议的相关信息、环境效益评估结果以及荷兰自愿式协议的成功要素等。并将给出缔结自愿式协议及今后深入研究的一些建议。

6.1 结论

本章关于第一个研究问题，即荷兰自愿式协议的主要特征有哪些？经过对相关文献和数据的分析，得出以下结论：

（1）自从 1985 年荷兰签署了第一项自愿式协议到 2003 年以来，荷兰政府部门和各种工业行业共签署了至少 136 项涵盖各种环境问题的协议。

（2）气候变化是荷兰自愿式协议最关注的问题，136 项协约中有 94 项是关于气候变化的。另外，荷兰的自愿式协议也关注水体污染、空气质量、水土流失和臭氧层破坏等环境问题。

（3）荷兰的自愿式协议分为三个类型：产品协议、能源效益协约和目标组协约。能源效益协约主要控制二氧化碳排放；目标组协议有效地减少了工业污染。

表 3-18 显示了三类自愿式协议的差别及各自的环境负荷。

表 3-18　荷兰三类自愿式协议的区别

类型	定义	关注的环境问题	数量	涵盖的环境负荷	主要负责该协约的政府部门
产品协议	降低产品的环境影响	每项协议仅关注一个环境问题	46	未知	环境部
能源效益协议	提高企业的能源效益	气候变化	79	荷兰 90%的工业能源消耗	经济部
目标组协议	在《国家环境政策规划》的框架下签署的协议	各种环境问题（除能源消耗）	77	荷兰 80%的工业污染	环境部

- 由政府部门颁布的旨在实现环境和经济可持续发展的《国家环境政策规划》是荷兰确定自愿式协议目标的重要依据。自从颁布了第一个《国家环境政策规划》之后，自愿式协议逐步成为荷兰重要的政策手段。
- 政府部门、行业协会（或企业）以及独立的环境机构是自愿式协议的三个主要参与方。政府部门分为制定政策的国家级政府部门和执行政策、颁发许可证的地方级政府部门。独立的环境机构在提高自愿式协议的可信度和透明度方面发挥着非常重要的作用。
- 荷兰自愿式协议的主要特征包括：具有法律效力、以执行为导向（即自愿式协议的目标均建立在《国家环境政策规划》或法规的要求之上）、企业负责制（即行业协会负责协商，企业承担实现自愿式协议目标的责任）、第三方参与和自愿式协议的实施与许可证制度紧密结合。

关于第二个研究问题，即自愿式协议的环境效益怎样？在分析三个案例的基础上，可以得出荷兰自愿式协议的环境效益较为理想的结论。大多数自愿式协议在环境改善方面非常有效，三个案例的协议目标已经全部实现或正在实现。自愿式协议是能够实现既定目标的一种有效的政策手段。

另外，自愿式协议的环境效率也较好。设定协议目标之前需要明确“常规发展轨迹”，这可以避免法规被企业“吃掉”，也有助于制定出宏伟的协议目标。例如，长期能效协议在制定协议目标之前，政府部门和荷兰经济事务部荷兰局共同认真地分析了能源效益常规发展轨迹；另外，化工行业自愿环境声明案例中将近一半的目标远高于污染物减排的常规发展轨迹。但包装物协议在制定目标之前没有对包装废物常规发展轨迹进行分析，这导致无法评估该协议的环境效率。由于本次研究的案例分析的数量有限，关于荷兰自愿式协议的环境效益还需要进一步的研究和分析。

关于第三个研究问题，即影响荷兰自愿式协议环境效益的有利与不利因素都有哪些？在深入分析上述三个案例之后，得出荷兰自愿式协议的成功因素包括：

- 清晰、明确、定量的协议总目标，几乎每个协议都明确了企业各自的目标和具体的协议实施时间表。
- 完善的监督程序，确保协议按计划实施是避免其失败的主要因素。同时也起到提高协议的可信度、透明度和有效性的重要作用。从企业到政府部门这种由下至上的汇报程序可有效地约束企业履行承诺，努力实现协议目标。
- 参与方之间良好的沟通渠道，通过监督程序把参与协议的各方都联系在一起。所有参与方都可以共享企业污染物减排措施的信息以及整个行业实施协议的信息。
- 每家企业都有效地分担整个行业的协议目标，以确保行业目标能按时完成。
- 独立环境机构的参与。这些机构可以参与确定协议目标及监督协议的实施过程，而且其参与还有助于提高协议的可信度和透明度。
- 对未能实现目标的企业进行处罚。荷兰绝大部分协议都是行业协议，即由国家级政府部门与行业协会签署的协议，而由违约企业独自承担违约责任。如果企业不能按时提交年度报告或按时实现目标，该企业将被从协议中逐出，而且也将面临更严格的排放许可制度。这促使企业尽力遵守其承诺。

关于第四个研究问题，即将自愿协议式管理方法引入中国工业环境管理的有利与不利条件是什么？结合欧盟亚洲生态项目取得的成果得出的结论是：将自愿协议式管理方法引入中国，并促进其取得进一步的发展完全可行。中国已经完全准备好将自愿协议式管理方法引入工业环境管理，除此之外还具有一些良好的条件。但中国政府部门同时也面临着一些挑战。总之，要在中国成功地实施自愿协议式管理方法，政府部门和企业都有很长的路要走。

总的来说，自愿协议式管理方法在荷兰是一种成功的政策手段，但是有两个负面因素影响其所缔结协议的有效性：① 有少数“滥竽充数”的企业。荷兰存在极少数的这类企业，但在每个案例中也都存在。从目前情况来看，政府部门还没有找到有效的机制来完全抵制这种现象的出现。② 处罚对未完成目标的企业耗时较长，确定整个行业或某个企业没有实现其在协议中确定目标的过程需要一段时间。在此期间，未完成目标的企业可能会规避法规或许可证制度的要求，并降低其在减排方面的资金投入。

6.2 建议

6.2.1 对决策层的一些建议

基于本研究的成果以及总结荷兰自愿式协议的经验和教训，对于意图将自愿协议式管理方法引入环境政策领域的决策层，提出以下几点建议：

（1）荷兰的自愿式协议是很好的范例。

（2）在确定协议目标之前一定要分析常规发展轨迹。它不仅对于确定协议目标至关重要，同时也可以避免法规的要求过于宽松。因此，有必要咨询相关的科研机构分析“常规发展轨迹”。

（3）调查企业缔结自愿式协议的意愿。此项调查的目的是通过摸清企业是否有兴趣与政府部门签订协议以及存在哪些困难等，力争将企业的“滥竽充数”现象降到最低。

（4）要充分考虑同质行业和异质行业、大型企业和中小企业在实现协议目标能力方面的差异。整个行业或某家企业在确定协议目标前，应事先评估一下其实现目标的能力。

（5）充分考虑如何应对将自愿协议式管理方法引入中国工业环境管理所面临的挑战。

6.2.2 对进一步研究本课题的一些建议

通过本篇分析，对有意进一步研究自愿协议式管理方法的研究员，提出以下几点建议：

（1）不仅评估荷兰自愿式协议的环境效益，最好进行多方面评估，以全方位地了解自愿协议式管理方法，这样有助于将该政策手段推广到更多的国家。

（2）当评估荷兰的长期能效协议时，不仅评估其环境效益，而应将重点放在各个行业，了解每个行业如何实施长期能效协议及每家企业具体采用了哪些措施来提高能效。

（3）对比同质行业和异质行业，大型企业和中小型企业实现协议目标能力的差异，并找出影响其执行能力的因素。

（4）有必要专门评估一下产品协议的重要性，了解产品协议涵盖的环境负荷。

（5）评估荷兰自愿式协议的经济效益，这也是影响政策手段实施的重要因素，因为只有当某种方法最经济有效时，企业才更倾向于选择和参与。

第四篇

给应用自愿协议式环境管理方法的决策层的一些建议

“自愿协议式管理方法统一行动项目”（CAVA）的研究者曾组织过一系列的研讨会研究自愿协议式管理方法的各种特征。研讨会最终取得了关于自愿协议式管理方法的最新指导理念和多项研究成果。本篇综合了各类相关信息及其他研究人员的结果，目的是为有意采用自愿协议式管理方法作为环境管理手段的决策者提供有效的见解和建议。

本篇主要为以下三类读者服务：第一类是负责设计和执行政策的政府部门；第二类是关注如何应用自愿协议式管理方法的企业；第三类是关注环境保护和企业环境行为的各种非政府组织和公众。本篇还将为读者提供关于自愿协议式管理方法的应用与潜力等诸多方面的大量研究成果。

自愿协议式管理方法的产生背景、定义、分类、特点等内容在第一篇第 1 章中已经介绍过，本篇就不再赘述。

第 1 章　自愿协议式管理方法的政策简介和持续研究的问题

1.1 政策简介

本节简要介绍审查自愿式协议时应注意的四个主要问题：① 对竞争的影响；

② 将自愿协议式管理方法与现行法律相结合（关于这方面在第一篇中已经详细论述，这里不再赘述）；③ 环境效益和经济效益；④ 自愿协议式管理方法的设计和执行。

关于公平竞争，Rinaldo 和 Carlo Carraro 经研究发现，无论是自愿式协议、其他环境协议还是指令式管理方法都必须通过仔细的审查，以确保其符合欧共体条约。自愿协议式管理方法并不直接影响市场结构，但却可能导致企业采取战略性反竞争行为。另外，集中的市场结构能进一步增进自愿协议式管理方法的环境效益。因此，为了实现减排目标，一方面要维持市场对公平竞争的影响，另一方面需要有效地利用灵活高效的自愿协议式管理方法。该研究也表明如果合理地应用政策组合，即：将自愿协议式管理方法作为政策组合的一部分，可以在保证市场的公平竞争的前提下同时实现污染减排的目标。

Regine Barth 和 Birgit Dette 在其关于将自愿协议式管理方法与现行法律相结合的论文中指出：现行法律在很多方面限制了自愿协议式管理方法的应用。如欧盟法律规定禁止签订任何将对欧洲自由贸易和竞争产生消极影响的协议。一些欧盟成员国的宪法也限制本国企业采用自愿协议式管理方法。为了保护公众的健康和安全，政府不可能廉价出卖国家权力。另外，有关自愿协议式管理方法的立法缺失也导致协议产生了民主合法性的问题。自愿式协议的执行也存在程序保障、监督和实施等方面的法律问题。自愿协议式管理方法存在的上述问题表明其实该方法并不如设想的那么灵活，但若通过制定一些相关制度来处理这些问题可能会影响该方法的效率（第一篇中已经详细论述，本处不再赘述）。

Signe Kratup 在关于自愿协议式管理方法的经济效益和环境效益的文章中指出：若要缔结的自愿式协议产生较高的环境效益就必须在自愿式协议中制定宏伟的环境目标。为了确保制定宏伟的环境目标，自愿式协议的制定过程必须公开、透明。另外，公开、透明的自愿式协议制定过程还有助于克服该协议有可能变相规避当前相关规定的问题。另外，为了实现自愿式协议的宏伟环境目标，需要建立一套有力的监督和执行机制。研究还指出：为了保证自愿协议式管理方法的顺利实施而设立的平行机构会削弱该方法的成本效益。所以，为了保证自愿协议式管理方法的成本收益，需要找到其他的替代解决方案。但问题是如果在缔结的自愿式协议中包含保障其成本效益的条款，那么该方法仍然会比其他手段更有效吗？

1.2 观察和持续研究的问题

“自愿协议式管理方法统一行动项目”（CAVA）重要的成果之一是：指出自愿协议式管理方法与传统指令式管理方法手段相比，可以赋予参与企业和政府以更多的灵活性。但这种灵活性却源于拒绝第三方参与自愿式协议的制定过程。而如果没有第三方的参与，自愿式协议就可能制定较低的环境目标，进而降低自愿式协议的环境效益。虽然可以通过社会上采用的抵制环境风险的机制解决上述问题，但却会严重影响自愿协议式管理方法的灵活性，而且采用抵制机制的成本极高。因此，在自愿协议式管理方法灵活性和其环境效益之间必然存在取舍。

由于企业可以通过采用自愿协议式管理方法以更灵活的方式实现环境目标，所以近年来该方法日益受到关注。大量研究表明：欧洲近年来缔结的自愿式协议的数量在急剧增长。自愿协议式管理方法把制定环境政策的任务转移给了企业，这样企业就可以灵活地选择实现减排目标的途径。自愿协议式管理方法对企业有很大吸引力，而且在某种程度上企业只有通过自愿协议式管理方法，才能保证其自主选择实现环境目标的最有效的途径。一直以来，制定环境目标、选择实现目标的方法和过程等都是环境监管部门的职责。企业和监管部门接受上述转变的主要原因是：只有企业才最了解应该如何解决自身问题。

以整个行业的名义签订自愿式协议可以促进行业内的信息公开和交流，而且还可以促进企业以最有效的方式分摊整个行业的减排目标。通过自愿协议式管理方法能够制定出更灵活、更适宜的环境政策，相比之下传统的指令式管理方法只是一味过度地依靠某种方法，即使该方法已经不适合某个行业，甚至对某个行业已完全无效。

自愿协议式管理方法也赋予监管部门相当多的灵活性。例如，环境部门希望根据企业的二氧化碳排放量征收税费，但肯定会受到来自能源集中行业的巨大阻碍。而同时由于这些行业的强势地位，它们的反对也会导致对根据排放量征税这一提议遭到抵制。在这种情况下，就可以利用自愿协议式管理方法为某些行业提供补助、退税或免税等措施，逐步推动该议案的实行。

然而，必须明白企业的主要目标是追逐利益，而污染减排成本高昂，因此对企业而言最经济有效的选择就是将其需要承担的减排量降至最低。自愿协议式管理方法恰好也为企业提供了降低环境目标和规避更严格监管的途径。

自愿协议式管理方法，尤其是协商协议的环境目标，通常是企业或整个行业通过与监管部门直接磋商而确定的，因此极可能忽略公共利益。另外，不包括第三方参与的自愿式协议很容易变相忽略监管部门的作用和相关规定。

自愿式协议容易变相忽略相关规定和公众利益主要是由于：缺乏公开、透明的第三方参与机制将显著加速监管过程的发展。在环保预算不断减少，而在公众将监管过程“流水线”化的压力不断加大的情况下，加快监管进程的前景非常诱人。但监管部门可能出于对管制企业能解决大量就业等社会问题的考虑，而被迫接受企业制定的较低的环境目标；或监管部门由于被邀请参加社会活动和企业为其提供政治贡献而被企业“软化”。当然这并不意味着所有监管部门都容易受到上述影响，但如果缺乏所有利益相关者都能参与的公开透明的协议制定过程，那么将有可能明显提高企业变相忽略监管部门作用的潜力。最终结果必然是通过自愿协议式管理方法获得更低的环境收益。

毋庸置疑，决策层了解如何克服协商协议的制定过程缺乏公共参与的缺点。事实上，出于对提高监管过程中的公众参与和透明度的要求，很多欧洲国家都颁布了新的公法和民法条款。然而，如前所述，保证条款成本高昂且耗时较长。另外，如果因公众参与而产生的全部成本都由企业和政府承担，那么自愿协议式管理方法的大部分灵活性都将丧失。

自愿协议式管理方法具有很大的灵活性，而且也是制定环境政策最经济有效的途径，但这些优点却来自拒绝公众参与和牺牲环境效益。反之，如果在缔结的自愿式协议包括必要的保障条款，就能有效地实现宏伟的环境目标，但却会牺牲灵活性。因此，在灵活性和环境效益之间必然存在取舍。

当问题依然是自愿协议式管理方法能否在保证环境效益的同时，也能保证很大的灵活性？对自愿协议式管理方法的进一步研究将着重分析这个问题。

迄今为止，自愿协议式管理方法仍然有一些问题有待解决。例如，目前还没有研究自愿协议式管理方法与其他手段在哪种程度上结合最有效。分析指出：自愿式协议与不同政策手段相结合是产生健全政策组合的第一步。此外，能够避免自愿协议式管理方法失败的监管威胁对制定出宏伟的环境目标至关重要。关于自愿协议式管理方法与绿色税收相结合的研究，增进了研究者对该领域的了解。另外，企业拥有自由选择的权利，表现出不同环境政策手段之间的动态组合，而且这一点也值得进行更深入的研究。

“自愿协议式管理方法统一行动项目”提出的另一项难题是统计分析整个欧洲

（荷兰除外）范围内，缔结的不具备法律约束力的自愿式协议的数量。如果企业缔结的自愿式协议不具有法律约束力，那么其也就不需要承担法律义务，而出现冲突时也就不能期望企业能够切实地遵守其承诺。仔细调查无约束力自愿式协议的影响和其对利用自愿协议式管理方法来实现环境目标的作用发现：无约束力自愿式协议对自愿协议式管理方法在今后的用途至关重要。

自愿协议式管理方法对竞争和市场集中度有很大的潜在影响。如果利用自愿协议式管理方法带来的收益高于其对竞争产生的限制，那么企业和监管部门很可能会接受其消极影响而主动采纳自愿式协议方法。然而，如果自愿协议式管理方法对竞争的影响违反了欧盟的单一市场原则，或对竞争的影响违反了欧洲条约，那么这将会严重限制自愿协议式管理方法在欧洲的应用。因此，这个问题值得深入研究。

最后，自愿协议式管理方法在环境政策领域的应用相对较新颖，不足之处是关于自愿式协议的成效缺乏实证资料。另外，除非能够具体分析和量化自愿协议式管理方法的结果，否则不可能对其效益进行任何实质性评价。因此，对自愿协议式管理方法的进一步研究集中在对现有协议进行以实例为依据的评价。

第 2 章　自愿协议式管理方法是否会威胁到自由竞争原则

2.1 摘要

欧盟的环境协议委员会在其总指导方针中专门强调自愿协议式管理方法必须完全服从保护欧盟境内自由竞争这一欧共体条约。上述情况适用于广义的自愿式协议。

从经济学理论的角度出发，不管自愿协议式管理方法的主要目的是提升协议参与方所生产产品的环保声誉，还是通过监督或经济手段实现更高的环境目标，都不会直接影响市场结构，也不会影响市场竞争。但经济分析也证实，在某些特殊情况下，通过采用具有战略目标的自愿式协议有可能会影响市场结构和竞争。而且高度集中的市场结构通常可以增进自愿式协议中某些具体行动的环境效益。

这必然导致在维护市场竞争和利用自愿协议式管理方法的灵活性之间采取合适的折中办法。

研究表明，可以通过合理利用政策组合规避自愿协议式管理方法对自由竞争的威胁，而自愿式协议的合理设计也是影响政策组合的重要因素。

2.2 简介

自从 1996 年欧洲委员会编制了关于有效使用“环境协议”的指导准则以来，各界一致认为自愿协议式管理方法会威胁市场竞争（CEC，1996）。采用自愿协议式管理方法的确需要联合企业发起集体行动，也确实会缔结行业协议。因此，指导准则也重申了欧共体条约第 85 条第 1 款（现版第 81 条第 1 款）的规定：凡影响成员国之间贸易或旨在防止、限制或扭曲市场竞争的企业协议、行业协议或具体行动等，都会因违反欧洲共同市场原则而被禁止。

指导准则明确指出：欧洲委员会负责衡量采用自愿协议式管理方法来实现环境目标对竞争产生的影响。因为上述限制性规定对实现协议的环境目标必不可少。

本章并不讨论学者、欧盟及各国国家竞争管理局如何理解指导准则中的规定及如何将其付诸实施。本章研究的核心是自愿协议式管理方法与减弱市场竞争机制、限制自由竞争及保证环境效益之间的取舍。

有些自愿式协议中包括垄断行业价格、营销共享和拒绝其他企业进入特定市场等规定，这些都表现出了协议的反竞争特点。另外，自愿式协议通常要求企业采取一致行动，而有些行动却会限制企业的自由竞争。对这些案例进行经济学分析，有助于了解企业之所以选择采用限制竞争的自愿式协议的原因和动机。

首先研究企业和行业协会在利用自愿协议式管理方法成本高昂的条件下依然采用该方法的动机。积极采用自愿协议式管理方法的背后必然是利用该方法限制自由竞争。目前主要调查出两方面的原因，总结如下：

（1）通过采用自愿协议式管理方法能提高产品的市场需求量，进而企业能因其绿色产品声誉的提高而获利。因此，自愿协议式管理方法成为创造利基市场[①]和进一步促进产品分化的重要战略。

---

① 利基市场（niche market）指那些被市场中的统治者或有绝对优势的企业忽略的某些细分市场，指企业选定一个很小的产品或服务领域，集中力量进入并成为领先者，从当地市场到全国再到全球，同时建立各种壁垒，逐渐形成持久的竞争优势。

（2）利用其他类型的自愿式协议主要是为了获得监管收益。在这种情况下，企业获得的收益通常源于需要解决的环境问题规避了公共监管而节约的成本。

因此，针对第一种情况的基本假设是消费者给予环境友好型产品及其生产过程良好的评价，而这种评价也会进一步影响消费者的需求；而针对第二种情况的假设是企业对环境的态度会直接影响政府部门对该企业的态度。

接下来将利用提高声誉与抵消公共监管的自愿式协议之间的不同来解释市场结构怎样影响自愿式协议、怎样影响其作为环境政策的可能性及反过来自愿协议式管理方法怎样扭曲和限制市场竞争。

除了上述原因，企业通过充分利用自愿协议式管理方法对竞争的潜在影响还可以获得一种收益。当企业在市场运行时“战略性”地应用自愿协议式管理方法，即企业故意利用该方法来对竞争者施加不利影响。在这种情况下，企业通过采用自愿协议式管理方法获得的另一种收益就是竞争优势。

本章不讨论企业通过自愿协议式管理方法获得的收益是否高于其服从成本，也不讨论在什么情况下环境和经济效益更高以及评估自愿协议式管理方法带来的社会收益。显然，并不是只有自愿式协议方法才会影响环境和竞争。希望通过对自愿协议式管理方法的方方面面的研究，得出该政策方法与市场竞争之间的关系，评价自愿协议式管理方法的利弊。因此，本章从 2.3 节开始将详细分析相关文献中关于自愿协议式管理方法和市场竞争之间的关系；2.4 节将给出一些案例并加以分析；2.5 节主要证明自愿协议式管理方法和竞争之间是双向关系，而且一定的市场集中度有利于应用和推广自愿协议式管理方法；2.6 节将总结分析前面四部分所提及的政策的含义；2.7 节对进一步研究上述问题给出一些建议。

2.3 理论分析概述

研究中通常都利用寡头垄断的市场框架理论来分析自愿协议式管理方法和市场竞争之间的关系。选择这一理论进行分析的重要原因是：若要了解行业集中度[①]与自愿协议式管理方法之间的相互影响，应该在进行分析之前首先固定市场集中

① 行业集中度又称“行业集中率”是最常用的测算方法，它以产业（行业）内规模最大的前 n 家企业的相关数值（如销售额、增加值、职工人数、资产总额等）占整个产业（行业）的份额，来表示产业（行业）的集中程度。例如，CR4 是指四个最大的企业占有该相关市场份额。同样，五个企业集中率（CR5）、八个企业集中率（CR8）均可以计算出来。

度[①]不变；若是为了分析市场中企业的数量和规模（行业集中度的可变性）对自愿协议式管理方法的影响，那么研究核心应该是市场结构，而行业集中度则就仅仅是影响市场结构的一个变量。

2.3.1 提高企业声誉的自愿式协议

假设第一种情况：企业采用自愿协议式管理方法的目的是利用消费者购买环境友好商品的积极性。那么在这种情况下，企业会利用市场对绿色产品需求的不断增加或为了提高绿色产品的市场需求而对产品和产品的生产过程进行分化。企业的环境效益可以通过提高市场需求和产品分化等影响市场需求。

自愿协议式管理方法能提高分化的绿色产品的市场需求很容易理解。如果消费者认同清洁的环境具有价值这一观点，就意味着他们做好了为无污染产品或采用环境友好工艺所生产的产品支付更高价格的准备。因此，当市场上出售清洁产品时，消费者就有购买这类产品的动机。

消费者对环保产品的偏好会导致市场需求的提高或降低，即价格敏感度发生变化。实际上，研究表明：如果消费者关注环境，也认同环境质量与企业产量（污染排放）有关，那么市场对所有产品的需求都会增加。那么企业签订承诺减少污染物排放协议的结果就是：企业在提高产品价格的同时并不会导致市场需求降低，这就提高了企业对市场的支配力。当企业提高利润时，必然会提高产品的单价，而这将导致消费者能力降低。

企业可以通过与其他企业的产品或产品生产工艺进行分化来增加收益。在这种情况下，参与自愿式协议的每家企业都会因产品分化而获益。这种方法不但不会降低消费者的消费能力，而且还会提高企业收益并改善企业环境效益。因此，参与自愿式协议的企业与未参与自愿式协议的企业相比就更有竞争优势。

市场需求的变化会影响市场结构和市场竞争吗？需求的增加必然吸引一批新企业进入市场，另外市场需求的增加也有利于提高市场集中度。虽然产品分

---

① 市场集中度（Market Concentration Rate）是对整个行业的市场结构集中程度的测量指标，它用来衡量企业的数目和相对规模的差异，是市场势力的重要量化指标。市场集中度是决定市场结构最基本、最重要的因素，集中体现了市场的竞争和垄断程度，经常使用的集中度计量指标有：行业集中率（CRn）、赫尔芬达尔—赫希曼指数（Herfindahl-HirschmanIndex，缩写：HHI，以下简称赫希曼指数）、洛仑兹曲线、基尼系数、逆指数和熵指数等，其中集中率（CRn）与赫希曼指数（HHI）两个指标被经常运用在反垄断经济分析之中。

化会导致一些落后企业被市场淘汰，但并不能据此就认为在“绿色机制”的作用下，通过自愿协议式管理方法来实现污染物减排会对市场集中度产生直接的负面影响。

如果采用动态分析法就会发现市场需求与市场结构之间的确存在某种间接影响。毋庸置疑，市场需求的变化是诱导企业结盟的原因（Rothemberg 和 Saloner，1986），而且也会阻碍新企业进入市场（Fudenberg 和 Tiorle，1984）。

Brau 和 Carror（1999）的分析反映出了自愿协议式管理方法的一些其他的实际情况。Brau 等的论文指出随着时间的推移，在外源性市场需求逐渐增加的情况下，很难维持通过利用自愿协议式管理方法而获得的“串通”结果。然而，如果自愿协议式管理方法能正面影响市场需求的增长率，那么市场的“串通”平衡就很容易实现。总之，企业利用能降低成本和逐步转移其需求的自愿协议式管理方法，更容易在私下勾结。

自愿协议式管理方法也可用于战略性地防止其他企业进入市场（Denicoli，2000）。在绿色产品的声誉逐渐提高的情况下，企业会进行战略性地过度投资，以给即将进入市场的企业强加其当前所不能实现的产品质量水平和进一步利用消费者为绿色消费埋单的意愿。另外，企业通过大量占据利基市场来填充市场的“品牌扩散”，并利用产品分化等制造新企业进入市场的壁垒。例如，企业或行业协会利用缔结自愿式协议来生产清洁产品，但在生产清洁产品的同时也生产类似的非清洁产品。企业通过这种混水摸鱼的做法，拒绝其他企业参与协议和市场竞争。

若自愿协议式管理方法造成企业公开或私下勾结及阻碍新的企业进入市场，那么这将严重影响市场集中度，进而影响消费者的权益。而用于消除这些影响的经济成本，也会显著降低自愿协议式管理方法所带来的经济收益。

2.3.2 自愿式协议抵消政府部门监管

企业采用自愿协议式管理方法的最大动机是：规避由应对监管部门的监管而招致的成本（OCED，1999），即企业通过参与一项自愿式协议可以推迟或规避监管部门引进成本更高的监管制度。

在这种情况下，与企业直接对应的不是消费者而是政府部门。其最终结果是法律框架和民意调查表明，政府部门和公众都在期待制度变革而非市场变革。事实上，采用自愿协议式管理方法会产生以下两种影响：① 抢占直接监管的先机，却并不影响直接监管的严肃性；② 影响监管的严肃性。

第一个影响是抢占监管的先机，甚至为了抢占立法的先机利用自愿协议式管理方法制定环境税收制度等。企业承诺提高环境效益并超过现有法规的要求，这就规避了政府部门的直接监管所要求实现的环境目标及必须采用的工艺等。关于抢占直接监管先机的假设还存在以下区别：

（1）与企业被迫满足强制性的环境目标相比，企业利用自愿协议式管理方法可通过更低的成本实现同一目标。协议方法仅影响实现环境目标的途径，却并不影响环境目标的制定。在这种情况下（Segerson，1998），自愿协议式管理方法与直接监管相比只是公布了实现既定目标的更多的有效途径。

（2）既定的减排水平绝对可以抢占实行更严格监管干预的先机。针对第二种情况，自愿协议式管理方法可以制定更低的环境目标（Lyon 和 Maxwell，2000；Segerson 和 Miceli，1998）。因为立法行动成本高昂，而自愿协议式管理方法带来的收益远大于法律干预的固定成本。

当自愿协议式管理方法能同时带来公众和社会收益时，就可能会抢占政府监管的先机。但如果假设政府部门并不追求社会的整体利益，那么当负责缔结自愿式协议的政府部门（如立法部门）在实现该部门目标的同时也需要实现另一计划的目标，或签约机关同时负责优先执行环境政策，该机关都会选择采用自愿协议式管理方法。在这些情况下，只有缔结自愿式协议首先是满足监管机关要求的“捷径”时，企业才可能随后签署比环境政策要求更低的自愿式协议（Hansen，1999；Maxwell，Lyon 和 Hackett，2000）。自愿协议式管理方法第三个作用的目标是在“吃掉”相关规定的情况下获得监管收益。

评价自愿式协议抵消政府部门监管对竞争的影响时需注意：政府部门的监管有时也会影响市场竞争。因此，自愿协议式管理方法的作用与环境税收制度、补贴政策和排放交易许可证制度的作用不尽相同或者也可以认为其作用更显著。接下来将简要分析自愿协议式管理方法对竞争的作用，首先分析动态效益和战略影响。

自愿协议式管理方法抵消政府监管对竞争的显著负面影响是：该方法具有显著提高企业暗中勾结的可能性。相反，在政府部门的监管下企业很难相互勾结。抢占监管威胁的先机或减轻监管威胁的自愿协议式管理方法给企业创造了更多相互勾结的机会（Brau 和 Carraro，1999；Millock 和 Salanie，2000）。

与该结果相关的制度如下：取消监管威胁的确定性、提高了未来利润的现值，但并不再削弱监管制度。另外，随着时间的推移，确定性会影响由维持“串通”

而获得的优势，即对今后获得更多收益的期待；但并不影响由破坏“串通行为”而获得的优势。

自愿协议式管理方法对竞争的战略性影响取决于企业之间的相互作用和市场的初始状况，但一般情况下都会提高市场集中度。如一家普通企业应用了自愿协议式管理方法，对市场中所有的企业而言抵制或降低监管威胁都是成本高昂的。这种情况对未应用自愿协议式管理方法的企业的直接影响是：在保持产量不变的情况下，提高了利润现值。但由于采用自愿协议式管理方法已经改变了企业的相对成本结构，多以之前确定的最佳生产水平也不一定是符合目前状况的最佳水平，因此企业有必要重新确定其产量和市场份额。假设市场集中度已经达到了一定水平，那么根据经济学理论推断，这会进一步提高市场集中度（Carrao 和 Soubeyran，1996）。

获得监管收益的实际案例值得一提。在该类案例中，企业采用自愿协议式管理方法的目的是：以“诱导监管”的形式限制其他企业进入市场。由于政府部门和企业之间的信息不对称性，企业自愿承诺服从高于法规的要求，并试图引进更严格的监管制度，其最终目的是据此来阻止其他同类企业进入市场。自愿协议式管理方法实际是企业用最低的成本来展示其自身个性及表明其已做好服从更严格管制的最佳方法（Denicolo，2000）。如果发生了上述情况，那么意图与服从更严格目标的企业相竞争的其他企业就却步了。因此，在这些情况下也必然会权衡是获得环境效益还是保护自由竞争。

2.4 关于自愿协议式管理方法、市场结构、竞争之间关系的经验证据

越来越多的实例已经证明：自愿协议式管理方法有提高企业声誉和获得监管收益的作用。然而，有关自愿协议式管理方法和自由竞争之间的冲突却鲜有研究。

2.4.1 欧洲家电制造商协会（CECED）案例

欧洲家电制造商协会是欧洲理事会[①]的设备制造商，其占据了欧洲 90%的设备市场。由于该项目是欧盟委员会第一次把《欧盟条例》第 81 条第 3 款用于旨在

① 欧洲理事会（The European Council），也被称为欧盟首脑会议、欧盟高峰会或欧洲高峰会，是由欧盟 27 个成员国的国家元首或政府首脑与欧盟委员会主席共同参加的首脑会议。它是欧盟事实上的最高决策机构，但不列入欧盟机构序列当中。各国的外长和欧盟委员也会出席欧洲理事会。

提高商品环境效益的协议，故而其具有典型的示范作用。该协议对保护自由竞争和获得环境效益进行了鲜明的对比，该协议也因此成为那些为保护环境而制定的“横向协议委员会准则草案”（简称准则草案）中的法定案例（CEC，2000）。事实上，欧洲家电制造商协会的成员企业已经同意停止生产低能效的洗衣机，并表态将用环境更友好但价格也更高昂的洗衣机来取代。该决定已经于 2000 年 4 月 24 日审议通过，但该决定除了能够改善环境外，其中由竞争限制所导致的消费者的经济损失也不可否认，虽然新型洗衣机的运行成本更低能够弥补这部分损失。正是由于上述原因，《欧盟条例》中的第 81 条第 3 款被延期至 2001 年 12 月 31 日生效。

2.4.2　VOTOB 案例

VOTOB 是丹麦化工行业液体储蓄罐生产协会。VOTOB 于 1989 年与丹麦政府签订了自愿式协议，并在此之后协会中的所有成员企业开始向顾客征收统一的减排费。但该规定被视为是与企业实际减排费用无关的集体涨价行为，并最终被欧盟委员会否决。

2.4.3　STIBAT、丹麦花卉拍卖协会和丹麦塑料管材制造商协会案例

这些案例见证了自由竞争和环境保护之间的较量。丹麦保护市场自由竞争的主管部门更关注环境保护。STIBAT 案例针对的是电池和蓄电池市场，其与丹麦化工行业液体储蓄罐生产协会的附加费类似，丹麦花卉拍卖协会限制包装材料的类型。FKS 案例（丹麦塑料管材制造商协会的简称）成为继丹麦根据企业的历史市场份额来为企业分配产生废物的固定份额的机制之后，目前正接受竞争主管部门审议的关于废塑料管材收集、分类和回收的协议。

这些案例表明：自愿式协议尤其是全行业参与的自愿式协议，通常会在某种程度上促进企业的反竞争行为。但同时也表明：

（1）自愿协议式管理方法带来的环境收益远高于其减少自由竞争而导致的经济损失；

（2）可以通过一种无需经济成本却能保证自愿协议式管理方法环境效益的途径干预和管理市场及规范企业行为。

2.5 自愿协议式管理方法与竞争之间的双向关系

如前所述，尽管分析自愿协议式管理方法和市场自由竞争之间的关系的文献很有限，但仍得出一些重要结论。进一步分析的结果与政策执行密切相关。认知这些结果的基础是：自愿协议式管理方法会影响市场结构，反之，市场结构也会影响自愿协议式管理方法的应用及该方法产生的环境效益。

2.5.1 第一个结果

行业集中度越高，环境效益越好，即参与企业越多，竞争越激烈，那么每家企业应承担的自愿减排量越少。

能够提高企业声誉和获得监管收益的自愿式协议都能够证实上述结果。解释上述结果的主要依据是：企业不作为，即“滥竽充数”行为的作用（Garvie，1999；Maxwell 等，2000）。如果通过采用自愿协议式管理方法能获得产品需求量的提高和监管机构的态度转变等收益，那么市场中的企业就不可能全力进行减排。根据经济学的观点（Olson，1965），市场中参与企业的数量将直接影响企业“滥竽充数”的程度；并且如果企业违反其缔结的自愿式协议但却不需为此承担责任时，这种现象将进一步加剧（Dixit 和 Olson，2000）。

第二个解释针对的是全行业参与的自愿式协议。当一些企业进入需要进行环境监管的市场时，监管部门和企业之间的协商通常会面临所谓的“最棘手的企业原则”（Manzini 和 Mariotti，2000），依据该原则，协商结果必须是企业更乐意接受的减排目标（即“最棘手”目标）。而当企业的减排成本异质时，更多的企业会倾向于制定更低的协议目标。除非监管部门能够接受任何程度的自愿减排，否则政府部门和企业之间很难达成协议（Manzini 和 Mariotti，2000）。

2.5.2 第二个重要结果

如果允许企业通过自愿协议式管理方法进行合作减排，那么自愿式协议方法中关于减排的规定将对企业更有利（Garivie，1999；Maxwell 等，2000）。

如果对自愿协议式管理方法有潜在不利影响的企业勾结被彻底瓦解，那么通过企业之间的合作就可以获得更多的社会福利。如依靠独立的反竞争监管制度等（Garivie，1999），由于不再存在滥竽充数的企业，那么也就可以实现更多的污染物减排（Garivie，1999；Maxwell 等，2000）。另外，在采用与自愿协议式管理方法相关的绿色机制和获得产品成本收益的情况下，还可以提高产品在市场上的销售量。这就克服了传统上合作会导致消费者顺差减少的消极影响。最后，企业间的合作可以促进企业创新改善环境的工艺和途径，提高减排水平，故企业之间的合作减排非常有益（Poyago-Theotoky，2000）。

此外，最重要的是要认识到自愿协议式管理方法不可能应用于竞争非常激烈的市场，这意味着不可能在市场中实现自愿减排，所以监管机关必须依靠其他成本更高的政策手段才能实现环境目标（Dawson 和 Segerson，2000；Brau，Carraro 和 Golfetto，2000）。

若某一个行业中只有部分企业签订了自愿式协议，而其他企业在不支付或仅支付较少的减排费用的情况下也可以获得由自愿协议式管理方法带来的收益，那么，这就会显著提高企业进行“滥竽充数”的动机。

这个问题可以通过在设计自愿式协议时引进具体的保障条款来避免。例如，只在参与协议的企业之间分配由自愿协议式管理方法所招致的提高需求和抵消监管等收益；或强制规定企业参与的最低标准，那么行业内的所有企业就都会有签署自愿式协议的动机（Brau，Carraro 和 Golfetto，2000）。另外，如果强制规定了减排的最低限制，就削弱了企业不尽全力减排的动机，而且也可以诱导企业通过合作进行减排。

然而，需要注意的是：当行业集中度更高以及参与缔结协议时参与磋商的部门更少，就更容易得到最优化设计的自愿式协议。

2.6 政策经验

尽管能证明自愿协议式管理方法与竞争之间关系的理论证据很有限，并且得出的理论结果几乎都是通过简化的数学模型得出，但迄今为止也取得了一些经验。总结如下：

（1）能够预知采纳自愿协议式管理方法将对竞争产生的影响；

（2）自愿协议式管理方法对竞争的影响与保护市场竞争的目标背道而驰。

目前，共有三个研究发现可以支持上述两个命题：

- 提高企业声誉和抵消政府部门监管的自愿式协议能够通过调整行业分布，而提高行业集中度；

- 除了一些特殊情况之外，缔结的所有自愿式协议都倾向通过支持行业内的勾结行为来削弱市场竞争；
- 自愿协议式管理方法为参与协议的企业提供了制造进入壁垒和阻止新企业进入市场的战略手段，但这会扭曲市场竞争。

根据“欧共体条例”中关于竞争的规定，上述结果显示出自愿协议式管理方法对市场竞争有潜在威胁，而这些问题将通过欧盟条例第 81 条第一款的相关规定来解决。但实际上，自愿协议式管理方法和竞争之间的关系是双向的。因此，市场集中度对自愿协议式管理方法的应用也有重要影响。实际上：

（1）集中度越高的行业越倾向于支持采用自愿协议式管理方法；

（2）行业集中度越高，自愿协议式管理方法取得的收益越显著；

（3）如果允许企业通过采用自愿协议式管理方法进行合作减排，那么该方法将更具优势。

这些都是由能降低企业减排成本的“滥竽充数”行为而导致的后果。通过合理设计自愿式协议，的确可以有效地遏制企业“滥竽充数”的行为，但最优化设计也只能在行业集中度更高的情况下才更容易制定和推广。因此，这些研究发现在某种程度上解释了欧盟条例在第 81 条第三款中指出的特殊情况。

总之，自愿协议式管理方法与市场结构之间具有双向关系：一方面，集中度较高的行业更支持采用自愿协议式管理方法；另一方面，采用自愿协议式管理方法能进一步提高行业集中度。但这却有可能导致消费者顺差降低等经济成本提高的恶性循环。竞争减弱和市场集中度提高必然导致市场中产品的价格更高而产量更低。另外，自愿协议式管理方法还带来了其他手段所不能实现的收益。因此必然会对自愿协议式管理方法所带来的环境效益及其所招致的经济成本进行衡量。

环境政策和经济政策之间也存在冲突。的确，通过自愿协议式管理方法得到的环境效益源于削弱行业对公平竞争的影响，那么这两种政策之间也就必然存在冲突。换言之，如果自愿协议式管理方法是处理既定环境问题的最佳政策手段，那么环境监管部门就更倾向于选择集中度高的行业，因为在这些行业中该方法更容易实施、见效也更快。但欧洲各国自由竞争的主管部门却并不接受该方法所导致的环境收益和行业经济成本之间的折中。

因此，应该仔细比较通过采用自愿协议式管理方法所获得的实际效益和减少竞争的潜在成本。公众认为，这种情况和其他所有的经济政策中存在折中，折中的原因在于：采用两种不同手段来实现两个不同的目标。若通过采用自愿协议式管理方法来改善环境的确削弱了竞争，那么监管机构会通过对参与协议的企业进行补贴或对勾结行为进行处罚等手段实施干预。

然而，在一些情况下还有其他的解决方法。如果自愿协议式管理方法对自由竞争有负面影响，那么可以通过合理设计协议内容来将其对竞争的不利影响最小化，即通过事前干预替代传统的事后干预。

最后，如前所述，只有行业具有一定的集中度时才会制定对全行业均有效的自愿式协议。因此，如果减排目标不能通过其他政策手段实现，或如果通过自愿协议式管理方法实现减排目标的同时会带来一定的经济收益和环境收益，那么最佳策略就是接受甚至是支持会削弱市场竞争的手段。

2.7 关于进一步研究的几点建议

关于自愿协议式管理方法和市场自由竞争的理论文献及实证均处于初始阶段。为了研究自愿协议式管理方法和竞争法之间的关系，本章已经分析了若干实证，也有足够的法律评价。但我们真正需要的是分析促使自愿协议式管理方法具有特殊重要性的更广泛理论，而并非通过简单类比文献而得出结论。

事实上，大部分研究以对市场结构的简单假设为基础，但在考虑产品分化和市场干预等情况下，需要更多地研究协议方法与自由竞争之间的横向和纵向关系。另外，分析自愿协议式管理方法和影响企业裁决的其他因素，如投资、广告、研究与发展、决策等之间的相互作用也很重要。

进一步得出关于自愿协议式管理方法最优化设计的结果至关重要。为了给采用自愿协议式管理方法作为环境政策的决策层提供有效的经验，这些结果要能衍生到不同行业的不同类型的自愿式协议中。

最后，由于本章所举出的案例均来自欧洲，所以应该更多地研究自愿协议式管理方法的实际功能与通过模型预测的理论结果之间的一致性。而对这些经验的分析也能够为建立研究自愿协议式管理方法的数学模型积累宝贵的经验。

主要参考文献

① 对自愿协议式管理方法与自由竞争之间的法律关系感兴趣的读者可以参考 Vedder（2000），Bailey（2000），Julich 和 Falk（1999）以及上述文章所参考的

文献。最初的两篇论文也是对准则草案的介绍（CEC，2000），该论文主要参考了 Martunez-Lopez（2000）的文章。

② 关于自愿协议式管理方法与竞争关系的总体评价来自 Brau 和 Carraro（1999）的论文。本章概论回顾了大量有关该课题的现存文献。

③ Garvie（1999）和 Maxwell（2000）的论文很好地阐述了市场结构对自愿协议式管理方法所产生的环境效益的影响。通过自愿超过法律要求来实现产品分化这一策略是 Arora 和 Gangopadyay（1995）在其论文中得出的结论。

第 3 章　自愿协议式管理方法能否既有环境效益又有经济效益

3.1 摘要

本章所研究的环境政策是尽可能地通过最低成本来实现保护环境的目的。总结前人的研究，归纳出影响自愿协议式管理方法环境效益的因素，其中影响较大的因素包括：① 环境目标的确定过程要公开透明；② 存在必要的监管威胁；③ 在自愿式协议中包含监督机制和强制执行机制等内容；④ 在企业之间最高效地分配环境目标。

如果制定协商协议和公共自愿项目时同时考虑以上四个影响因素，那么这两类自愿式协议就具有发挥其环境效益的潜力。但是，为保证环境效益而新增的法律要求则会显著提高自愿协议式管理方法的行政成本，这将降低该方法的经济效率，同样也将降低该方法对企业的吸引力。

为了评价自愿协议式管理方法相对于其他环境政策手段的优点，有必要深入探讨自愿协议式管理方法的替代手段。这样一来，问题就变成除了自愿协议式管理方法之外，是否存在其他的替代解决方法？如果存在，那么替代手段是否更有效？只有全部解答这些问题之后，才能判断出自愿协议式管理方法与其他政策手段相比是否更有环境效益和经济效益。

3.2 简介

近年来，自愿协议式管理方法在经济合作与发展组织国家的工业领域内的应用急剧增长。迄今，缔结的自愿式协议数量众多，通常可以把这些自愿式协议按照参与方的性质分为协商协议、公共自愿项目和单边协议三类。自愿协议式管理方法与其他政策手段最大的不同在于：自愿协议式管理方法是由企业领导层、决策层等从业者在不给行业增加额外负担和不影响企业竞争的前提下创造的，该方法的最终目的是更有效地实现环境目标。正是由于上述原因，才促进了自愿协议式管理方法的产生与发展。20 世纪 90 年代初期，研究人员开始关注自愿协议式管理方法的理论框架以及评估其环境效益和经济效益（详见 Krarup（1999）对上述问题的剖析）。

若要评估自愿协议式管理方法的环境效益，首先需要解决两个问题。第一，采用自愿协议式管理方法确定的环境目标是否高于其常规发展轨迹，即在缔结的自愿式协议所确定的目标是否高于行业在不采用自愿协议式管理方法的情况下随着技术的提高而实现的目标？第二，确定的环境目标能否实现？

评估自愿式协议的经济效益就是判断其是否能以最低的成本实现较高的环境目标。类似的分析还包括企业成本分析和总体福利分析。从企业的角度出发，成本就是实现环境目标的费用，即减排成本。主要包括企业为提高环境效益而改进工艺的费用，如购买新设备、实施新的环境管理制度等。从总体福利角度出发，采用自愿协议式管理方法的成本包括：实施自愿式协议之后制定监管制度和执行监管等费用。当然，这些费用应由政府部门和企业（集体协议中行业协会）共同承担。因为政府部门的成本主要是由与行业交流、磋商及监管自愿式协议而招致的；行业的成本主要来自于政府部门的磋商和交流及由参与自愿式协议而带来的一系列管制费用等。

本章的重点是：评价协商协议和公共自愿项目的环境效益和经济效益。由于单边协议是行业或企业的自身行为，并没有政府部门的参与，故很难评价其环境效益和经济效益，所以本章暂不涉及。在评估自愿协议式管理方法的经济效益和环境效益之前，首先应剖析企业缔结自愿式协议（也就是采用自愿协议式管理方法）的动机。关于这个问题，本章将以公共自愿式协议为例来分析。该分析也有助于了解企业制定单边协议的动机。

3.3 协商协议

协商协议是自愿式协议中非常重要的一类。该类协议的目标通常是由政府部门和污染企业（或行业协会）共同磋商而最终确定的。丹麦工业能源效率协议（Industry Energy Efficiency）就是该类协议的典型案例。

专题 4.1 丹麦的工业能源效率协议（有效期至 2000 年 1 月）

丹麦环境领域的一揽子政策包括工业能源效率项目、自愿协议式管理方法、征收二氧化碳和二氧化硫税以及能效咨询和投资补贴等。企业参与工业能源效率协议的最大动机是能够从政府部门获得二氧化碳退税。通过一揽子项目期望实现的二氧化碳减排目标——以 1988 年为基准到 2005 年将二氧化碳排放量降低 4.4%。

丹麦二氧化碳项目主要针对的是能源集中企业。在该项目中政府部门既可以与企业单独签订工业能源效率协议，也可以与行业协会签订。而该项目更倾向于签订行业能源效率协议，其原因是：参与企业在行业能源效率协议中需要承担的监管费用较低。但迄今大部分工业能源效率协议仍是与单独企业签订的。在 1996 年、1997 年和 1998 年约有 150 家企业和 100 个温室参与了该项目。

单个企业签订工业能源效率协议的前提是：企业必须通过由丹麦环保部所任命专家负责实施的能源审计。审计报告中包括反映企业能源消耗的统计数据、有提高能源效率潜力的技术清单和建议企业实施的特殊调查等。该报告必须在技术专家的帮助下制定，而且还必须通过独立第三方的认证。企业要独立承担专家审核和第三方认证的费用，丹麦环保部会给予企业一些补贴，补贴额度高达总费用的 50%。行业能源效率协议不能以对单独企业的能源审计为基础，而应该通过分析行业的能源消耗和生产过程等大致确定行业能效提高的潜力。

由于以审核报告为基础的行动计划是为企业量身定制的，那么所有节能项目的投资回收期一般都不应该超过四年。然而，企业可以通过与丹麦环保部磋商决定用一些其他方案来代替“强制”方案。另外，企业必须执行包括能源核算、节能采购、任命专职环境管理者、教育和动员职工等内容的能源管理制度。

一旦企业签署工业能源效率协议，其就必须执行行动计划中列出的技术和调查，并且还需要建立一套能源管理体制。企业须每年向丹麦环保部提交包括该协议履行进度和能源管理进度等内容的报告。如果企业没有尽到该协议中规定的义务，那么丹麦环保部就有权废止该协议，并追缴企业因为该协议所获得的免税。

来源：Krarup & Ramesohl（2000）。

3.3.1 制定宏伟的协商协议目标

协商协议的环境效益取决于它是否制定出了宏伟的环境目标。协商协议通常是由企业或行业协会与政府部门直接磋商而缔结的。如果没有第三方的参与，政府部门很容易受到企业或行业协会左右而制定出虽然高于当前法律法规的规定，但却低于现行工艺技术的常规发展轨迹的协商协议目标，企业不用付出额外的努力和成本就可以轻松地实现该协议目标，即当前的相关规定被企业“吃掉”了，在该协议中制定的环境目标是非宏伟性的。造成这种情况的原因主要包括政府部门为避免与企业发生冲突、政府部门与企业或行业协会的协商能力不对称及政府部门出于对企业或行业的保护等。此外，即使在该协议中制定的目标较低，“吃掉”了相关规定的情况下，该协议的目标也不一定能实现。

其中，协商协议目标不能实现的原因之一是：该协议的制定过程中缺乏像议会、环保组织等第三方的参与。这些机构组织代表公众的利益，它们参与该协议的协商和实施过程，可以在一定程度上避免因企业左右政府部门而制定出对企业有利的非常有限的协议目标，“吃掉”了相关规定。在欧洲的传统监管体系中，环境组织有权游说政府制定一些法规，也有权对环境目标的制定施加影响。政府部门对公众批评其不能制定宏伟的环境目标或不能实现协商协议的环境目标等非常敏感，因此为了免受这些批评，政府部门必然会尽力制定出宏伟的环境目标。因此，环保组织作为第三方参与协议的实施对协议目标的实现非常重要。第三方对参与协商协议的企业起到监督的作用。在自愿协议式管理方法中，企业对协议目标的实现负有主要责任，也就是说政府不再有遭受公众批评的压力。企业没有被选举的压力，也就没有避免公众批评的压力（虽然企业的声誉会影响企业的收益）。但传统上制定环境政策会考虑各方利益，而且还由政府部门全权负责监督政策中的环境目标能否实现。所以，协商协议中制定的环境目标必然低于传统政策制定的环境目标（Hasen，1999；Maxwell 等，1998）。

公开透明的协商过程能够降低企业或行业协会“吃掉”相关规定的可能，也能减小因缺乏第三方参与而带来的不利影响。若协议的协商过程向公众公开，就能明显降低相关规定被“吃掉”的概率，但政府部门也因此需要对公众和第三方组织更加负责。另外，第三方在协商过程中所提供的信息也有助于扩大协商的范围，并可能因此而影响决策过程，这样就可能得到更好的协商结果。

当政府部门意图追求宏伟的环境目标时，影响环境效益的决定因素就是政府部门在磋商过程中的地位。当政府对企业有制定更加严格的环境法律法规这种的“棒子”时，行业更乐意接受自愿协议式管理方法这一“胡萝卜”，即俗称的“胡萝卜夹大棒法”。就是把监管威胁作为自愿协议式管理方法的替代方案，并借此促进企业采取自愿行动（Segeron & Miceli，1998）。当存在监管威胁时，在协商协议中制定的环境目标会略高于工艺技术常规发展轨迹；而若监管威胁不明确，政府部门在磋商中的作用会被明显削弱，即使协商协议制定出了宏伟环境目标，估计也很难实现。

3.3.2 实现协商协议目标

企业或行业部门准确报告其污染程度，对于评估是否其实现了协商协议中的环境目标至关重要。报告可由企业或独立机构完成，这是政府部门判断企业是否实现协议目标的重要依据，同时也有助于政府部门依据日益变化的环境条件及时调整协商协议实施过程中出现的问题。

若企业确实没有实现协商协议中制定的目标，那么企业将因违约而受到处罚。丹麦处罚违约企业的经济手段是要求企业偿还退税，行政处罚手段是尽快出台更加严格的法律法规。两类处罚都将迫使企业或行业协会积极主动地遵守协商协议并努力实现协商协议目标。对没有实现协商协议目标的企业所进行的处罚强调了：监督和强制执行协商协议的作用。

3.3.3 成本效益

通常认为协商协议的行政成本低于传统指令式管理方法。协商协议相对指令式管理方法具有成本优势的依据是：企业有充分的自由来寻找更经济有效的解决方案，并且可以减少行业与政府部门之间的冲突。另外，政府部门节省了监管企业的成本和强制执行协商协议的成本。但关于协商协议所具有的相对成本优势仍有几点疑惑：第一，如果自愿协议式管理方法与其他监管制度相结合，就会失去自愿协议式管理方法的相对成本优势；第二，研究表明若协商协议的组织结构更高，以及由其他独立部门负责执行和监督协议，那么协商协议的环境效益将更高；但与此同时，与协商协议相关的行政成本也就不可能低。

政府部门的行政成本取决于其所参与的协议类型。在相同条件下，单独企业签订的协议比行业协会签订的协议的行政成本更高。这就意味着：在单独企业签订协议的情况下，其将成本从企业转移给了政府部门。但在上面两种情况下都存在企业之间有效地分摊协议任务和转移行政成本之间的折中。其实，从整个社会福利的角度分析，这个问题就是全行业的协商协议与单独企业的协商协议相比，其行政成本是否更低。换言之，由行业协会负责在企业之间分配环境目标是否比由政府负责更有效。但目前关于这个问题还没有明确的答案。

3.4 公共自愿项目

公共自愿项目是自愿式协议的另一种类型。在公共自愿项目协议中，政府部门事先制定环境目标，邀请符合条件的企业参与，但前提是企业必须接受已经确定的该协议目标。作为企业实现该协议目标的回报，政府部门会为企业提供保障性服务和一些经济支持等。瑞典的 ECO 能源项目就是公共自愿项目的一个典型案例。

专题 4.2　瑞典 ECO 能源项目

瑞典 ECO 能源项目是专门针对想获得“生态管理与审核计划”（EMAS）[①]以及 ISO 14001 认证的企业而设计的。参与该项目的企业承诺制定：① 环境策略；② 长期节能目标；③ 确定各级的节能目标；④ 制订节能行动计划；⑤ 在采购活动中采用能源效率标准。

作为对企业参与该项目的回报，其可在资格认证过程中获得免费的能源审核或获得其他帮助，另外参与该项目的企业还可以在市场上应用 ECO 节能标志。

---

① 生态管理和审核计划（EMAS）是欧盟发起的一个生态管理和审核的社区体系。国际环境管理标准 DIN EN ISO 14001 是该体系的主要组成部分，允许来自各行各业的各种规模的公司和组织改进他们的环保等级。

该项目主要针对包装行业。企业和政府部门通过双方的直接磋商缔结了该协议，并没有行业协会的参与。该项目从1994年开始到1999年结束，企业有足够的动力参与认证过程，但该项目却缺乏公众参与。共有30多家企业参与了该项目，但由于参与企业都不是以行业协会名义参与的，因此无法计算行业集中度。

该项目由监管部门负责项目的决议和执行。项目资金主要来源于政府对二氧化碳减排的财政预算和瑞典关于遵守“里约环境与发展宣言”[①]的经费。

该项目以“生态管理与审核计划”和ISO 14001所要求企业制定的内部目标和自我管理机制为基础，并不包含其他监控和处罚手段等。

1999年夏季瑞典的ECO能源项目终止，由瑞典的议会委员负责该项目的审查，由于之前并没有应对气候变化的政策进行全面审查，所以至今也没有给出关于该项目环境效益的最终的官方评价。

来源：Krarup & Ramesohl（2000）。

3.4.1 制定宏伟的环境目标

公共自愿项目的环境目标是由政府部门制定的。以瑞典的ECO能源项目为例，环境目标主要包括：对企业注册“生态管理与审核计划”的要求、实施能源管理制度和减排目标等。参与该项目的所有企业要在不改变项目总体规划的前提下，实现相同的目标。一旦企业参与项目之后，就可以制定符合企业具体情况而实现环境目标的时间表。

由于公共自愿项目的目标是由政府部门事先制定的，故政府部门要对此承担全部责任。所以，针对公共自愿项目的问题就是政府部门是否能够以及是否愿意制定出宏伟的环境目标。以下两个因素对此有决定性作用：第一，政府部门在制定出需要企业付出巨大努力才能实现的环境目标之前，要具备足够的相关专业知识以及做好充分的准备；第二，必须避免出现相关规定被协议“吃掉”的情况。

---

① 《里约环境与发展宣言》（rio declaration）又称《地球宪章》（earth charter），1992年6月，在联合国环境与发展大会上签署《气候变化框架公约》。1992年6月3日至14日联合国环境与发展会议在里约热内卢召开，重申了1972年6月16日在斯德哥尔摩通过的联合国人类环境会议的宣言，并谋求以之为基础。目标是通过在国家、社会重要部门和人民之间建立新水平的合作来建立一种新的和公平的全球伙伴关系，为签订尊重大家的利益和维护全球环境与发展体系完整的国际协定而努力，认识到我们家园地球的大自然的完整性和互相依存性。

某些重要政府部门的利益是决定该类项目目标的关键。当不同政府部门之间关于利益分配存在分歧时，也可能出现“吃掉”相关规定的现象，此时问题就转换成哪个参与方的利益对项目目标起决定作用。因此在企业参与公共自愿项目时，必须要有第三方的参与以及保证参与过程公开透明。

3.4.2 实现目标

公共自愿项目与协商协议相似，要想评价协议目标的实现情况，需要收集关于企业效益和其环境行为的资料。但目前这类资料仍然不充分，故很多协议很难评价其目标的实现程度。另外，公共自愿项目中一般并不包括处罚违约企业的具体规定，这也会影响目标的实现水平。

企业服从公共自愿项目规定的动机源于：消费者对绿色消费需求的影响及绿色营销在市场中的作用（Arora & Gangopadhyay，1994）。为了回应消费者对污染减排的要求，企业必须采取负责任的行动，并尽力将环境污染的外部不经济性内部化。假设消费者了解企业环境效益方面的信息，而且企业也了解消费者愿意为环境友好型产品支付更高的价格。那么，企业之间将展开关于产品环境质量的竞争，故消费者的绿色需求会降低污染排放。如果消费者购买环境友好型产品的意愿取决于其收入水平，那么，当公众收入普遍提高时，就会进一步降低企业的污染水平。绿色需求带来的另一结果是：由于公众全面了解了企业的环境效益，而且消费者对环境保护的关注会影响政治进程，并对政府部门施加压力，提高企业需要面对的监管威胁，因此这将进一步激励企业自愿限制排放以及提高其参与公共自愿项目的积极性。另外，企业通过减排还可以提高其预期收入。竞争者之间的战略互动、产品分化的机遇和节约成本等都可以提高企业的价值。环境风险管理则是解释企业遵守公共自愿项目的基本经济学原理。

公共自愿项目在很多欧盟成员国都是政策组合中重要组成部分。这表明：政府为企业提供了多种其可以自由选择的政策手段。而企业作为利益驱动的产物必然选择成本更低的正常方法，所以公共自愿项目必定有助于促进企业之间有效地分摊成本（Chidiak，1999 或 Millock，1999），另外也表明：企业通过参与公共自愿项目能以更低的成本实现减排目标。总之，自愿协议式管理方法使得政府机关能够对减排成本不同的企业进行不同的监管，从而将总减排成本最小化。另外，在这种情况下，实现在企业之间有效地分担减排负担，并不需要了解每家企业的减排成本。

公共自愿项目的另一优点是每家企业都可以灵活地制定各自的环境目标。由于项目通常制定宽泛的目标，所以企业在参与该类项目后可以制定更明确具体的目标。另外，公共自愿项目还会为参与企业提供相关信息和技术支持，这会进一步促进企业选择和实施最经济有效的解决方案。但由于很多公共自愿项目中并不包括对未实现目标的企业进行处罚的制度，所以由于对违约企业几乎没有任何影响，这也为部分企业提供了“滥竽充数”的机会。

3.4.3 成本效益

公共自愿项目与协商协议相比其行政成本更低的原因在于：公共自愿项目不需要通过磋商来制定环境目标，也几乎不包括监督企业和强制执行协议等规定。但公共自愿项目也依然有成本。

政府部门在引进公共自愿项目时，需要首先考虑该领域是否出现过类似的监管手段。如果某领域在采用公共自愿项目之前，已经出现过一些自愿倡议，那么与未被监管过的领域相比，前者更加经济有效。因此，公共自愿项目的相对成本优势取决于：在考虑引进公共自愿项目的领域是否曾出现过类似项目。

如果企业由于参与公共自愿项目而获得了政府扶持资金或技术援助，那么筹集资金和提供技术的社会成本也应纳入项目成本。而在这种情况下为企业提供信息和技术援助的相对成本优势取决于若为企业提供公共服务，那么最重要的就是没有私人服务这一替代方案；若私人服务也存在，那么公共自愿项目的相对成本优势就在于公共服务与私人服务相比成本更低。这就避免了资源的重复和浪费。随着参与公共自愿项目的企业数量不断增加，该优势也将更加明显（Wu & Babcock，1999）。

3.5 经验教训

环境税收是在理想条件下效率最高的监管手段。但在理想条件下，自愿协议式管理方法几乎没有任何作用。正如 Sunnevag 所言：“如果监管处处为公共利益服务，或制定和执行公共监管并不需要任何费用，那么就不可能将自愿协议式管理方法也作为经济监管手段。”但在对信息、政治和监管等充满限制的条件下，很难制定出像税收制度那样完美的政策。这就为自愿协议式管理方法等其他政策手段的出现提供了契机，因此，也需要对自愿协议式管理方法所产生的效益进行评价。文献研究和经验评估已经指明了公共自愿项目和协商协议等各自的适用条件。

3.5.1 公开透明的目标制定过程

行业协会和政府部门之间的磋商有助于制定出宏伟的环境目标，这对协商协议至关重要。在欧洲，为了制定宏伟的环境目标，必须考虑两个因素：第一，如果政府部门比议会与行业的关系更友好，那么就有必要让环保组织和议会负责对政府部门与行业之间的磋商施加影响，并据此提高自愿式协议中制定的环境目标；第二，自愿式协议确定目标的过程和自愿式协议的实施过程必须透明，这样，利益相关者就能够对目标的制定施加影响，也可以控制企业在自愿式协议实施过程中的表现。

3.5.2 监督和处罚

监督企业效益对评估自愿协议式管理方法非常重要。对企业的监督可依据企业或行业协会向责任机构提交企业效益报告，也可由独立的审核机构负责。监督的另一用途是控制企业的效益，但自愿式协议中却很少包括相关的规定。有关企业效益的报告也可用于评价单独企业的效益。针对这种情况，政府部门有权对违约企业进行处罚。另外，企业效益报告也可用于评价自愿协议式管理方法的运行。若自愿式协议出现了意外情况或效果不尽如人意，就需要政府部门牵头对该协议进行修订。

3.5.3 监管威胁

监管威胁有助于提高政府部门在磋商中的地位，也有助于提高在协商协议中所制定的环境目标，甚至还也可以诱导企业同意制定高于其工艺技术常规发展轨迹的目标。但这种情况下会出现执行成本和确保环境质量之间的折中。企业如果相信不采用自愿式协议就会有其他潜在的监管威胁，那么其将在自愿协议式管理方法的框架内自愿减排。

3.5.4 在企业之间有效地分摊环境目标

为了防止企业“滥竽充数”，每家单独企业都应该承诺遵守自愿式协议。为了在企业之间有效地分配减排任务，必须在目标制定过程中考虑企业的具体情况。而为了实现上述目标，政府部门有以下几种选择：第一，收集有关企业效益的可靠信息，并估计整个行业工艺技术的常规发展轨迹，虽然这需要考虑整个行业的效益，但通常能据此制定出宏伟的环境目标。预计工艺技术常规发展轨迹的手段包括：提供和交换企业信息及完成企业审计，但这些手段普遍都是成本高昂的。第二，让企业寻找最经济有效的减排途径。政府部门提供的政策手段多样化和自愿协议式管理方法的灵活性都能确保公共自愿项目的经济效益，但应制定避免企业“滥竽充数”的预防措施。

总之，近年来出现了关于自愿协议式管理方法的若干理论。但自愿协议式管理方法的经济效益和环境效益究竟如何仍没有明确的答案，因此需要在这个领域进行深入研究。

3.6 进一步研究的建议

当比较自愿协议式管理方法与其他政策手段时，通常理所当然地认为自愿协议式管理方法的行政成本和服从成本比其他政策手段低。其中，认为其服从成本低是由于企业可自由选择实现减排目标的最经济有效的方法。但理论证据表明：有效的自愿协议式管理方法需要在组织结构和有效性之间进行折中。所以接下来的问题就是：自愿协议式管理方法所具有的相对成本优势。分析这个问题需要仔细地研究自愿协议式管理方法与其他政策手段的管理要求，另外，还缺乏对自愿协议式管理方法行政成本的理论研究和经验评估。

由于政府和企业之间的信息不对称性，很难设计出既具有较高经济效益又具有较高环境效益的政策。主要问题是为了降低企业的服从成本，政府部门能否为企业提供其所需要的信息以及企业之间是否会分享政府机关所提供的信息。通常，政府监管部门和企业都了解行业的技术信息，所以监管部门为了降低其他企业或行业的服从成本，也会采用该方法去了解这些行业所采用的技术信息。这意味着企业所能获得的关于降低减排成本信息以及这些信息在企业之间的分享等都非常有限。在研究过企业之间的信息分享等问题之后，需要对自愿协议式管理方法作为政策组合一部分能否限制信息不对称及能否确保环境政策有效性等进行深入研究。

迄今还没有研究审核自愿协议式管理方法的经济效益和环境效益的理论。审核也是获得企业特征信息的一种途径。通过企业的内部和外部审核可以解决企业与政府之间的信息不对称性问题。而接下来的问题就是：能否通过审核收集到与企业相关的所有信息，另外，企业也可能会为了追求自身利益而在审核中相互串通。此外，审核的成本很高，这意味着在企业信息增加和审计成本增加之间也存在着折中。但关于审核的影响仍需要进行更深入的分析研究。

第 4 章　关于应用自愿协议式管理方法的一些见解

4.1 简介

本章主要总结自愿协议式管理方法相关的所有关键问题，并进一步更新其在 1997 年盛行之后，Leveque（1997）关于其应用潜力。

Glansbergan（2000）把自愿协议式管理方法的出现看做是“决策结构”的重要变化，原因是：政府在分摊公共服务的义务方面，利用自愿协议式管理方法选择退却，而由非政府组织和商界承担相关责任和义务。在这种背景下，“自愿协议式管理方法就不仅表示了决策结构的变化，同时也变成决策结构的组成部分”（Glansbergan，2000）。

欧洲有塑造该“新手段”的许多明显趋势。第一，从企业作为目标制定的主导到政府利用自愿协议式管理方法主导制定环境目标的进化。第二，自愿协议式管理方法的发展趋势是随着时间的推移，关于定量目标和报道机制的要求越来越苛刻。德国二氧化碳减排协议的发展史就是这种发展趋势的最好印证。1995 年德国工业联邦协会主动提出到 2005 年将以 1987 年的二氧化碳排放量为基准减排 20%，也就是将能源强度降低 20%。作为回报，联邦政府宣布将“不再引进预热条例，并允诺免收能源税”（Ramonsohl & Kristof，1999）。但正如 Jochem 和 Eichhammer（1996）所指出的：该协议目标其实非常有限，因为在该项目开始时，该协议目标就已经实现了将近 80%。造成该结果的原因是：东德的工业重组和随着工艺技术的改进企业能源效率的常规发展轨迹自然也提高了。实际上，研究者通过计算得出德国能源效率的自然增长率每年 1.8%，而目标中采纳的增长率却是 1.2%，该比率低于其自然增长率的。随后该协议经历了改进，如把基准年由 1987 年改为 1990 年，任命独立机构负责监督协议的实施过程等，而目前又提议将基准年进一步改为 1995 年，并且以监督结果为导向的进一步改进也在策划中（Rameshol & Kristof，1998）。在关于德国经验的后续论文中，Eichenhammer 和 Jochem（1998）的研究核心是：如何制定出有效的环境目标、结构如何变化及多大程度的结构变化依然能保证能源效率等关键问题。荷兰的能源效益协议也经历了相似的发展过程，Reitbergen、Fara 和 Blok（1998）研究发现：荷兰能源效率的年平均增长率是 1.8%，而在该协议中的目标增长率仅是 2.0%。该协议不久便被北欧政府单方面制定的非常苛刻的能源效率基准所取代（Hazewindus，2000）。第三，自愿协议式管理方法的发展与其他手段之间存在明显联系，这些组合有时也被称为“混合手段”。协议方法与其他手段之间一直存在很多联系，只是过去这些联系并不明确，而现在却更明确具体。另外，这些联系也具有明显的排他性，即如果某个手段已经与自愿协议式管理方法相组合，就不能再制定其他要求，荷兰的标杆协议就是这类案例。在这种情况下，荷兰政府规定“凡是缔结具有法律约束力的协议企业，不需要在该协议的要求外对节能和二氧化碳减排进行额外的努力”。Hazewindus（2000）对该条款的注释表明：政府对该协约的参与方不再征收特定的能源税，不强制设定二氧化碳排放上限，关于二氧化碳减排和节能不再制定额外目标和其他要求等。

总结、分析关于现有自愿式协议研究成果发现：自愿式协议的环境效益还不明确，仍需要深入研究。Riberio 和 Schlegemilch（1998）在分析了大量的实际案例后指出：在缺乏关于污染物排放基准数据的情况下，无法有效地评估自愿式协议的环境效益，而较为严重的问题是随着时间的推移，用于预测其环境效益的资料也很难获得。Gibson（2000）发现“现有的经验并不足以支撑对自愿协议式管理方法取得成功的期待”。其实大多政策干预都存在这一缺陷。不断改进已经缔结的自愿式协议也正是由于这些原因，依据历史经验判断自愿式协议在今后的潜力以待观察。并且，研究也发现在特定的条件下，自愿协议式管理方法可以同时获得环境效益和创新收益。例如，Albert（1998）发现：缔结自愿式协议的企业成功地克服了对氯氟烃出口的限制，而且还据此产生了竞争优势。

下面，我们将根据体系结构的不断发展为决策层总结经验教训，并且为决策层在采用自愿协议式管理方法作为政策组合时可能面临的问题提供解决方案。

4.2 在自愿式协议的设计和实施中需要解决的关键问题

Moffet 和 Bregha（1999）总结了评价自愿协议式管理方法需要注意的一些关键问题：

（1）对企业公平竞争的影响，包括提升企业形象、提高企业的市场接受度、降低企业实现环境目标的成本、提高产品分化的程度、风险管理和提高服务质量等；

（2）对效益的影响，包括技术效率、成本效益和动态的创新效益等；

（3）对市场结构的影响，包括对成本构成的影响（进入成本、规模经济等）、企业相互勾结的潜力和对企业进入市场的限制、诱导消费者的选择等；

（4）对监管者的影响，包括防范和延迟预期监管及税收、收费等。

另外，研究发现其他的影响还包括：

（1）环境效益，制定目标的方法、实现目标的程度及如果不采用自愿协议式管理方法，那么环境目标该如何实现等。

（2）与其他手段的联系及与其他手段“组合”应用的潜力。

在采用自愿协议式管理方法之前，需要考虑的因素。

4.3 对竞争和盈利的影响

采用自愿协议式管理方法将对企业的竞争和盈利所产生的影响是私人企业最关心的问题。除非自愿协议式管理方法与其他替代政策选择相比成本更低或更有利于提升企业的市场形象，否则对企业而言缔结自愿式协议并不是明智的决定。企业在决定采用自愿协议式管理方法之前会依次考虑以下问题：① 服从自愿式协议的要求是否需要进行额外的净投资。如德国最早的二氧化碳协议目标只需要通过正常的资本置换和效率提高就能实现。② 如果企业采用自愿协议式管理方法实现目标也需要进行投资，那么该方法与其他政策手段相比是否需要的成本更低。③ 在行业签订自愿式协议的情况下，企业之间会如何分摊服从负担。如果指导企业行动的协议不明确、不具体，那么仅仅在企业之间达成一致意见及执行该意见就需要耗费大量成本。丹麦和荷兰所有节能协议中最有效的是企业和相关政府部门之间缔结的双边协议也许就是由于上述原因；另外，双边协议也规避了由行业协会牵头各个企业协商各自需承担的目标所招致的成本。

政府部门最关心的是保护经济对公平竞争的影响，尤其是在全球化、技术不断发展及企业范围不断扩大的今天。对于提高环境标准会导致资本斗争这一论点，目前仍缺乏足够的证据。但 Raucher（1997）指出：只要环境标准提高，必然产生这种影响。然而，潜在的影响却是提高环境标准并不会对经济的整体公平竞争产生重大影响，但是却会对水泥、钢铁、金属冶炼和重化工等能源集中行业的竞争产生严重的不利影响。甚至即使在整体经济对公平竞争产生有利影响的情况下，也会给政府部门带来政治问题。自愿协议式管理方法与征收排污费、环境税收等手段相比，其赋予了企业更多的灵活性，因此降低了企业的服从成本，但同时也减小了企业的现金流。故而，政府和企业一致认为自愿协议式管理方法值得关注。

4.3.1 经济效益

如果分别利用自愿协议式管理方法和其他政策手段分别实现相同的环境目标，那么自愿协议式管理方法是成本最低的解决手段吗？目前能够明确回答这个问题的依据很少。我们期望通过监管制度和各种奖励手段，充分发挥自愿协议式管理方法的潜在效益。欧洲的包装协议对解决上述问题具有指导意义。只有在大量包装废物集中的地区，单位包装废物的聚拢、收集、回用和再加工的成本才可能最低。所有致力于实现行业总目标的行业协议，都更青睐于采用成本最低的方案，这也降低了实现总目标的成本。许多欧洲国家都利用自愿协议式管理方法实现回用和循环使用包装物的目标。但事实上，由于整个包装物生产链涉及众多行业，导致协议的执行非常困难。另外，某些企业还存在不作为的问题：一方面它们依赖整个行业的总成绩而获利，另一方面它们又尽力规避自身责任。为了克服这个问题，包装物行业协会制定出许多应对策略，如授予付清会员费的企业以“绿点”品牌，并据此向未加入包装协会的生产者、零售商等施加压力，迫使它们也加入该行业协会；另外，没有加入包装物协会的企业需要独自实现回收包装物的目标，但企业独自实现该目标的成本必然高于参与协会的企业所缴纳的会员费。例如，爱尔兰关于自愿式协议执行的“激励不相容”制度，依据该制度地方政府部门应该负责执行协议，但地方机关却认为：首先，执行自愿式协议是整个国家的问题；其次，虽然地方政府部门负责执行自愿式协议，但通过这种实践却并未给地方政府部门带来任何收益（Cunningham，Convery 和 Joyve，1998）。而在法国，由地方政府部门负责废物管理时会出现动机不相容，但也并不能据此认为非政府机构（Eco-Emballage）提供的资金足以维持包装废物回用费用、投资循环再造设施的费用及维持其持续操作的费用等。

希望在实现协议目标中发挥作用的企业，也希望存在有效机制能够确保经济规模和限制某些企业的“滥竽充数”行为，并且还希望这些措施能激励参与自愿式协议的企业采取必要行动。而对于把参与自愿协议式管理方法看做“滥竽充数”的企业而言，其所需要的则是能确保企业遵守自愿式协议的执行机制和其他机制，但却不阻碍其仍旧不作为。

政府设计和实施环境政策的目的是：① 鼓励企业尽力实现自愿式协议的目标；② 有效地限制企业的“滥竽充数”行为，并据此实现既定的环境目标。比较自愿协议式管理方法与其他政策手段的实施成本时，也应包含限制企业“滥竽充数”行为的费用。

自愿协议式管理方法会产生动态效益吗？ 对鼓励创新的自愿式协议而言，其必须“提高标准或定期更新标准，否则就不能为企业提供促进其持续改善和创新的动机”（Moffet 和 Bregha，1999：11）。Ashford 和 Caldert（1999）指出：欧盟即将发布旨在引导企业的具体创新而严格的环境标准。

4.3.2 环境效益

Mazurek（1998：5）对美国评价的自愿式协议的效益发表了如下评论：“多数情况下，不当的评价方法很难将环境变化完全归因于自愿协议式管理方法。而且能证明自愿协议式管理方法具有经济效益的证据本来就很少，所以也几乎不可能评价该方法是否影响减排成本或在多大程度上对减排成本造成影响。”

发达国家在制定环境目标时越来越多地依靠健康、生物多样性和美学等标准，而不再是仅仅依据边际效益和边际成本等。因此，自愿式协议目标也就变为如何用最低的成本实现该目标，更准确的表达就是使该方法更“公平合理”。正是由于这个原因，欧盟才制定了针对大气和水的环境标准，另外，全球和区域自愿式协议也给出了各国温室气体和酸性气体的排放配额。但环境效益是通过工业、能源、农业、旅游、运输和家庭等各个领域共同行动而获得的结果。所以，从经济效益角度出发，若每个污染源都削减到边际成本相等的排放水平，那么，就能最有效地实现既定目标。但是很少会计算各个行业减排的边际成本，因此，政策也就只是简单拼凑了各部门实现目标成本最低的不同手段。当企业“自愿”实现行业目标时，其最关心的是在存在其他商机的背景下，实现哪种程度的行业目标最经济有效。

每个行业都希望尽可能地将减排负担转移到其他行业，并且把各自承诺实现的环境目标降至最低。因此，设立行业目标应在评估实现所有减排的边际成本的基础上，由行业独立制定。为了确定各个行业的实际边际成本，我们首先需要了解在缺乏政策干预的情况下将发生什么，以及估计实现持续减排的边际成本。而这也正是欧洲制定在技术上可行的减排目标所依据信息的重要来源。德国政府部门不断推出相关政策，并且新兴技术的排放标准也随着时间推移而不断更新。同样，荷兰能源领域的“标杆协约”的目标也是依据欧洲的最新标准而及时更新的。但是这些举措的成本和收益却很少被量化。

4.3.3 反竞争行为

政策体制环境对抵制反竞争行为至关重要。欧盟条例及对该条例的修订和各项补充共同构成了政策体制环境。欧洲委员会和欧洲法院的决议、出版的指南和欧洲委员会的协商等都是判断缔结的某项自愿式协议是否会导致反竞争的依据。

专题 4.3 欧盟体制下的自愿式协议和反竞争行为

欧盟的“自由贸易条约”是依据修订后的“欧洲单一法”“马斯特里赫特条约”（1986）和“阿姆斯特丹条约”（1992）等而最终确定的。也是欧盟经济条例的主旋律（“罗马条约”，1957）。“自由贸易条约”第 28 条和以下条款是关于禁止在成员国之间建立关税或非关税壁垒的规定。第 30 条阐述了不受上述限制的具体条件，包括为了保护人类、动物和植物的健康和生命而制定的措施等。欧洲法院认为当限制措施与追求目标相关，且限制措施并不影响或不变相影响竞争时，保护环境就可作为免受上述限制的豁免条件[Comission v.Denmark（Danish Bottles），1998]（Bailey，2000）。第 81 条明令禁止任何企业或行业协会参与环境协议，并且也禁止其把预防、限制或扭曲共同市场的竞争作为自愿式协议的“目标和影响”。但如果自愿式协议“促进了技术和经济进步”，那就另当别论了。事实上，欧洲委员会考核环境协议的限制条件，并据此判定协议的缔结是否真正必要，另外，也会将其与消费者实际得到的公平收益进行比较。行业协议中企业之间的信息交流有作为对话机制、制塑造市场平台的潜力。

条约第 82 条禁止企业滥用其在国内市场的主导地位，因为这在某种程度上影响了成员国之间的贸易承诺。在这种背景下，Bailey（2000）引用了关于包装物的“绿点”项目。该项目源于德国，目前已经在许多欧洲国家实施。参与该项目并支付会员费的生产者、批发商和零售商可以暂时不受各国废物回用和循环制度的限制，也不会受到相关部门的监管，而且包装物运营商还可利用“绿点”商标向消费者证明是该项目的成员企业。

条约第 87 条禁止对可能引起竞争扭曲或影响成员国之间贸易的企业和行业进行经济援助。并且只有当政府援助带来的“环境效益高于其对竞争的不利影响”时，才认为援助合理（European Commission，1994）。

当环境协议中包括产品技术规格时，也会引起其他问题。“由于技术规格有影响内部市场的巨大潜力，所以具体规格在被协议采纳之前，必须首先经过欧洲委员会审核，然后再交予成员国交流磋商。”另外，协议还必须服从“关贸总协定”的第 3 条的规定，即国产商品和进口商品享有同等待遇。

4.3.4 混合协议

Albercht（1999）指出：若仅依靠二氧化碳税和能源税制度来实现京都议定书的目标，那么其所需要的税率将远高于政治和政策所能接受的水平。正因为如此，才有必要研究综合手段的理论和其应用等。另外，Albercht 还特别研究了排放权交易和自愿协议式管理方法结合应用的潜力，并得出该综合手段能同时提高经济效益和环境收益的结论。当然能得出该结论的一部分原因是排放交易能在一定程度上限制企业的“滥竽充数”行为。Salmons（1999）进一步指出：如何综合使用自愿协议式管理方法和税收制度以同时提高经济效益、环境收益和减少温室气体排放等。

丹麦环境政策制定的宏伟目标是：到 2005 年将本国的二氧化碳排放量减少 20%。为了实现该目标，丹麦投资了输送天然气的基础设施、扩大了集中供热范围，并对新建住宅采用电热等混合手段进行监管等。除此之外，还制定了二氧化碳税收制度，并在 1996 年提高了对工业行业和商业行业的税率，而且在 2002 年之前税率还将逐年提高。商业行业和工业行业缴纳的税收将循环使用，另外，只要能源集中行业参与了丹麦能源机关制定的有法律约束力的协议，其就将获得所交纳二氧化碳税的部分返还税。

4.4 指南

目前对自愿协议式管理方法进行的深入研究为采用该方法的政府决策层和行

业提供了大量依据。值得思考的问题是：该方法的替代解决方案是什么？该问题的答案对塑造自愿协议式管理方法的优势论至关重要。大部分环境政策，也包括与自愿协议式管理方法相关的政策，其共同点都是“摸着石头过河”或“边学习边实践”。但通过在应用政策之前对其进行研究和分析，可以降低这种“边学习边实践”的成本。指南的目的是：帮助参与协议的企业降低“摸着石头过河”的成本以及确保能够充分发挥自愿协议式管理方法的潜力。另外，指南针对的主要是负责政策体系的设计、制定和执行的终端决策层。

4.4.1 制定目标

政府应该对自愿式协议中制定的目标负有主要责任。关于“最佳做法”的信息有不同来源，包括 Hazewindus（2000）所指出的荷兰能源行业所实施的能效标杆等。参与自愿式协议的企业、环境组织和非政府组织等利益相关者都能参与目标制定过程，但仍需要由政府机关负责最终确定协议目标。另外，自愿式协议需要明确其过渡阶段，行业可在过渡阶段制定中期目标、启动项目进程以及让参与企业了解自愿式协议的规定等。在这方面，可以把德国的二氧化碳协议看做“政策手段改进”的典范（Ramesohl 和 Kristof，1999）。

4.4.2 双边协议与行业协议

双边协议要求企业满足由政府机关制定的标准；行业协议是通过整个行业的共同努力来实现整体目标。选择这两类协议的依据是：当地文化背景和企业“滥竽充数”行为及行政成本哪个更占优势。相比之下，双边协议赋予了政府更多的控制权，也更容易遏制企业的“滥竽充数”行为，故而也降低了企业的行政成本。丹麦的能源协议就属于双边协议，而且初步迹象表明其既具有较高的经济效益又具有较高的环境效益（Johannsen，1998）。而行业协议却会引起企业根本不参与协议、企业参与协议却拒不履行相应的义务等“滥竽充数”问题，而且解决企业“滥竽充数”的成本高昂，而这又是另一问题。另外，德国某些司法管辖区的政府部机关会帮助协会中的企业成功地规避“滥竽充数”和行政成本等，故而依据当地文化认为：行业协议实质上就是企业的投机行为（Jeder，2000）。

4.4.3 实现动机相容

负责执行自愿式协议的机关有积极履行其职责的动机很重要。如国家政府负责制定政策目标和为缔结自愿式协议与行业磋商，但该协议的强制执行和避免企业“滥竽充数”等行为却归另一部门管辖，所以，确保后者有履行其职责的积极性很重要。爱尔兰和法国关于包装物的自愿式协议就存在动机不相容的问题（Cunningham，James，Frank Convery 和 John Joyce，1998），在上述项目中负责执行自愿式协议的地方机关认为其没有足够的资源和动机来确保自愿式协议的顺利执行。

4.4.4 监督和透明度

自愿式协议需要有明确的目标、责任、时间表和清晰的阐述，另外还应该包括判断自愿式协议目标是否实现的效益指标。最理想的情况是公众了解这些指标，或至少对自愿式协议的制定有重要影响的机关和企业应该了解这些指标。

4.4.5 竞争和效率

如果通过最低的成本就实现了环境目标，那么总体的经济效益就提高了。并且由于强加给企业的负担减小了，这反过来也有助于提高整个行业的经济对公平竞争的影响。这也意味着要确保由自愿式协议的设计和执行所导致的监管、转换和执行成本并不高于其他手段。在这个背景下，最值得注意的是：个别企业的财务状况并不能代表整个行业的经济福祉。另外，要在特定的时间内逐步提高自愿式协议目标，这可以激励企业不断创新。

欧盟的自愿式协议必须服从自由贸易委员会的原则和世界关贸总协定（WTO）的相关规定。例如，自愿式协议的实施呈加速制裁的半垄断状态，即一个部门负责落实包装目标的成就，但更重要的是欧盟成员国在自愿式协议实施之前将自愿式协议提交给审查委员会审查。

4.4.6 评价环境效益

由于对过去执行的大部分自愿式协议，并没有估计在没有该协议的情况下将获得什么成就，这就表明不可能对自愿式协议的环境效益进行事后评价。故应保证在执行自愿式协议之前预测其环境效益，其中也包括当评价自愿协议式管理方法环境效益时会用到的基准线。但是，并非只有自愿协议式管理方法存在这个弊端，其他政策干预也都存在这方面不足。

4.4.7 审查自愿协议式管理方法与其他手段相结合的潜力

自愿协议式管理方法可以与许多政策手段组合应用。Salmons（1999）和Johannson（1998）的研究表明：税收制度可以与自愿协议式管理方法相结合。英国和丹麦通过免税制度鼓励企业实现自愿式协议的目标。这种综合手段已经应用于荷兰的标杆协约，并且协约规定只要企业达到了标杆要求其就可免受监管。在排放交易的案例中，首先为行业分配总的温室气体排放量，再根据行业的总排放量为企业分配排放份额，并且允许企业交易其剩余排放量。

附录 1 1999 年第一期长期能效协议的能源效率提高情况

行业	签署日期	协议时间	基准年能源消耗量/PJ	1999 年能源消耗量/PJ	能源效益目标/%	1989—1999 年能源效益提高情况/%
钢铁	1992	1989—2000	61.2		20	16
玻璃	1992	1989—2000	10.9		20	13.6
水泥	1992	1989—2000	5.3		20	22
纺织品	1992	1989—2000	3.6	3.4	20	21
灰砂砖	1992	1989—2000	1.3		23	12
造纸	1993	1989—2000	30.2		20	21
飞利浦公司	1993	1989—2000	11.0		25	35
食用油	1993	1989—2000	7.4		22	18
糖	1993	1989—2000	7.5		22	23.5
肉类加工	1993	1989—2000	2.6		20	11
啤酒	1993	1989—2000	4.0		27	24
水果蔬菜加工	1993	1989—2000	2.1		16.5	9
有色金属	1993	1989—2000	8.4		15	15
建筑陶瓷	1993	1989—2000	9.7		20	11
化工	1993	1989—2000	307.0		20	22.6
精细陶瓷	1994	1989—2000	2.7		20	7
咖啡加工	1994	1989—2000	0.8		19	21.7
洗衣	1994	1989—2000	1.6		20	23
奶制品	1994	1989—2000	17.3		20	13
橡胶	1994	1989—2000	1.7		20	18
塑料	1994	1989—2000	7.0		20	18
钢铁加工	1995	1989—2000	2.3		16	7
精炼	1995	1989—2000	124.0		10	13
沥青	1995	1989—2000	2.3		20	11
建筑表面清洁	1996	1989—2000	1.6		20	15
冷藏	1996	1989—2000	1.5		28	22
马铃薯加工	1996	1989—2000	4.6	8.0	20	20
地毯	1996	1989—2000	0.6		20	16
其他工业	1996	1989—2000	12.0		20	11.3
软饮	1996	1989—2000	0.6		21	17
合计			653		20	20

来源：荷兰经济部，1999。

附录 2 荷兰化工行业污染物排放情况及协议目标

	基准年（1985）污染物排放量/kt	2003 年污染物排放量/kt	效率/%	2000 年排放目标	2010 年排放目标
气候变化					
三氯乙烷	66.1	0.089	100	1 000	
四氯甲烷	333.2	2	99	100	
CFCs	1 374.6	1.3	100	100	
Halons	62.4	0.2	100	100	
酸雨					
二氧化硫	32 309.9	4 138.9	87	78	90
氮氧化物	53 529.6	15 459.4	71	60	90
胺	5 035.0	2 024.3	60	50	83
碳氢化合物	36 925.2	9 898.3	73	58	80
大气污染					
二氯乙烷	1 208.8	52.9	96	90	90
丙烯醛	4.4	0.4	91	50	90
丙烯	465.7	14.6	97	50	97
苯	746.3	92.6	88	75	98
氯苯	138.0	31.9	77	70	90
二氯甲烷	2 493.1	156.9	94	89	90
二氧化碳	3.0	0.02	99	70	90
乙烯	4 303.1	1 079.1	75	50	90
环氧乙烷	177.0	19.9	89	50	95
苯酚和酚盐	28.8	15.2	47	50	50
甲醛	137.3	10.0	93	50	90
PAKs	24.5	1.0	96	80	99
苯乙烯	1 418.6	59.9	96	50	60
全氯乙烯	98.3	0.1	100	90	99
甲苯	1 590.4	162	90	50	90
三氯乙烯	58.7	9.2	84	50	50
三氯甲烷	189.7	3.5	98	50	90
氯乙烯	365.7	36.6	90	90	90
氟化物	128.0	30.5	76	95	99
一氧化碳	22 992.9	21 889.0	5	50	90
二氧化硫	467.7	35.5	92	50	90

	基准年（1985）污染物排放量/kt	2003 年污染物排放量/kt	效率/%	2000 年排放目标	2010 年排放目标
镉	0.3	0.9	−243	70	80
铬	1.6	0.1	93	50	90
铜	0.7	0.4	42	50	80
汞	1.5	0.2	85	70	70
铅	7.5	2.6	65	70	70
镍	0.9	0.04	95	50	80
锌	20.5	4.3	79	50	80
粉尘	8 480.1	1 282.6	85	75	95

附录 3　采访荷兰经济事务部荷兰局长期能效协议负责人 Johann Flint 先生的记录

Interviewee：Mr. Johann Flint

Officer of SenterNovem，who worked 10 years for LTAs and three years for Benchmarking Covenants

Independent organisation：SenterNovem

The Netherlands agency on innovation and sustainable development

Date：21 April，2005

Place：Utrecht

In Benchmarking Covenants，the contract was signed between the public authorities and individual companies. Why do you make things like this that is different with LTA1

In LTA1，the signatories are the Ministries，the provinces，the communities，the branch associations and not individual companies. Each of individual company has to join the covenants by individually signing with branch association. The sectors signed the covenant and they promised that they would take care for each individual company. The company joins the agreements with branch organisations. For example，in textile sector，50 textile companies join the covenant. Then every company has to fill the audit，have to implement energy care and have to report yearly. They do not report to the Ministry of EZ，but report to SenterNovem and a copy to textile industry instead.

Then SenterNovem at that time had to make 50 individual monitoring report and a branch monitoring report. The branch monitoring report went to EZ and other parties.

After LTA1 expired, some big companies said if they agree for another time making energy efficiency 20%, they would face difficulty. Firstly, they would be in the worse competition situation with other competitors. Because they have to do better measures that will cost money and their product will be more expensive. For that reason, they say it is not fair. They said if they promise belonging to the 10% best of the world that is more than enough. This was the reason that for the large international companies with the energy consumption of 0.5 PJ, are applied to join the Benchmarking Covenants or not.

If company does not participate into the benchmarking Covenant, it has to be dealt directly by the local authorities and they will have no choice to join the Long Term Agreement.

There for the agreements in Benchmarking covenants are signed individually with each company and also in LTA2. The targets setting of these two agreement schemes are more individually. Monitoring is done more individually. It is not as same as in the LTA1, that weak company with bad performance and free rider that joining but doing nothing can be improved. Sector is improving well that was possible in LTA1, but no longer possible in LTA2. The performance of each participating is feasible now.

Have the sectors in LTA1 which did not achieve their target got any sanctions?

No, the average target of 20% was taken over by most of the sectors. The biggest sector like chemical industry performed 30%-35%. For the sectors where the economic situation was not so good or, for instance, the energy improved less, or they performance on the less level than average did not get any sanctions. Because the aim of LTA1 was not only requiring every sector to achieve their target, but was requiring them to do audit, to make measures and performing their measures. That was what they should to do. If they did when they reach less than the target is no problem.

What would happen for the company if it was dropped out of the LTA1 due to did not take any measure to improve energy efficiency?

Each participating company reports the monitoring report annually. If anyone does not report, SenterNovem will inform the local authorities, then it is up to the local authority what to do.

Does the Ministry of EZ monitor the LTA1?

No, not at all. SenterNovem is totally responsible for monitoring. We are paid by EZ. We do the monitoring for them. We are the independent authority. We locate between the government and companies. But now we are part of the government. But we are still indented, because we have no interest in what the company does. We are not influenced by what we are reporting. Therefore, we are independent.

What are the tasks of the Ministry of Environment and the Ministry of Agriculture in LTA1?

The task of the Ministries of VROM and Agriculture is to the average result, the yearly improvement of the energy consumption, the reduction of CO_2, they will be analysing their target.

Is there any consultant company or institute do the calculations for SenterNovem?

No, the calculations are done by the companies themselves and checked by SenterNovem 80% of the companies are simple.

What are the main tasks of SenterNovem in Long Term Agreements and Benchmarking Covenants?

Mr. Flint: We are certifying and auditing the consultant. We are looking for the method of benchmarking. The companies will agree with the outcome of the world best standards. If the distance is negative, that means they have to take some measures to be better. Each company has to make an Energy Efficiency Plan (EEP). We are invited to measure their EEP. If they are better than the standard，then they are not plan to do anything. But public authorities will ask them to improve their EEP.

If any participating company did not achieve the target，what will be happed to them?

They will be asked by local authority to buy the CO_2 emission rights.

So，during the Benchmarking covenants period，do the participating companies have to buy CO_2 emission right?

No. Because they have already drawn the energy efficiency plans. In this period they will pay short pay back time of 5 years. If the companies are better than the world standard，no one has to do anything.

附录 4　采访荷兰包装物产业链协会审计负责人 Robert Jan ter Morsche 先生的记录

Interviewee：Drs Robert Jan ter Morsche Account manager
Industry Association：SVM-PACT
Packaging chain organisation for trade and industry pro-active management in the field of packaging and the environment
Date：26th April，2005
Place：The Hague

Which year your organisation was set up? And how many people working here? What are the functions of your organisation in Packaging Covenants?

SVM-PACT was set up in 1997. We have a broad with 25 people. They are all directors of larger company in Holland. We have a lot of steering group and working groups which formed from the company of Holland.

Before SVM-PACT there was an orgainsation called SVM. That was also a foundation，but SVM was established by multi-national in Holland. First packaging covenants was carried out by SVM in 1991.

The EU directive on packaging waste came into force in 1994. Based upon that directive, all the companies which bring packaging into the market have to comply with the law. The big companies and some small companies want to involve into new covenant. Therefore, at that moment, they need a new organisation, which was neutral. With lot of organisations, they need a new organisation, so kind of neutral organisation which extensive the will of all. Therefore, SVM-PACT was set up.

Who give the financial support to SVM-PACT?

The companies. We are established by the companies in the Netherlands. We are orgainised in the way that companies are joining in the packaging covenants. And they pay the fee per year from their turnover. A lot of branch orgainsations they join SVM also, and they also pay us per year and they make contribution every year.

Who represented the companies signed the covenants with the government?

The covenant was signed by our president, the president of SVM-PACT, the minister of Environment and the president of the municipalities. Those three parties made up the covenants. Then the private companies are signed the contract with us. We represent the companies in Holland.

How many companies signed contract with you?

More than 250,000 companies. Every producer or importers who bring the packaging waste to the market have to comply with the law. The obligation lies down in the law are difficult to carry out by internal form. Therefore, there is a collect system is set up. This collect system is the packaging covenant. All the companies bring package even only one kilo per year they have to comply. So more than 250,000 companies participated. From Unilier to the companies who bring a cardboard box to the market.

How are so many individual companies being monitored?

In the covenants there are some obligation that the companies they have to do and they have to work on prevention. They have to work on lot of things. They have to monitor and they have to report on those things they did. We have a collect system, therefore，one year，you do something，in the next year，you don't do something. Since there are so many companies. It happened when some companies do something；the other companies can have a quiet year. They have to do things，we asked them that do you know the covenants，do you know you have to do obligations and give us practical example what you did，send us picture，make descriptions，esterase.

Are there any companies failed to achieve their agreed targets?

No，because，we do not make agreement with the companies. We have an agreement with government that per type of material has to be recycled in so much，for instance，for glass we have to recycle 80%. But it is a collective contract，not individual agreements with companies.

We made the agreement with the large companies which have to report to us and the small companies have to fill out the obligation but not requirement to report to us. For instance，the companies brings 100 kilogram per year，don't need to report，but have to public to obligations and lie down in the law which are same in the packaging covenant. But big company，such as Coca-cola，Uniliver have to report what they do and hand in the document of some project they did and hand in the amount of the package they bring to the market.

Except the participating organisations，SVM-PACT，the Ministry of VORM and the foundation of municipality，are there any third parties or NGOs involved to do some monitoring for the covenants?

No，SVM-PACT does the monitoring. Within the covenant，we agree that the companies have to be monitored. We made up monitoring system. We agree that other organisation like governments and municipalities are responsible for the covenants. What we do is the companies hand in the report of the kilogram of per material to us. At the end，we have a system to report to the government and to the public，how many kilograms the companies bring to the market and how much have been recycled. All the steps through out the system are validated by an external consultant PwC. And they make report how the champions being done. Companies are not willing to report directly to the government. Therefore，we set up the system which we called monitoring institute，companies report to the monitoring institute. They only report the total amount of packaging brought to the market.

The NGOs just focus on consumer packaging，where the system is also set up for industrial packaging. They are very much focus on borsht systems. They are also writing report for kinds of information that our system does work，that we bring very much packaging on the market，we would have another system. They are very listen to the government. We do not as such listen to them. We talk to the government，we talk to the municipalities. The government has listened to the NGOs. We do not have to. We just made agreement with the government and we carry it out. That is it.

What are the main measures which the companies take to reduce their amount of packaging waste?

Of course a lot of to do is with money. When you need less packaging is cheaper，that is very important. Supper markets have a lot of commercial power. They also make sure that the packaging is as little as possible. No prints with nobody sees why should you put a lot of effort brings a lot of prints does not go into the shop. Making sure use modern material，do not packaging with the mix of paper，plastic，class，but use one type packaging，making sure a lot of them can be recycle. In the Netherlands，we have set up a system very long time ago to collect the glass，wine bottles，and little jugs. A lot of companies found the way to prevent packaging that is very important. When you have a VA，companies are willing to accept more in term of target than when it lie down in a law. Especially in the Netherlands，the VA is working better. Because we all want a better environment. If something lies down in the law，you see immediately people stop doing anything and try to avoid the law and try to look for the hole of the law.

In order to avoid the law，they agree to do what more than lie down in the law and directives of the Europe. And they say we have to implement science it is directive of EU. But if we do more，we avoid the legislative on the packaging. In fact it is the major environmental problem we have，why should you put a lot of money to recycle 5% more. For things like this you better have a VA，which people will do more than set up an environmental legislative.

If the final target of the covenants does not achieved, will some companies or branch organisations face some sanctions?

No, since the covenants are an agreement between the three parties, so we all have the responsibilities to get the targets. On the other hand, the government can always make the law if they are not happy with the things going when all the targets are writing down. But the problem is how could the government do anything. For instance, we only recycling 35% of our paper, but we agree to 80%. So what can the government do then? They can start going to the judge, give them penalty but based on what? There was not agreement then you only get fights in the court. So, there is not a sanction when we not get our target. That is the difficulty also for the government. When they not happen with how the things going, they can presented in law. No matter the legislation or covenants, when the governments are not satisfied with the companies, the only things they can do is writing the letters to the companies and ask then to do better. No more, no less.

Covenants are based on legislation, and the legislation is transferred from EU Directive. In Dutch legislation you have all this kind of obligations which are too hard for the individual companies to fill. When you join the covenants you feel free from the legislation of the obligation. In Germany, they have legislation to make sure how the system being designed. When the company bring the packaging to the market, they have to connect to the system in order to report the packaging…the bases in every EU country is EU directive of packaging.

How many companies jointed into covenant I and what were them?

In covenant only 250 companies, most of them are international supper market. But everybody joined the covenant II and III. But we also noticed a few free riders.

Have you ever made an estimation on business-as-usual scenario?

If there would not any legislation or covenant, of course, the figure of packaging waste would be high. What we do is to communicate with the company making sure the company is working on prevention, reuse and try to improve the collection of their waste. Making sure the company developed the packaging and at the end the consumers can separated their waste. Without the covenant，why should the companies do that?

But we never made estimation like business-as-usual，it must be too much guessing. In fact is little bit guessing，it is not science-oriented. A lot of parts we have to make assumption.

How do you do the monitoring and organise so some many companies?

The around 60 to 70 large companies are connected directly with SVM-PACT but we also have 77 clusters and they are branch organisations and other kinds of organisations. Those organizations have 77 ambassadors which brings message covered all the companies. In such a system，our ambassadors work for other organisation，work for branch organisation. A lot of companies are already a member of branch orgainsations. So therefore the covenants is set up with 77 branch orgainsations and in some branch organisation there are built up more than one branch organisation and there are also a lot of company. So we work lot with ambassadors. We give information to inform them and they have to give that information to their members. Then you are at the level of the companies. The branch orgainsation have to take action in order to do something to work on prevention to work on their members. For instance，all the small shops in Holland are legally banded with certain branch. They say we connect directly to SVM-PACT that means all those shops are connect to SVM，they no have reporting obligation，but they have obligations to do a lot of things. We ask the branch organisations to do something，to do projects，to do whatever，they can all profit from their members. This is how we organised. We have a lot of ambassadors who we don't pay. We do not know all the companies. As I told you that since 20% companies brings 80% packaging to the market. We try to steer very effective.

We know the large companies，we know where they are and we know how to reach them. All those large international firms concern with covenants because the packaging is very important for them and they think the covenants are very important，so they keep the closed relationship with us.

The amount of packaging waste produced by 250,000 companies is representative how many packaging waste in total in the Netherlands?

In our monitoring system, we measure. We have a system that the companies are monitored, in the monitor system we keep the figure of the Netherlands. What we report is how much packaging is brought up to the market by all the companies in the Holland. But not all the companies have to monitor. About 70% of the packaging which we report in the total figure is reported in kilogram. We have some kind of formula which we skill to the total figure.

We report 100% but what we do is we ask company to report with pretty turnover: how much kilogram you brought to the market. Then we go to the foundation, which collect the turnover for all the Dutch companies. Let's say that 100% of turnover, we collected 70% of them. Then we know we have to multiply our total packaging times 2. That figure is being reported to the government. Then we can say with the total amount of the packaging we reported are we have the 70% of packaging is having actual report on it. Therefore it is difficult to say that the 250,000 companies for how much they are responsible. You know that the companies which have obligation to monitor represent for 60% of the total amount of packaging which we report to the government. It is hard to make a straight line for them.

How can the branch organisation represent the individual companies?

Why these branch organisations exiting because the government want to make every kind of legislation. A lot of companies think they have some interest. Please make something does not happed. Therefore the branch organisations established. Firstly to make sure all the companies are connected with the system. Then you realized that only few companies bring the most of the part of packaging to the market. You have to go to those companies to make sure something happened. When you do that, you can leave the other, 80% of less don't. The only thing is to make sure that they are legally banded. So you can work really effective, you don't have to spend a lot of money to make sure it works.

In Europe, we have directive on packaging. Almost of all European countries there is a system set up，it is called ‘green dog system’. In those countries there is legislation when you bring the packaging to the market，you have to go to central organisation report how much packaging you will bring into the market. Pay the fee per kilogram then you get the right point the symbol on the packaging. For instance，in Germany the companies pay the fees per kilogram，but in the Netherlands，we do not do that. In Holland we try to avoid that，because it cost enormous of money. That is why a lot of companies like packaging covenants. The companies in the Netherlands，they pay us. To make sure we can work，we can make report，make sure that we have a monitoring system，we can lobby. In Germany and the other countries the producers and importers have to pay the waste as packaging at the consumers. In Holland within the covenants is what we do is make sure that the packaging is prevented and designed that can easily be recycled. The governments make sure that they will not come up with all kind of legislation，which make us impossible to do that. And the municipalities have to make sure that the waste is being treated in the right way.

Packaging covenants is an alternative for such a system. For instance，in Germany the turnover of this day is about 2 billion Euros per year，which have to be bought by the companies. In the Netherlands，we cost 3 million Euro per year. So there is difference.

The European directive had not been set up during covenant 1. It was set up in 1994，and first packaging covenant was set up in 1991. The first covenant was set up by MR. Albrt Hejin，the president of supper market Alberhe. He saw some development took place in Germany，which consumer started to bring their waste to the retune organisation. Then the ‘green dog system’ was set up，it will cost a lot of money. There will be waste bring to the supper market. They thought we don’t want that happed in the Netherlands. We have to come up with the system. Then covenant I was set. The covenant one was mainly do the research on material cycle. Doing a lot of life cycle analysis. Make projects how willing the consumers to separate the waste and how much streams are they willing to separate. They would like to separate seven types of streams of material. Glass，paper，non-metals，…Those kind of researches done in packaging covenant one.

What is the function of the foundation of municipality?

No, nothing. Because the packaging waste comes out from households. The household were built in the municipalities. They have a role from product to waste. They role is to make sure that the infrastructure is carried out in good way. To make sure the glass is to make recycle, the paper is to make recycle. That is the role of municipality play. They have to communicate with the inhabitants to make sure they separate the waste. There is their responsibility.

The foundation of provinces is not connected to covenant. There are no any functions they do. The only thing of municipality is to make sure the waste is separated by inhabitants and communicate and motivate to make sure all the waste is being treated in the good way. In those high buildings, a lot of people throw every thing into the grey bag.

What are the role of the Ministry of EZ and agriculture in Packaging covenants?

On paper perhaps, but on practice the ministry of EZ does not do anything. The ministry of agriculture is very taking care of the interest of agriculture and farmers and vegetables in the Netherlands. That is why they are interested in the packaging covenant.

参考文献

[1] AGGERI，F.，HATCHUEL A.（1996），“A dynamic model of environmental policies: The case of innovation oriented voluntary agreements”，In Carraro C. and Lévêque F.（editors），*Voluntary Approaches in Environmental Policy*，Kluwer Academic Publishers. 1999：272.

[2] AMACHER，G.S. and MALIK A.S.，“Instruments Choice When Regulators and Firms Bargain”，*Journal of Environmental Economics and Management*，35，p. 225-241.

[3] AMERICAN FOREST AND PAPER ASSOCIATION（AFPA）（1998），Sustainable Forestry Initiative，available at：http：//xxx.afandpa.org/Media/Ads/sfi.htm.

[4] AMERICAN WATERWAYS OPERATORS（AWO）（1998），Responsible Carrier Program，available at：http：//xxx.ribb.com/awolrcp.htm.

[5] ARORA，S. and CASON T.（1995），“Why do Firms Overcomply with Environmental Regulations? Understanding Participation in EPA's 33/50 Program”，Discussion Paper 9538. Washington D.C.，Resources for the Future.

[6] ARORA，S. and GANGOPADHYAY S.（1995），“Toward a Theoretical Model of Voluntary Overcompliance，” *Journal of Economic Behaviour and Organisation*，28，289-309.

[7] BARDE，J.Ph.（1995），“Environmental Policy and Instruments”，in Folmer，H.，Gabel，L.H.，Opschoor，H.（eds.）*Principles of Environmental and Resource Economics*，Edward Elgar，London，pp. 201-227.

[8] BARON，R.（1995），“Voluntary Agreements on Energy Efficiency with Industry”，IEA Energy and Environment Division，case study report，August.

[9] BATOR，F. M.（1958），“The Anatomy of Market Failure”，*The Quarterly Journal of Economics*，72（8），pp. 351-379.

[10] BECKER，G.（1983），“A Theory of Competition Among Pressure Groups for Political Influence”，*The Quarterly Journal of Economics*，August.

[11] BIONDI，V.，FREY M. and IRALDO F.（1996），“EMAS：first evaluation of a policy instrument”，paper presented at the conference on “The economics and law of voluntary

approaches in environmental policy”，18 and 19 Nov.，FEEM，Venice.

[12] BOMSEL，O.，BÖRKEY P.，GLACHANT M. and LÉVÊQUE L.（1996），“Is there room for selfregulation in the miningsector？”，Resource Policy，Vol. 22.

[13] BÖRKEY，P. and GLACHANT M.（1999），“Les accords négociés：une analyse de leur efficacité”，Study commissioned by：ADEME and French Ministry for the Environment，SRAE，Paris.

[14] BÖRKEY，P. and LÉVÊQUE，F.（1998），“Voluntary Approaches for Environmental Protection in the European Union”，report prepared for the OECD Environment Directorate，ENV/EPOC/GEEI（98）29/Final.

[15] BÖRKEY，P. and GLACHANT M.（1997），“Les engagements volontaires de l'industrie dans le domaine de l'environnement：nature et diversité”，Study for the French Ministry of Spatial Planning and the Environment and French Environmental Protection Agency，ADEME.

[16] BOYD，J.，KRUPNIK A. and MAZUREK J.（1998），“Intel's XL Permit：A Framework for Evaluation”，Discussion Paper 9811，Washington D.C.，Resources for the Future.

[17] BUCHANAN，J.M.（1980），“An Economic Theory of Clubs”，*Economica*，No. 32，p. 114.

[18] CEC，Commission of the European Communities（1996a），“Study on Voluntary Agreements Concluded Between Industry and Public Authorities in the Field of the Environment”，Enviroplan，Copenhagen. CEC，Commission of the European Communities（1996b），“Communication from the Commission to the Council and the European Parliament on Environmental Agreements”，COM（96）561 final.

[19] CHEMICAL WEEK（1997b），“Deadlines Near：CMA strives to meet 1998 implementation targets”，29 July：28-32.

[20] COASE，R. H.（1960），“The Problem of Social Cost”，*Journal of Law and Economics*，3，p. 144.

[21] COASE，R. H.（1988），*The Firm，the Market，and the Law*，The University of Chicago Press，New York. COMMITTEE ON JAPAN’S EXPERIENCE IN THE BATTLE AGAINST AIR POLLUTION（1997）.

[22] “Japan’s Experience in the Battle Against Air Pollution”，The PollutionRelated Health Damage. Compensation and Prevention Association.

[23] CONVERY，F.（1999），Editor，“Policy Briefs on MarketBased Instruments”，Edward

Elgar.

[24] COOTER，R. and ULEN T.（1997），*Law and Economics*，second edition，AddisonWesley.

[25] COWI（1997），“Study on Voluntary Agreements Concluded Between Industry and Public Authorities in the Field of the Environment”，Study for the European Commission DG III，January.

[26] CROCI，E. and PESARO G.（1996），“Voluntary Agreements and Negotiations：Evolution at the Italian and European Level”，unpublished paper，Iefe，Milan.

[27] DAVIES，J.C.，MAZUREK J.，DARNALL N. and MCCARTHY K.（1996），“Industry Incentives for Environmental Improvement：Evaluation of US Federal Initiatives”，Washington DC，Global Environmental Management Initiative.

[28] DIW（1995），“Selbstverpflichtung der Wirtschaft zur CO_2 reduction：Kein Ersatz für aktive Klimapolitik”，in Wochenbericht 14/95，Berlin，6.4.1995.

[29] DOWD，J. and BOYD G.（1998），“A Typology of Voluntary Agreements Used in Energy and Environmental Policy”，Washington DC，US Department of Energy，Office of Policy and International Affairs.

[30] EMBER，L.（1992），“Chemical Makers Pin Hopes on Responsible Care to Improve Image：Chemical Manufacturers Association spearheads program to improve industry's environmental safety，health performance and regain public trust”，Chemical & Engineering News，5 October，1339.

[31] ENEVOLDSEN，M. and BRENDSTRUP S.（1997），“Mixing Green Taxes and Agreements：Considerations over Danish CO_2 Policy Instruments”，presented at the workshop “The Institutional Aspects of Economic Instruments for Environmental Policy”，Copenhagen，May 20 and 21.

[32] ENVIRONMENTAL RESOURCES MANAGEMENT，ERM（1996），“International Comparison of Environmental Controls on Industry”，August，Utrecht，The Netherlands.

[33] EUROPEAN ENVIRONMENT AGENCY，EEA（1997），“Environmental Agreements — Environmental Effectiveness”，*Environmental Issues Series* No.3 Vol. 1 and 2，Copenhagen.

[34] FRANKE，J.F. and WÄTZOLD F.（1995），“Voluntary Initiatives and Public Intervention — The Regulation of Ecoauditing”，in *Environmental Policy in Europe*，F. Lévêque Editor，Edward Elgar，p. 175-200.

[35] GLACHANT，M.（1996），“The cost efficiency of voluntary agreements for regulating

industrial pollution：a Coasean approach”，In Carraro C. and Lévêque F.（editors），*Voluntary Approaches in Environmental Policy*，Kluwer Academic Publishers，272 pp.，1999.

[36] GLACHANT，M. and WHISTON T.（1996），“Voluntary agreements between industry and government the case of recycling regulations”，in Lévêque F.，*Environmental Policy in Europe Industry*，*Competition and the Policy Process*，Cheltenham，UK，Edward Elgar.

[37] GOVERNMENT OF CANADA（1998），*Voluntary Codes：A Guide for their Development and Use*. GYSELEN，L.（1996），“The emerging interface between competition policy and environmental policy in the European Union”.

[38] HANSEN，L.G.（1998），“The political economy of voluntary agreements：a meta study”，discussion paper，VAIE project，Joule programme，DG 12.

[39] HANSEN，L.G.（1999） “Environmental Regulation through Voluntary Agreements” in Carraro C. and Lévêque F.，*Voluntary Approaches in Environmental Policy*，Kluwer.

[40] HENRY，C.（1994），“Sobre la pertinencia del theorema de CoaseFarell”，*Revista Española de Economia*，pp. 39-50.

[41] IEA-OECD（1997），*Voluntary Actions for Energy-related* CO_2 *Abatement*，OECD，Paris.

[42] IMURA，H.（1998a），“The Use of Voluntary Approaches in Japan — An Initial Survey”，report prepared for the OECD Environment Directorate，ENV/EPOC/GEEI（98）28/Final，OECD，Paris.

[43] IMURA，H.（1998b），“The Use of Unilateral Agreements in Japan：Voluntary Action Plans of Industries against Global Warming”，report prepared for the OECD Environment Directorate，ENV/EPOC/GEEI（98）26/Final，OECD，Paris.

[44] JOCHEM，E. and EICHHAMMER W.（1996），“Voluntary agreements as an instrument to substitute regulation and economic instruments？ Lessons from the German voluntary agreement on CO_2 reduction”，In Carraro C. and Lévêque F.（editors），*Voluntary Approaches in Environmental Policy*，Kluwer Academic Publishers，272 pp.，1999.

[45] KAPPAS，P.D.（1997），“The Politics，Practice and Performance of Chemical Industry SelfRegulation”，Doctoral dissertation in political science，University of California，Los Angeles.

[46] KHANNA，M. and DAMON L.（1998），“EPA’s voluntary 33/50 program：impacts on toxic releases and economic performance of firms”，paper presented at the First World Congress of Environmental and Resource Economics，Venice，June 1998.

[47] KOHLHAAS，M.，PRAETORIUS B. and ZIESING H.J.（1995），“German Industry's Voluntary Commitment to Reduce CO_2 Emissions — No Substitute for Active Policy against Climate Change”，Economic Bulletin，DIW，32（5），pp. 31-36.

[48] KRARUP，S. and KRAEMER T.P.（1996），“Agreements as Policy Instruments”，paper presented at the 17th Annual North American Conference of the USAEE/IAEE，October 2730，Boston.

[49] KRARUP，S. and LARSEN A.（1998），*Energieffektivitet gennem aftaler*（Energy Efficiency through Voluntary Agreements）. Copenhagen：AKF Publishers.

[50] LÉVÊQUE，F.（1997），“Voluntary Approaches，Environmental Policy Research Briefs No. 1”，edited in the framework of the EU Concerted Action on MarketBased Instruments.

[51] LÉVÊQUE，F.，ED.（1996），*Environmental Policy in Europe Industry，Competition and the Policy Process*，Edward Elgar，Adelshort.

[52] LEWIS，S.（1997），“Alcoa Aluminium and Calhoun County Resource Watch Case Study” United States.

[53] LIEFFERINK，D.（1998），“Joint Environmental Policy Making：Comparative Analysis of Policies Concerning Packaging Waste，Energy Efficiency，and FoodLabelling in Austria，Denmark，and the Netherlands”，JEP Research Project，Environmental and Climate Programme，DG XII，European Commission.

[54] MAXWELL，J.W.，LYON，T.P. and HACKETT，C.（1998）“SelfRegulation and Social Welfare：The political Economy of Corporate Environmentalism”，Nota di Lavoro FEEM Fondazione Eni Enrico Mattei，55.98.

[55] MAZUREK，J.（1998a），“The Use of Voluntary Agreements in the United States：An Initial Survey”，report prepared for the OECD Environment Directorate，ENV/EPOC/GEEI（98）27/Final，OECD，Paris.

[56] MAZUREK，J.（1998b），“The Use of Unilateral Agreements in the United States：The Responsible Care Initiative”，report prepared for the OECD Environment Directorate，ENV/EPOC/GEEI（98）25/Final，OECD，Paris.

[57] MINISTRY OF FINANCE（1995），“Energy Tax on Industry in Denmark”，Copenhagen，Denmark.

[58] NADAÏ，A.（1997），“Les conditions de développement d'un écolabel de produit. Responsabilités et Environnement”，No.7，juillet，pp. 15-23.

[59] OECD（1994），*Managing the Environment：the Role of Economic Instruments*，OECD，Paris.

[60] OECD（1995），*The Economic Appraisal of Environmental Projects and Policies — A Practical Guide*，OECD，Paris.

[61] OECD（1997），*Evaluating Economic Instruments for Environmental Policy*，OECD，Paris.

[62] OECD（1998），Questionnaire returned by Member countries.

[63] OECD（1999），*Implementing Domestic Tradable Permits for Environmental Protection*，OECD，Paris.

[64] ÖKOINSTITUT（1998），“New Instruments for Sustainability The New Contribution of Voluntary Agreements to Environmental Policy”，Final Report，Darmstadt.

[65] PEDERSEN，W.（1995），“Can sitespecific pollution control plans furnish an alternative to the current regulatory system and bridge to the new one？”，*Environmental Law Review*，25：10486-10490.

[66] PIGOU，A.（1932），*The Economics of Welfare*，fourth edition，Mac Millan，London.

[67] REES，J.（1994），*Hostages of Each Other：The Transformation of Nuclear Safety since Three Mile Island*，University of Chicago Press.

[68] RENNINGS，K.，BROCKMANN K.L. and BERGMANN H.（1996），“Voluntary agreements：no free market instrument”，Zentrum fur Europäische Witschaftsforschung（ZEW）.

[69] RWI（RheinischWestfälisches Institut für Wirtschaftsforschung），1997，“First Monitoring Report：CO_2 Emissions in German Industry 1995—1996”，RWIPapiere，Nr.50.

[70] SCHERP，J.（1996），“Environmental agreements and EU environmental policy：the main economic issues”，Discussion paper for the ENVECO IV meeting，24 October，DG XII，European Commission.

[71] SCIENTIFIC CONSULTING GROUP，SCG（1997），“Review of the Common Sense Initiative”，Gaithersburg，Maryland.

[72] SEGERSON，K. and MICELLI T.J.（1997），“Voluntary Approaches to Environmental Protection：The Role of Legislative Threats”，In Carraro C. and Lévêque F.（editors），*Voluntary Approaches in Environmental Policy*，Kluwer Academic Publishers，272 pp.，1999.

[73] SEGERSON，K. and MICELLI T.J.（1998），“Voluntary Environmental Agreements：Good or Bad News for Environmental Protection？”，*Journal of Environmental Economics*

and Management，36，pp. 109-130.

[74] SKEA，J.（1996），“Changing Procedures for Environmental Standardsetting in the European Community”，in *Standards，Innovation and Competitiveness*，Edward Elgar，pp. 122-135.

[75] SOLSBERY，L. and WIEDERKEHR P.（1995），“Voluntary Approaches for Energyrelated CO_2 Abatement”，The OECD Observer No. 196（Oct/Nov）.

[76] STIGLER，G.J.（1971），“The Theory of Economic Regulation”，*Bell Journal of Economic and Management Science*，2（1），p. 321.

[77] STOREY，M.（1996），“Policies and Measures for Common Action Demand Side Efficiency：Voluntary Agreement with Industry”，OECD，Annex I Expert Group，Paris.

[78] STRANLUND，J.K.（1995），“Public mechanisms to Support Compliance to an Environmental Norm”，*Journal of Environmental Economics and Management*，28，pp. 205-222.

[79] TUAC（1998），Communication to the OECD Workshop on Voluntary Approaches（1-2 July 1998）.

[80] U.S. DEPARTMENT OF STATE（1997），*Climate Action Report：1997*，Submission of the United States of America Under the United Nations Framework Convention on Climate Change，July.

[81] U.S. ENVIRONMENTAL PROTECTION AGENCY，EPA（1996a），Project XL：“Final Project Agreement for the Intel Corporation Ocotillo Site Project XL”，Office of Policy，Planning and Evaluation. Available at：http：//199.223.29.233.xl_home/intel/fpa_final6.html.

[82] U.S. ENVIRONMENTAL PROTECTION AGENCY，EPA（1996b），*1994 Toxics Release Inventory*，Public Data Release，Office of Pollution Prevention and Toxics，Washington，D.C.，U.S. EPA.

[83] U.S. ENVIRONMENTAL PROTECTION AGENCY，EPA（1996c），“Partnership in Preventing Pollution：A Catalogue of the Agency's Partnership Programs”，Office of the Administrator，Washington DC，EPA.

[84] U.S. ENVIRONMENTAL PROTECTION AGENCY，EPA（1997a），“Pollution Prevention 1997：A National Progress Report”，Office of Pollution Prevention and Toxics. Washington DC，EPA.

[85] U.S. ENVIRONMENTAL PROTECTION AGENCY，EPA（1997b），“Risk Reduction Through Voluntary Programs”，Audit Report No. E1KAF60500807100130，3/19/97，Office

of the Inspector General. Washington DC，EPA.

[86] U.S. ENVIRONMENTAL PROTECTION AGENCY，EPA（1998a），Project XL home page. Office of Reinvention. Available at：http：//199.223.29.233.xl_home.

[87] U.S. ENVIRONMENTAL PROTECTION AGENCY，EPA（1998b），“Partners for the Environment：Collective Statement of Success”，Office of Reinvention，Washington DC，EPA.

[88] U.S. GENERAL ACCOUNTING OFFICE（1997），“Global Warming：Information on the Results of Four of EPA’s Voluntary Climate Change Programs”，June 30，GAO/RCED97163，Washington DC.

[89] UNEP（1998），“Voluntary Industry Codes of Conduct for the Environment”，Technical report Nr.40，ISBN 92/807/1694/8.

[90] UNION DES INDUSTRIES CHIMIQUES（1996），“Engagement de Progrès：Bilan de l’exercice 1995”，Paris.

[91] VAN DUNNÉ，J.M.（ED）（1993），“Environmental Contracts and Covenants：New Instruments for a Realistic Environmental Policy？”，Vermande.

[92] WEBB K.，MORRISSON（1999），“Voluntary approaches，the environment and the law：A Canadian perspective”，In Carraro C. and Lévêque F.（editors），*Voluntary Approaches in Environmental Policy*，Kluwer Academic Publishers，272 p.，1999.

[93] WEIDNER，S. TSURU（EDS.）（1989），“Environmental Policy in Japan”，Sigma.

[94] WORLD BANK（1994），“Japan’s Experience in Urban Environmental Management”，The World Bank，Metropolitan Environment Improvement Program，Washington DC.10.

[95] Algemene Rekenkamer，1995，Covenanten van het Rijk met bedrijven en instellingen，Tweede Kamer （Dutch）1986-1996.

[96] Alberini A. and K. Segerson，2002，Assessing Voluntary Programs to Improve Environmental Quality. Environmental and Resource Economic 22：157-184.

[97] Bastmeijer，C.J，Ministry of Housing，Spatial Planning and the Environment，Directorate-General of the Environment. The covenant as an instrument of environmental policy in the Netherlands.

[98] http://greenplans.rri.org/resources/greenplanningarchives/netherlands/netherlands_94_covenant.html，4 June，2005.

[99] Biekart，Jan Willem. 1998. Negotiated agreements in EU environmental policy. Jonathan

Golub(ed.). New instruments for environmental policy in the EU. London: Routledge, 1998, 165-189.

[100] P. M. Glachant and F. Lévêque, 2000, Voluntary Approaches for Environmental Policy in OECD Countries: An Assessment. CERNA.

[101] Bossoken E, 1999, Case Study, A Comparison Between France and The Netherlands of the Voluntary Agreements Policy. Paris, April 1999.

[102] Brand E., H. Bressers and J.Ligteringen, 1998, Case studies on negotiated environmental agreements—the Netherlands: Agreement on the disposal of white and brown goods. NEAPOL.

[103] Bruijn, t. De and V. Norberg-Bohm, 2001, Voluntary, Collaborative, and Informantion-Based Policies: Lessons and Next Steps for Environmental and Energy Policy in the United Sattes and Europe. Cambridge, MA, Harvard University: 63.

[104] Cabugueira M. F. M. 2001, Voluntary Agreement as an Environmental Policy Instrument—Evaluation Criteria. Journal of Cleaner Production 9: 121-133.

[105] Dalkmann H., D. Bongardt, K. Rottman and S. Hutfilter, 2004, Review of Voluntary Approaches in the European Union. Wuppertal Institute for climate, environment and Energy, Germany.

[106] European Environmental Agency, EEA, 1997, Environmental Agreements – Environmental Effectiveness, Environmental Issues Series No 3. Vol. 1 and 2, Copenhagen.

[107] EZ, 1999, Long Term Agreements Energy Efficiency, Progress 1999. Den Haag (the Netherlands): Ministry of Economic Affairs. http://www.lta.novem.org/download/lta_ee_progress1999_ez.pdf. http://www.lta.novem.org/download/lta_ee_progress1999_ez.pdf (27, 04, 2005).

[108] Farla J. C. M. and K. Blok, 2002, Industrial Long Term Agreement on Energy efficiency in the Netherlands. A Critical Assessment of the Monitoring Methodologies and Quantitative results. Journal of Cleaner Production 10 (2002): 165-182.

[109] Gerrits R. 2003, Energy efficiency through Long-Term Agreements: Broadening the Horizon in the New LTA Approach. Netherlands Agency for Energy and the Environment Bianca Oudshoff, Ministry of Economic Affairs.

[110] Higley. C.J. and F. Lévêque, 2001, Environmental Voluntary Approaches: Research Insights for Policy-Makers. CERNA.

[111] Ingram V. 1999，From Sparring partners to Dedfellows：Joint Appraches to Environmental Policy-making. Journal of European Environment 9：41-48.

[112] Karamanos P. 2001，Voluntary Environmental Agreements：Evolution and Definition of a New Environmental Policy Approach. Journal of Environmental Planning and Management 44（1）：67-84.

[113] Krarup S. 2001，Can Voluntary Approaches ever be Efficient？ Journal of Cleaner Production 9（2001）：135-144.

[114] Krarup S. and S. Ramesohl，2002，Voluntary Agreements on Energy Efficiency in Industry—not a Golden Key，but another Contribution to Improve Climate Policy Mixes. Journal of Cleaner Production 10（2002）：109-120.

[115] Mol. A. P. J and J.D. Liefferink，1998，Voluntary agreements as a form of deregulation？ The Dutch experience. Deregulation in the European Union：environmental perspectives. U. Collier（ed.） Routledge，London，UK（1998）：181-197.

[116] Nanjing Environmental Protection Bureau，2005，Models of Adopting Voluntary Approaches for Industiral Environmental Management in China.

[117] National Environmental Policy Plan，1998.

[118] Novem，2004. Voluntary Approach to Promote Energy Efficiency in Industry. The Experience of Long Term Agreement from the Netherlands：Results，Evaluation and Future. http：//www.lta.novem.org/download/lta_experiences.ppt（PowerPoint presentation）.（27，04，2005）.

[119] OECD，2003，Voluntary Approaches for Environmental Policy：effectiveness，efficiency and usage in policy mixes. Paris，France.

[120] OECD，1998，Case Study on the Dutch Packaging Covenant，ENV/EPOC/PPC（97）22/REV2，15-May-1998.

[121] Packaging Commission，2003，Annual Report 2003. http：//www.svmpact.nl/upload/103828_8820_1100618030702Annual_report_2003.pdf（20，April，2005）.

[122] Twente University，2003 Evaluatie Milieuconvenanten.

[123] VNCI（The Dutch Association of Chemical Industry），2003，Responsible Care-Report 2003，http：//www.vnci.nl/publicaties/default.asp（20，April，2005）.

[124] Rietbergen M. G.，J. C. M. Farla and K. Blok，2002，Do Agreements Enhance Energy Efficiency Improvement？ Analysing the Actual Outcome of Long- Term Agreements on

Industrial Energy efficiency Improvement in the Netherlands. Journal of Cleaner Production, Volume 10, Issue 2: 153-163.

[125] Volpi, G and S. Singer, 2000, Will Voluntary Agreements at EU level deliver on environmental objectives? Lessons from the ACEA VA. WWF Discussion Paper.

[126] Woerd, K.F. van der, N.M. van der Grijp and J. De Boer, 2002, Effectiveness of sectoral voluntary agreements. Amsterdam Free University, reportnr E-02/01.

[127] Zhang, M., 2002. Measuring Urban Sustainability in China. PhD Thesis. Amsterdam, the Netherlands.

[128] Albrecht, Johan, 1998. 'Environmental Agreements and Sectoral Performance: Cases of the CFC Phase-out and the US Toxic Release Inventory,' CAVA Paper, CERNA, Paris.

[129] Albrecht, Johan, 1999. 'Voluntary Agreements with Emission Trading Options in Climate Policy. Limitations of price-based incentives and the benefits from combining flexible instruments.' CAVA Paper, CERNA, Paris.

[130] Ashford, Nicholas A., and Charles C. Caldart, 1999. 'Negotiated Environmental and Occupational Health and Safety Agreements in the United States: Lessons for Policy,' CAVA Working Paper, CERNA, Paris.

[131] Bailey, Patricia, 2000. 'Environmental Agreements and Compliance with the Treaty: Issues of Free Trade, Competition and State Aid' CAVA Working Paper No. 2000/2/12

[132] European Commission, 1994. 'Community Guidelines on State Aid for Environmental Protection', *Official Journal* (94/C 72/03) of 3 October.

[133] Cunningham, James, Frank Convery and John Joyce, 1998. 'Voluntary Agreements in Ireland –preliminary insights for the theory of Collective Goods, Free Riding and Innovation,' CAVA Paper, CERNA, Paris.

[134] Eichhammer, Wolfgang and Eberhard Jochem, 1998. 'Voluntary Agreements for the Reduction of CO_2 Greenhouse Gas Emissions in Germany and their recent first Evaluation,' CAVA Working Paper, CERNA, Paris.

[135] Gibson, Robert, 2000. *Voluntary Initiatives, the New Politics of Corporate Greening*, Broadview Press, Ontario.

[136] Glasbergen, Pieter, 2000. 'Voluntary Environmental Agreements as Institutional Change,' *CAVA Working Paper No. 2000/2/2*, CERNA, Paris.

[137] Hazewindus, Pim, 2000. The Integration of Covenants in the Dutch Legal System, *CAVA*

Working Paper No. *2000/2/3*，CERNA，Paris.

[138] Jeder，Petra，2000. 'Position Paper of the Association of the German Chemical Industry（VCI）：Self-Commitments as an Instrument of Environmental Policy.' *CAVA Paper No.2000/2/20*，CERNA，Paris.

[139] Jochem，E.，and Eichhammer，W.，1996. 'Voluntary agreements as an instrument to substitute regulating and economic instruments？ Lessons from the German Voluntary Agreement on CO_2 reduction. Paper presented at the conference on 'Economics and Law ofVoluntary Approaches in Environmental Policy' organized by FEEM and CERNA，Venice，November 18-19，1996.

[140] Johannsen，Katja Sander，1998. 'Evaluations of the Danish Agreement Scheme.' CAVAWorking Paper，CERNA，Paris.

[141] Mazurek，Janice，1998. 'Voluntary Agreements in the United States：an Initial Survey' CAVA Working Paper No. 98/11/1.

网址：

工业协助组织，http：//www.fo-industrie.nl/home.

荷兰经济事务部荷兰局，http：//www.lta.novem.org/.

包装物产业链协会，http：//www.svm-pact.nl/web/show.

荷兰环境部（VROM），http：//www.vrom.nl/international/.

荷兰经济部（EZ），http：//www.ez.nl/.